创新
政策与
经济发展

［美］乔希·勒纳　斯科特·斯特恩　编著

孙国玉　译

JOSH LERNER　SCOTT STERN

INNOVATION
POLICY AND THE ECONOMY

中信出版集团 | 北京

图书在版编目（CIP）数据

创新政策与经济发展 /（美）乔希·勒纳,（美）斯
科特·斯特恩编著 ; 孙国玉译 . -- 北京 : 中信出版社,
2023.4
　　书名原文 : Innovation Policy and the Economy
　　ISBN 978-7-5217-5218-2

　　Ⅰ.①创⋯　Ⅱ.①乔⋯ ②斯⋯ ③孙⋯　Ⅲ.①科技政
策－研究－美国②经济发展－研究－美国　Ⅳ.
① G327.120 ② F171.24

　　中国国家版本馆 CIP 数据核字 (2023) 第 035732 号

Copyright © 2020 by the National Bureau of Economic Research.
Simplified Chinese translation copyright © 2023 by CITIC Press Corporation.
ALL RIGHTS RESERVED
本书仅限中国大陆地区发行销售

创新政策与经济发展
编著：　　〔美〕乔希·勒纳　斯科特·斯特恩
译者：　　孙国玉
出版发行：中信出版集团股份有限公司
　　　　　（北京市朝阳区东三环北路 27 号嘉铭中心　邮编　100020）
承印者：　北京诚信伟业印刷有限公司

开本：787mm×1092mm　1/16　　　印张：24　　　字数：275 千字
版次：2023 年 4 月第 1 版　　　　印次：2023 年 4 月第 1 次印刷
京权图字：01-2022-6183　　　　　书号：ISBN 978-7-5217-5218-2
　　　　　　　　　　　定价：79.00 元

版权所有·侵权必究
如有印刷、装订问题，本公司负责调换。
服务热线：400-600-8099
投稿邮箱：author@citicpub.com

目录

"CIDEG 文库" 总序   III

序言   乔希·勒纳   斯科特·斯特恩   VII

第一章   全球人才的礼物   1
          威廉·克尔

第二章   不断变化的美国创新结构   39
          阿希什·阿罗拉   沙伦·贝伦佐
          安德烈亚·帕塔科尼   徐政奎

第三章   创新政策与社会效益珠联璧合   100
          玛格丽特·凯尔

第四章   反垄断与创新   129
          朱里奥·费德里科
          菲奥娜·莫顿   卡尔·夏皮罗

第五章   创新政策实验   190
          阿尔伯特·布拉沃-比奥斯卡

第六章   创新与无业之间的空间错位   233
          爱德华·格莱泽   娜奥米·豪斯曼

注释   309

参考文献   334

"CIDEG 文库" 总序

作为 CIDEG 文库的主编，我们首先要说明编纂这套丛书的来龙去脉。CIDEG 是清华大学产业发展与环境治理研究中心（Center for Industrial Development and Environmental Governance）的英文简称，成立于 2005 年 9 月的 CIDEG，得到了日本丰田汽车公司提供的资金支持。

在清华大学公共管理学院发起设立这样一个公共政策研究中心，是基于一种思考：由于全球化和技术进步，世界变得越来越复杂，很多问题，比如能源、环境、公共卫生等，不光局限在科学领域，还需要其他学科的研究者参与进来，比如经济学、政治学、法学以及工程研究等，进行跨学科的研究。我们需要不同学科学者相互对话的论坛。而且，参加者不应仅仅来自学术圈和学校，也应来自政府部门和企业界。我们希望 CIDEG 像斯坦福大学著名的经济政策研究中心（Stanford Institute for Economic Policy Research，SIEPR）那样，对能源、环境问题进行经济和政策上的分析。我们认为，大学应该关注基础研究，大学的使命是创造知识，在深层知识的产生上发挥作用。而产业部门的任务是把技术成果商业化，大学和产业之间的连接非常重要。但与此同时，我们不应忘记政府的角色，特别是对于一个发展中的转轨国家，政府职能的定位和边界至关重要。CIDEG 的目标是致力于以"制度变革与协调发展"、"资源与能源约束下的可持续发展"和"产业组织、监管及政策"为重点的研究活动，为的是提高中国公共政策与治理研究及教育水平，促进学术界、产业界、非政府组织及政府部门之间的沟通、学习和协调。

2005 年 9 月 28 日，CIDEG 召开了首届国际学术研讨会，会议的主题"中国的可持续发展：产业与环境"正是中国当时的产业和环境状况。

中国的改革开放已经有几十年历程，它所取得的成就令世人瞩目，它为全世界的经济增长贡献了力量，特别是当其他一些欠发达国家经济发展停滞不前的时候。不过，中国今后是否可持续增长，却是世界上许多人关注的问题，因为在中国取得巨大成就的同时，还面临诸多挑战：资源约束和环境制约，腐败对经济发展造成的危害，不完善的金融服务体系，远远不足的自主创新能力，以及为构建一个和谐社会所必须面对的来自教育、环境、社会保障和医疗卫生等方面的冲突。这些挑战和冲突正是 CIDEG 将开展的重点研究课题。

中国发布的《国民经济和社会发展"十一五"规划纲要》提出了对发展模式的调整，号召用科学发展观统领经济社会发展全局，坚持以人为本，转变发展观念、创新增长模式、提高发展质量，把经济社会发展切实转入全面协调可持续发展的轨道。这也为 CIDEG 的研究工作的开展提供了一个更有利的前景。

中国对环境治理方面的研究才刚刚起步，中国近年来能源消耗的速度远高于实际经济增长速度，这种增长是不可能长时间持续的。最近《京都议定书》开始生效，哪些公共政策措施可以控制二氧化碳和其他污染气体的排放？建立一个排放权交易市场是否对控制温室气体排放有效？如何资助新环境技术的进步？这些问题不仅需要技术知识，也需要经济学素养。而建立一套环境监管体系，就不仅涉及法律问题和技术问题，更需要对广泛社会问题的考量。环境污染背后的实质是社会成本和价值的重新分配问题，因而要从社会系统的角度考虑环境监管。从发展的角度来看，中国环境污染的源头正在发生改变，监管体系也应该随之改变。

还有公共卫生问题，比如SARS、疟疾、艾滋病等，这是全球化的另一面。人口流动性的增加加快了疾病传播，如何控制这些疾病的流行，不仅需要医生的合作，而且涉及许多移民的工作、生活和环境等问题。我们会面对许多类似的公共政策问题，解决方法要看历史因素和经济发展水平，因此要进行国际比较研究。

中国是独特的。但是，由于中国也曾经是一个中央计划经济国家，有些研究需要与过去同是计划经济的中欧和独联体国家相比较。与此同时，日本、韩国、中国有一些共同的特征，在开始阶段农村人口都占很大比重，传统社会规则是农业社群中的人际关系生发出来的。这些社会关系不可能一夜之间改变，这种发展形式和西方经济的发展很不一样，也与俄罗斯等国不太一样。所以，在面对这些既有共同点又有独特性的问题时，比较研究会很有意思。虽然受制于不同的制度框架，但问题是共同的，比如社会保障、养老金、环境问题等。关于社会保障制度的设计，我们可以从新加坡、瑞典和其他国家学到许多经验。在经济高速增长带来的与环境的社会冲突方面，我们可以从日本20世纪60年代后期的环境立法、产业发展协调中学到许多教训和经验。所以，对产业发展和环境治理的研究应该是全球化的。

比较经济制度分析是一种概念工具，有助于理解不同经济制度如何演化。不同制度可能会融合，可能会继续保持差异。产业发展和环境治理政策不一定是普遍适用的，在某些国家可能容易实施，在其他国家也许不行，但不同国家之间的交流非常重要。充分利用国际上已有的研究成果，收集和整理这些成果以做进一步的交流，是十分可取的途径。

正是在这一意义上，比较、借鉴和学习也成为 CIDEG 学术活动中的一项重要内容。根据 CIDEG 理事长陈清泰的倡议，我们决定翻译并出版这套"CIDEG 文库"，介绍不同国家是怎样从农业国家发展为现代国家的；在经济高速发展阶段，是如何处理与环境的矛盾的。这套丛书的内容选择非常宽泛，从学术的到非学术的都在其内，目的就是给中国的读者——学生、学者、官员和企业家以及所有对此感兴趣的人提供更多的信息与知识。CIDEG 理事和学术委员为文库提供了第一批书目，并成立了编委会，今后我们还会陆续选择合适的图书编入文库。为此，我们感谢提供出版书目的 CIDEG 理事和学术委员，以及入选书籍的作者、译者和编辑们。

青木昌彦

吴敬琏

2006 年 4 月 10 日

序言

乔希·勒纳　斯科特·斯特恩

本书是美国国民经济研究局（NBER）创新政策与经济（IPE）小组的第20份年度文集。创新政策与经济小组希望提供一个面向公众的论坛，将学界重要研究人员的成果带给政策制定者以及对公共政策与创新之间的相互作用感兴趣的人。我们的目标是：

·提供一个长期论坛，推出关于公共政策影响创新进程的研究成果。

·将政策制定者认为重要的问题呈现给有可能对此感兴趣的研究人士，以鼓励此类研究。

·提高政策制定者（通常指公共政策界）对当代经济学和其他社会科学研究的认识，此类研究可在评估当前或未来的创新政策建议时发挥效用。

本书收录了创新政策与经济小组在 2019 年 4 月华盛顿会议上

* 我们感谢尤因·马里昂·考夫曼基金会（Ewing Marion Kauffman Foundation）为创新政策和经济研讨会以及本书出版提供的资金支持。我们还要感谢美国国民经济研究局创新研究员迈克尔·安德鲁斯（Michael Andrews）为 2019 年会议和出版工作所做的妥善安排以及在编辑方面提供的帮助。关于鸣谢、研究支持来源以及作者重大财务关系的披露（如果有），请参见 https：//www.nber.org/chapters/c14257.ack。

提交的论文的修正版。本书是这一系列丛书的第20卷，其各章都强调创新产生的方式和创新发生影响的方式正在经历重要变化，而政策在这一过程中的作用也在变化。本书有些章节根据近期研究得到的重要发现和见解，综合研究了创新与外来移民之间的关系、企业和大学在创新过程中的角色，以及不同地理区域之间的创新分化，这种创新鸿沟越来越不容忽视。本书中有两章直接聚焦于政策，其中一章研究了政策对制药行业创新激励的影响，另一章则探讨围绕创新和反垄断政策而展开的不断变化的争论。最后，本书还有一篇文章强调了实验在创新政策分析中的潜在作用。如本系列已出版的其他各卷一样，我们的目的是要从近期的经济学和相关领域的研究中汲取经验教训，以供政策分析和未来研究之用。

由威廉·克尔（William Kerr）撰写的第一章综合了其近期著作的一些发现，他的这本著作名为《全球人才的礼物：移民如何影响商业、经济和社会》（*The Gift of Global Talent：How Migration Shapes Business，Economy and Society*）。克尔重点研究了杰出的科研人员、科技发明者以及更多的知识型员工，证明了高技能外来移民在创新中的出色表现。基于迅速增多的实证研究，克尔发现在近四分之一的专利发明中，至少有一位发明人具有外国国籍（而在美国的所有发明人中，有近18%为移民）。随着人才层次的提升（例如从大学毕业生到诺贝尔奖获得者），外来移民的比例也在上升，而且在移民人才中，男女基本上平分秋色。

之后克尔分析了促使人们移民的动力以及导致全球人才争夺战的因素。虽然美国长期以来是全球人才流动的受益者，但如今高技能移民流入已经成为一种全球现象。而且，美国反对外来移民的声浪有所抬头，其制度在吸引全球人才方面的低效率问题也尚未得到解决。与之相反的是，其他一些国家（例如加拿大和澳大利亚）已经在真正落实相关政策和项目，积极吸引高技能外来移民。

克尔强调了美国和其他很多司法辖区在争夺全球人才方面的一个关键不同：美国基本上依靠就业签证制度来遴选高技能外来移民（最知名的是 H-1B 签证制度），而很多其他国家采用的是积分制度，根据个人的技能和背景通过排序来选择移民。就业签证制度的优势在于，它更加适应市场需求的变化，可以减少高技能移民失业的情况。但这种制度也降低了员工的谈判能力（因为保持在职状态是员工保持外来移民身份的基础）以及参与创业的能力（加入初创企业或成为创始人）。不仅如此，就业签证制度还导致签证申请大量集中在为数不多的公司，而且信息技术行业外包公司在其中的占比越来越大。总体而言，克尔强调了高技能外来移民在知识密集型行业的创新和增长中所起的重要推动作用。此外，在为全球人才流动和创新成果搭建桥梁的过程中，特定的政策和制度也发挥了四两拨千斤的作用。

由阿希什·阿罗拉（Ashish Arora）、沙伦·贝伦佐（Sharon Belenzon）、安德烈亚·帕塔科尼（Andrea Pataccioni）和徐政奎（Jungkyu Suh）撰写的第二章进一步聚焦创新的供应来源，重点关注创新劳动分工的演变。上述作者的研究表明，随着时间推移，大学和企业在创新过程中的互动方式发生了重大变化。虽然美国的研发开支占 GDP 之比长期以来保持相对稳定，但美国开展研发的方式已经发生了重大变化。如今大学在整个研究中的比例越来越大，而企业则越来越多地致力于开发。例如研究在企业研发中的比例已经从 20 世纪 50 年代末的逾 35% 下降至如今的 20% 以下。

出现这种趋势不仅因为研发核算问题。由于大学和企业在创新劳动方面出现了进一步分工，企业发表的科研论文相对减少，在创新过程中也更加依赖外部知识。这种变化不仅使企业的创新激励发生变化（例如企业进一步聚焦核心业务导致其扩大基础研究的激励弱化），同时也导致了政策环境的变化。

在这种新的创新生态环境下，研究成果商业化有两条特别重要的途径，其一是更多地依靠大学提供的技术许可［《拜杜法案》（Bayh-Dole Act）的明确目标之一］，其二是进一步发挥技术导向型初创企业的作用，这些初创企业是技术市场中衔接大学和企业的桥梁。最重要的或许是，定量和定性证据均表明，上述创新劳动分工可能并没有实现应有的效益（即在专业化的同时实现有效的技术转化），这或许和总体研发生产率下降有关。"企业实验室"的时代或许已失势，但我们尚未拿出新的政策和机制，使新的创新生态系统在经济方面做出与之前不相上下的贡献。

玛格丽特·凯尔（Margaret Kyle）就制药行业的创新系统、创新政策，以及社会福利之间的相互关系进行了行业分析。美国的人均药品开支约为 1 200 美元，在很多国家药品占全部医保开支的 20% 以上。凯尔强调，这一关键领域的总体创新成果得益于诸多政策：一类是催生新的技术机遇的政策（即"推动"政策）；一类是提供激励的政策，例如鼓励将上述机遇转化为市场中的产品（即"拉动"政策）。

无论是哪种政策，美国都在打造一整套创新系统方面处于领先（但不是唯一）地位。就推动政策而言，二战后的美国生物医学研究体系提供了一套制度，用以发展未来可以祛除疾病的新的科学知识，这些疾病或是影响较大比例的人口，或是对少数病患群体具有较大影响（例如需要使用孤儿药*的情形）。美国二战后

---

* 孤儿药（orphan drugs），又称罕用药，是用于预防、治疗、诊断罕见病的药品。——译注

的生物医学研究体系非常知名，美国国立卫生研究院（NIH）提供的资金推动了这一体系的发展演变。在制药领域，人们不仅有总体性的思考，而且有诸多严谨的实证研究。这些研究表明，在生物医学创新成果以及该领域的公私投资互补方面，美国国立卫生研究院的资助制度总体上发挥了积极的作用。

就拉动政策而言，正式的知识产权（最突出的是专利制度）是主要的政策工具，在这方面也有大量证据证实了专利制度在催生制药行业创新动力方面所起的关键作用。尽管任何知识产权制度的设计都存在固有的权衡取舍（例如要在排他与共享之间取得平衡），但制药行业与众不同的特点尤其值得关注（例如企业"专利常青化"带来的长期困扰，所谓专利常青化是指企业能够通过后续不断但渐进的增量创新来大幅度延长药品的独占期）。给予奖励是一种辅助的拉动机制，该机制过去 20 年获得了较大的关注，特别是在（药品）开发的大背景下。

最后，拉动和推动政策还与其他政策相互作用（通常以某些巧妙的方式，这些方式已经成为诸多实证研究的对象），例如准入管理、产品责任以及价格管理措施等。虽然总体评估表明，制药行业的创新政策和社会福利之间存在广泛的一致性，但在一些重要的政策领域（特别是在知识产权和奖励方面），如果能集中关注其中可能存在的不一致性，则可成为未来政策制定的一个良好开端。

朱里奥·费德里科（Giulio Federico）、菲奥娜·莫顿（Fiona Morton）和卡尔·夏皮罗（Carl Shapiro）撰写的第四章继续关注政策对总体创新激励的影响。该章特别关注反垄断问题，说明了竞争政策如何强化创新激励并提高创新生产率，并阐释了竞争政策与传统反垄断分析的关系，后者更关注价格效应。

这三位作者的中心主题是，创新往往与激烈的竞争相伴；如果在位企业既能利用其比较优势又面临着竞争压力，则最能够促进创新，而竞争压力既来自传统竞争对手（价格导向型），也来自新进入行业的黑马，这些后起之秀往往会推出新的技术或开辟新的客户群体。

基于对具体案例的分析研究以及更系统的实证研究，上述三位作者的文章博采众长，利用当今诸多文献的研究成果，说明了横向合并与创新之间的相互影响，并以细致的分析评估了支配型企业的排他行为。

就有关横向合并与创新的评估而言，上述文章分析的一个关键主题是，竞争与创新之间所谓的"倒 U 形"关系并不能成为放任横向合并的理由。相反，上述三位作者认为，这种评估分析应当以具体案例中的结构性因素为依据，例如现有产品和潜在产品之间可能有重叠［作者将其分为现有产品和规划产品（product-to-pipeline）之间的重叠，以及规划产品与规划产品之间（pipeline-to-pipeline）的重叠］，行业参与者创新能力的分布。除了对支配型企业的排他行为条分缕析之外，上述文章的分析还表明，针对具体案例的积极的竞争政策措施或可强化创新。

第五章从具体政策问题中提炼出更具共性的问题，即实验在理解创新政策方面可以发挥什么作用。本章作者阿尔伯特·布拉沃-比奥斯卡（Albert Bravo-Biosca）基于其在英国国家科学、技术和艺术基金会（National Endowment for Science, Technology and the Arts, NESTA）创新增长实验室（Innovation Growth Lab, IGL）的研究成果，以一个简单却引人注目的现象作为文章开头：在诸多本地经济政策项目中，仅有极少数（不到5%）政策项目经过可靠的评估；在所有相关项目中，确实受到正面政策影响的项目不到 0.5%。尽管人们通常将政府政策当作已知最佳实践（best practice）来落实，但就大多数创新干预政策而言，无论是政府还是其他任何一个具体机构，当前都没有足够的证据以严谨可靠的方式来识别最佳实践。

布拉沃-比奥斯卡提出了一个具有建设意义的框架来说明不同类型的创新政策实验，该框架包括探索性更强的研究、更具体的影响以及最佳实践研究。由于政策制定者不再仅限于对关键问题和瓶颈问题的简单理解，而是转向具体项目评估，因此开展前瞻性随机实验更有必要。在评估大体情况已知的某个具体项目或计划时，这些"黄金标准"的测试作用可能最大。

之后该文回顾了来自一系列项目的诸多证据，这些项目是研究人员与创新增长实验室合作开展的。其中的评估涉及如何鼓励创意、如何促成研究人员之间的合作，以及如何扶持经济中初出茅庐的小企业。虽然启动一项系统性的实验会面临不小的障碍，但来自创新增长实验室的经验表明，有计划地鼓励实验对于设计和分析创新政策大有裨益。

在最后一章即第六章中，爱德华·格莱泽（Edward Glaeser）和娜奥米·豪斯曼（Naomi Hausman）提出了一个更具普遍意义的问题：创新政策如何解决贫困地区的重大失业问题以及缺乏经济机遇和社会机遇的问题？格莱泽和豪斯曼首先证明，各地区在创新机遇和经济机遇方面存在较高程度的不平等，并且创新和失业之间存在空间上的不协调。创新的地理位置和经济机遇之间存在广泛的关联性，这种关联性植根于那些促成创新集聚的基本因素。而且，创新的地理流动性下降伴随着创新的地理集中度提高，这久而久之将加剧创新和失业之间的空间错位。

鉴于创新和失业之间的脱节，该章研究了一系列创新政策工具对于这种脱节的潜在影响。作者强调，我们或许可以调整创新工作的重点（通过推动政策和拉动政策）、鼓励那些有可能在贫困地区增加经济机遇和社会机遇的创新，而不是将重点放在加强当前贫困地区的创新能力上。其他的政策或许还包括：加强外来技能移民政策的地方针对性，在这类地区大量投资于人力资本开发，鼓励和培育以增长为导向的企业家精神并推动大学发明商业化。鉴于创新集聚可带来巨大回报，加上创新者转移到贫困地区面临着结构性障碍，想要解决失业和流动难问题带来的持续挑战，一个行之有效的办法或许是着重鼓励可以增加贫困地区经济机遇和社会机遇的创新。

总体而言，本书六章内容综合讨论了当前创新政策研究的热点领域。虽然这些热点问题并没有简单的答案，但本书的主要目的是将近期的最佳研究成果与当前创新政策制定者面临的主要问题相结合。

第一章　全球人才的礼物

创新政策与经济

威廉·克尔

1. 引言

　　在当今以知识为基础的经济中，高技能工人无疑是企业、地区和行业取得成功的最重要资源。历史上的工业强国往往致力于获取港口、水路和矿山等自然资源，而作为美国科技和创新中心的硅谷几十年前在地图上还默默无闻。如今推动硅谷和其他科技中心发展的则是来自美国以及世界各地的人才。有技术、有创新精神的人往往愿意脱离原来的生活环境前往创新之地，一旦落脚则不吝付出高昂的租金和生活成本。

　　过去一个世纪的很多创新发生在美国，这一独有的特点可从数据上得到反映。2017年在拥有较高技能的在职男性人口中，移

　　* William Kerr，哈佛商学院教授，并任职于美国国民经济研究局。本文基于《全球人才的礼物：移民如何影响商业、经济和社会》（斯坦福大学出版社，2019）。感谢玛格丽特·道尔顿（Margaret Dalton）和路易斯·麦登（Louis Maiden）为本文提供的帮助。如有评论，欢迎发送邮件至 wkerr@ hbs. edu。关于鸣谢、研究支持来源，以及作者重大财务关系的披露（如果有），请参见 https：//www. nber. org/chapters/c14258. ack。

民约占 17%。在科学、技术、工程和数学（STEM）类岗位中，该比例几乎达到上述比例的两倍。在教育金字塔顶端（半数以上为美国博士学位持有者）和企业家中，移民的占比更高。随着未来几十年各国纷纷上演全球人才争夺战，更多的注意力将会集中到对高技能移民流动的管理政策上。

就业机会是多数人才长期移民到美国的核心原因。其中一些人首次来到美国是为了在美国的大学学习，进入美国之初持有的多为 F1 签证。这些人毕业之后有很多会通过选择性实习培训（Optional Practical Training，OPT）计划或雇主担保的 H-1B 签证转变为劳动力。另一些人则在海外完成学业后来到美国，这些人可能是在母国完成学业，也可能是在母国和美国之外的国家完成学业。就这些高技能工人而言，他们并没有多少与美国人结婚的机会，学生签证和工作签证是其进入美国，进而可能获得绿卡的主要渠道。

本章重点放在技能工人移民（一般通过读书和就业渠道）上，原因如下：其一，管理这类进入渠道的政策有别于亲属团聚或与难民/避难相关的移民政策。其二，高技能移民带来的经济和社会影响是独特的，并且从政治方面看，围绕高技能人才移民美国的分歧相对较小。《政客》（Politico）杂志近期的民意调查报告显示，美国人支持高技能工人移民美国的比例是支持低技能工人移民美国的三倍，并且基本上无论数据如何划分（例如按照共和党和民主党划分，或者按照城市和农村划分），支持高技能工人移民美国的均占多数。[①]克尔等人（Kerr、Kerr and Lincoln，2015a）回顾了有关此类分歧的近期学术文献，本章则侧重于人才流动，这有助于我们开展更具体的讨论。从政治角度而言，人们最有可能在此类政策上形成初步一致意见。

我在《全球人才的礼物：移民如何影响商业、经济和社会》（Kerr, 2019）这本书中，全面展示了高技能人才移民美国的流动情况，并综合考虑了美国及其他国家的经济、商业和政策因素。本章内容包含了该书的一些初步成果，主要涉及研究人员如何在新兴数据中定义和衡量高技能工人、这些有价值的工人如何在全球流动、美国相关政策环境的特点，以及移民到美国的高技能工人如何影响美国的增长和创新。

2. 高技能移民及其衡量

2.1 如何定义高技能工人

当我们试图衡量人才时，要想在数据中找到完美匹配"人才"这一概念的标准是不可能的。因为才能是以教育和天赋为基础的范畴，并没有统一的标准（例如大学教育）能够把握学习和工作中所有相关的重要变量以及学习和工作的方式。但我们可以分析不同的高技能人才群体，追踪他们从出生地国家来到美国的途径。这些群体对于讨论与学生以及高技能工人就业移民有关的政策十分重要。

我们根据才能水平对三类群体依次进行了趋势分析。我们研究的第一类群体为诺贝尔奖获得者。[②]我们利用诺贝尔化学奖、医学奖、物理学奖（1901 年首次颁发）以及经济学奖（1969 年首次颁发）获得者的个体数据，追踪分析了一百多年来世界上才智水平最高的部分研究人员（Kerr et al.，2016）。[③]诺贝尔奖上述奖项的数据对于研究高技能人才移民问题十分有用，因为这些记录有助于我们了解一百多年来这些获奖者的出生国家和工作所在地。

我们研究的第二类群体为发明家。世界知识产权组织（WIPO）收集了全球专利和发明人的数据，其中包含发明人的国籍信息。通过该数据库以及全球各地知识产权机构的信息，我们可以直接开展国际比较。此外，美国专利商标局（USPTO）还拥有更长时期的数据，可供我们聚焦美国发明数据以开展进一步分析。与研究诺贝尔奖获得者这样的高端精英相比，研究发明人可让我们从更广阔的角度看待高技能人才。

我们用以研究高技能人才移民问题的第三类群体为大学毕业生。该群体是三类群体中规模最大的，但或许出人意料的是，这也是三类群体中（研究）精确度最低的群体。经合组织（OECD）、世界银行以及牛津大学国际移民研究所（International Migration Institute）近期建立了一个规模庞大、涵盖世界各地移民和人口普查记录的数据集，由此构建了迄今为止关于教育水平和移民流入的最丰富的数据库。在该数据集中，OECD 的 29 个成员国的数据（以下称"OECD 数据"）可靠性最高，涵盖了欧洲、北美和亚洲的发达国家。移民到上述国家的人口基本上来自世界各个国家。

为了使每一群体的样本达到有意义的规模，诺贝尔奖数据包含了 661 份个体数据，世界知识产权组织的发明人数据包含了截至 2012 年底的逾 600 万份发明人记录，而 OECD 数据则包含了 2010 年居住在 OECD 国家、受过大学教育的约 2 800 万移民的数据。在这 2 800 万移民中，有近三分之二出生在 OECD 之外的地区，其中仅出生在中国、印度和菲律宾的就达 500 万人。另一些国家对外输出高技能工人的数量也在快速增加。1990 年至 2010 年，阿尔及利亚（增长 954%）、俄罗斯（910%）、孟加拉国（459%）、罗马尼亚（428%）、委内瑞拉（423%）、乌克兰

（385%）和巴基斯坦（380%）高技能人才对外移民的增长幅度最大。

总体而言，高技能人才移民的速度一直在快速增长，非OECD 国家对外人才总输出增长了 185%（Kerr et al.，2016）。在上述时期，人才输出国的构成情况也发生了很大变化。在很多国家，受人口变化以及人口老龄化的影响，其人口的自然增长出现停滞，而来自非 OECD 国家受过大学教育的移民则成了这些国家高技能劳动力队伍扩张的最重要来源。

2.2　人才流动模式

在前文所述的人才群体中，从诺贝尔奖获得者到发明家，再到受过大学教育的工人，人才级别依次下降，但人才群体规模依次上升。尽管这几类人才各有差异，但也存在很有规律的共同（流动）模式。这种规律对于刻画人才移民的共同特征十分重要。

2.3　人才级群体中的移民比例提高

高技能个人移民的频率远高于普通人。自 20 世纪 60 年代以来，在出生地之外的国家生活的人口在全球人口中所占比例稳定在 3% 左右（World Bank Open Data，2019a，2019b）。尽管这一比例在六十多年来基本保持稳定，但全球人口数量已经增长逾一倍，从 30 亿增长到逾 70 亿，这意味着移民的绝对数量也增长了逾一倍。联合国自 2015 年起开展的一项估计认为，全球移民数量为2.24 亿人（联合国，2016）。这些移民中仅有约 8%，即 2 000 万人为难民。从人口要素与当今在全球范围内流动的其他要素对比看，商品和服务出口占全球 GDP 的比例为 30%（World Bank Open

Data，2017），而移民人口在世界总人口中的占比仅约为该比例的十分之一。金融的全球融合度也高于人口流动。

在移民总体比例占3%的背景下，不同技能水平的群体在移民方面存在重大差异。从教育程度看，与仅受过中学教育的人相比，大学毕业生移民的可能性约是前者的3倍。虽然具体数据并不容易根据来源进行划分，但有团队测算，在受过大学教育的个人中，移民的比例为5.4%，而在受过中学教育的个人中，移民的比例仅为1.8%，在教育水平低于中学的个人中，移民比例为1.1%（Docquier and Marfouk，2006）。[④]

就技能水平更高的发明家而言，世界知识产权组织的数据估计，2000年至2010年全球有10%的发明家为移民（Miguelez and Fink，2013）。根据这些数据的获取方式，上述数据可以确切地解读为，2000年至2010年每10个有效发明家中就有一个发明家并非其发明专利获得地的本国公民。由于通过移民可以成为入籍公民，这一衡量方式会在一定程度上低估发明家中的移民比例。仅从最有才智（以其专利对后续知识发展的影响来衡量）的发明家看，其移民比例也随着专利影响力/生产率的提高而上升。排名前5%的发明家，即引用加权专利约为200件或200件以上的发明家，比排名其后的发明家移民的可能性高出约五倍（Akcigit、Baslandze and Stantcheva，2016）。

在规模最小、最有才华的诺贝尔奖获得者群体中，移民的比例最高。在1901年以来获得过诺贝尔化学奖、医学奖、物理学奖和经济学奖的群体中，约有三分之一的科学家工作在出生地以外的国家（即661位获奖者中有203位属于这种情况）。这体现出不同水平的人才在这一问题上的共通性，如表1.1所示。诺贝尔奖获得者的移民比例比高中毕业生的移民比例高出约17倍。

表 1.1　不同水平人才的全球流动情况 　　　　　　　　　　（单位：%）

	诺贝尔奖获得者 1990—2016 年	WIPO 发明者 2000—2010 年	受过大学教育者 截至 2010 年
国际移民在全球 这一群体中的占比	31	10	5
国际移民中流入 美国的移民占比	53	57	41
外来移民在美国 这一群体中的占比	33	18	17

　　注：WIPO 为世界知识产权组织。

　　资料来源：诺贝尔奖数据、Miguelez and Fink（2013）、Kerr et al.（2016）、Hanson and Liu（2018）。

2.4　数个发达经济体接受人才移民最多，特别是美国

　　可以确定的是高技能个人移民的可能性高于低技能工人，那么接下来的问题是，这些移民都去向了哪里？答案是这些人中的大多数最终定居在发达经济体，特别是美国。虽然全球仅有 20% 的人口居住在 OECD 国家，但这些国家接纳了全球三分之二以上受过高等教育的移民。从历史上看，美国吸引了半数以上来自 OECD 国家的移民，只不过近期这一比例已经下降至约 40%。从全球角度看，美国接纳了逾 1 100 万技术移民，约为全球的三分之一。其他接受移民数量排名居前的国家还包括英国、加拿大和澳大利亚，总共吸引了大约 25% 的来自其他 OECD 国家的移民（Kerr et al.，2016）。与高技能人才集中到发达经济体截然不同的是，低技能移民的流向要分散得多，并未表现出与具体某一类国家的相关性。其原因之一在于低技能移民进行远距离移民的成本收益比低于高技能移民。

在移民接收国内，全球人才的分布也呈现极大的不平衡。2013 年在美国，纽约和硅谷总共接纳了大约八分之一的 STEM 工人（Silicon Valley Leadership Group and Silicon Valley Community Foundation，2015），而且 2013 年硅谷有 56% 的 STEM 工人和 70% 的软件工程师为出生地在美国之外的人士（Kerr et al.，2016）。

这类地区通常被视为人才聚集地，是高技能人才荟萃、促使生产率大幅提高的代表区域。[⑤]其生产率的提高或源于如下因素：专业知识转移和碰撞对某一行业的支持（例如波士顿的生物技术行业）、利用顶级公司之间（例如纽约的广告行业）专业网络的能力、为企业和人才找到双方最佳匹配的潜力（例如好莱坞的电影行业），或者生态系统中的独特精神（例如硅谷勇于创业的文化）。此外，人才聚集地还可以通过优中选优获得最佳创意来突破创新边界。

在移民发明家中，美国的优先地位越发明显。发明家移民流入排名前四位的国家分别是美国、德国、瑞士和英国。这些国家总共接纳了 65% 的移民发明家。但图 1.1 显示，仅美国吸纳的移民发明家就占 57%，这些进入美国的发明家来自全球各地。美国的吸引力是如此之强，以至于德国和英国等国发明家移民流出（多数流向美国）的数量超过了流入的数量。发明家外流数量较高的其他国家还包括中国和印度（Miguelez and Fink，2013；Kerr，2019）。

在最高级别的人才中，这种情况也在数据上体现得十分鲜明。在 203 位获得诺贝尔化学奖、医学奖、物理学奖和经济学奖的移民中，有 53%（107 人）是在美国居住期间出色地完成其研究工作的。相比之下，只有 4 名美国人（不到 2%）在获得该奖项时与外国机构相关。

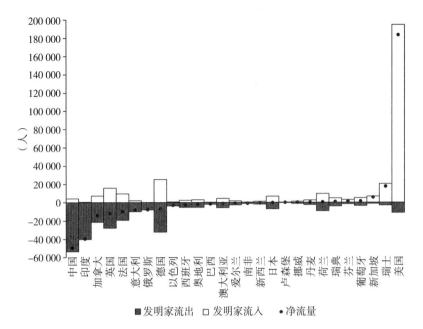

图 1.1 2000—2010 年全球发明家流动情况

2.5 外来移民在美国人才总量中占比较高，并且该比例随着人才级别的提高而上升

尽管美国体量庞大，但高技能移民的流入依然对美国经济和工人结构发挥着重要影响。在美国受过高等教育的工人中，移民占17%，较 1980 年时的 7% 大幅度提高（Hanson and Liu, 2018; Ruggles et al., 2019）。在美国受过高等教育的 STEM 工人中，有29%的人出生地在国外。在持有博士学位的人中，移民占比为52%。

就发明家群体而言，世界知识产权组织的数据显示，21 世纪头 10 年美国的发明家中有 18% 来自别国。从发明的角度看，在大约四分之一的专利技术中，有外来的发明家或外来的共同发明家参与。此外，受公民身份变化影响，这些数字体现的还只是移民总贡献的下限（Wadhwa and Jasso et al.，2007；Wadhwa and Saxenian et al.，2007）。最后，自1901年以来的美国诺贝尔奖获得者中，有33%为移民（330人中有107人为移民）。

即便不看上述这几类人才，移民对美国商业和文化的影响也是显而易见的。从华尔街（高盛）到零售商（科尔士）再到食品杂货（卡夫），美国很多以移民创始人名字命名的品牌都闻名遐迩。在《财富》500强公司中，约有40%的公司由一代或二代移民创立（Partnership for a New American Economy，2011）。在硅谷，半数工程和技术初创企业由移民领导。移民对技术和商业贡献巨大，是制定高技能外国工人相关政策过程中的一大考量。

2.6 与全球人才流入增长紧密相伴的往往还有本土技能人才分量的提升

虽然之前的统计对于不同层次的高技能流入移民十分重要，但趋势和变化也是我们讨论的重要内容。高技能移民的增加往往与总体经济中技能工作的增加有关（可参见 Hunt and Gauthier-Loiselle，2010；Kerr and Lincoln，2010）。其他要素的全球交换（人口要素的全球交换）呈现相反的格局，例如中国的廉价纺织品打入美国市场后，美国纺织厂纷纷关闭。

自诺贝尔奖首次颁布以来，自称为美国人的诺奖得主数量不断增加，这其中既有外来移民也有美国本地人。在诺奖颁布的前几十年中，有13%授予在美国工作的科学家。当然，其中外来移民约占三分之一。自1970年以来，有65%的诺奖获得者来自美国，其中有超过三分之一为进入美国的移民，这意味着在20世纪后50年，美国已成为全球科学的领军国。由此可见，美国诺奖的国内得主和移民得主已是平分秋色。

从事高技能工作的外来移民和本地人同时增长的情况不仅发生在全球顶级科学家中。很多城市、很多行业和很多企业也体现出高技能外来移民增加的积极影响。硅谷的高技能外来移民和本地人均拥有高超的水平，令硅谷引以为豪。一些世界顶级银行家称自己为伦敦人或香港人，并不十分在意自己出生在哪里。总体而言，在大多数情况下，高技能外来移民和高技能本地人的增长率之间存在相关性。尽管存在相关性并不意味着能从因果上证明外来移民帮助了本地人，却提供了一个有价值的起点。潜在的因果机制将在下一节中讨论。

2.7　来自亚洲，特别是来自中国和印度的人才大幅增加

全球移民的渠道多种多样，其中一些渠道属于轻车熟路，采取的是历史上殖民时期的路线，或是凭借共同语言移民至发达经济体，而其他一些移民渠道的可预测性则相对较低。过去几十年移民途径已经发生了诸多重要的变化。欧盟开放边境改变了其成员国的移民方式，英国退出欧盟可能也会带来移民方式的改变。当一个国家处于危机时也经常会出现大规模移民外流的现象，例如苏联解体时以及近期处于危机中的委内瑞拉。⑥

来自中国和印度的移民影响力与日俱增或许是近来最大的变化。2010 年大约有 350 万来自中国和印度的受过高等教育的工人居住在 OECD 国家。在来自非 OECD 国家的总移民中，来自中、印两国的高技能移民所占比例约为 20%。世界知识产权组织的专利数据显示，28% 的移民发明家不是出生在中国就是出生在印度。虽然这些统计数据仅就这两个国家而言显得不可思议，但不要忘

记中国和印度的人口占全世界人口的三分之一。

关于中国移民和印度移民最重要的问题在于其当前的增长速度和未来的潜力。在整个20世纪的大部分时间里，受殖民控制等不利因素影响，这两个国家出生的人才被严重埋没。20世纪60年代，美国科技界印度人的比例几乎为零，而现在这一比例已经提高到9%以上，并有可能继续快速上升（Hanson and Liu，2018）。此外，到世纪之交时，每四个移民发明家中就有不止一个人来自中国或印度。

展望未来，中国和印度高技能移民影响力的提升主要依靠教育系统。[⑦] 2017年在美国的国际学生中，中国和印度的学生总共占一半，分别为350 000人和186 000人，各较上年增长6.8%和12.3%，凸显上述群体的快速增长。这些学生绝大多数选择科技与工程类课程，这样的选择将决定美国和全球未来几十年的劳动力前景。

2.8　当今全球人才流动中女性占半数以上

近年来女性在高技能外来移民中的重要性日益提高。1990年至2010年，OECD国家中的女性外来移民规模增长了152%，从570万人增长到1 440万人。2010年高技能女性移民的规模超过了高技能男性移民的规模（Kerr et al.，2016）。高技能女性移民快速增长的原因很多，研究人员尚未深入透彻地分析这些原因，但强有力的证据表明，移民来源地与流入地的女性权利差异是一个重要原因（Nejad and Young，2014）。

2017年在美国，女性占高技能外来移民的53%，并且自2003年以来女性高技能外来移民的数量就超过了男性。[⑧]来到美国的女性高技能移民在地理上的分布情况和男性相似，纽约是最受欢迎的地方。来到美国的女性在来源地方面也和男性比较相似；就来源地而言，来自印度的男性比例略高。但是在来自印度的女性移民中，高技能移民可能是低技能移民的三倍，而在来自高收入OECD国家的女性移民中，高技能移民可能约是低技能移民的两倍。与之形成鲜明对比的是，在来自墨西哥的女性移民中低技能移民可能是高技能移民的五倍以上。

男性移民和女性移民之间也存在巨大差异。在就业方面，仅有三分之二的高技能女性外来移民被雇用，而男性的这一比例超过80%。在人口排名居前的大都市地区中，波士顿和华盛顿特区的女性就业率最高（均为73%），而底特律和加利福尼亚州里弗赛德的女性就业率最低（均为60%）。在STEM类岗位中，这种差异更加显著，男性受雇数量是女性的两倍以上。女性高技能外来移民的自雇率也低于男性（女性全天自雇者的比例为3.5%，男性为6%），但存在较大的地区差异，高技能女性自雇率最高的地区为迈阿密。鉴于男女工资差异是不争的事实，因此在高技能外来移民中存在薪资性别差异也不足为奇。在这类受雇的全职人士中，男性的小时工资平均比女性高出近10美元。在教育水平和移民来源地保持固定不变的情况下，即便考虑教育水平和移民来源地，男性也依然赚得远比女性多。在来自印度的具有博士学位或专业学位的高收入外来移民中，男性的小时薪资为74美元，而女性为58美元。

高技能女性外来移民从事的岗位也有别于男性。在大都市地区，女性一直普遍倾向于从事以下职业：经理人和行政人员、注册护士、会计师和审计师、护理辅助人员、护工/勤杂人员和服务员。相比之下，男性普遍从事的职业为：计算机系统分析师、计算机科学家、经理人和行政人员、卡车司机、送货司机和拖拉机司机。还有大量的男性和女性外来移民从事着与其经验水平并不匹配的工作，移民未按专长就业的比例和就业不足率一直高于本地人（OECD，2018）。[9]来自相同国家、具有同等教育水平的男性和女性高技能外来移民虽然从事的具体职业不同，但取得的职业声望是相似的。[10]

2.9 人们为何要移民？为了追求机遇

是什么促使人们背井离乡前往新的国度定居？通常情况下的答案是为了追求机遇。对于难民或低技能移民而言，移民或许意味着脱离战争地区获得养家糊口的机会，或是得到赚取生活费的机会。而对高技能移民而言，移民往往可以带来提高教育水平以及取得职业成功的机会。无论是上述哪种情况，移民一旦到了国外某个地方，其他人紧随其后移民的可能性就会上升，而移民来源地与流入国之间的联系往往也会增强（Freeman，2013）。

很多家庭不惜付出经济和情感的代价，选择将子女送往国外上学，希望借此获得更优质的教育、更有价值的文凭，以及有更好的机会进入高端职场。近几十年来在新兴市场国家，随着一些家庭具备了更多投资于子女的教育条件，出国求学的做法蔚然成风。还有一些人会在以后的生活中移居国外，有可能是为了读研究生，也有可能是为了工作机会。美国的博士学位课程吸引了来自世界各国的大量学生，其中一些是本科就读于美国或其他发达经济体的学生，但也有很多人从此开启了移民之路。

虽然很多出国求学的人最终在目标国家永久定居，但对于另一些人来说，出国只是人生的一个短期驿站。短期移民可带来收入的增加、职业生涯的快速发展，或是个人证明自我的机会。例如知名商业家族的子女以及处于职业黄金期的顶级运动员有时就是这种情况。此外，移民的首站国家未必就是终点。近期进入美国的移民中约有 10% 在最终定居美国之前，曾在第三方"中转"国家学习或工作过（Artuç and Özden，2016）。

一些个人和家庭为了到发达国家学习和工作做出了巨大牺牲，他们希望这样做能带来更好的就业前景和收入的提升。[⑪]然而，移民真的可以对个人生活产生如此巨大的影响吗？即便可以，这种改善是否值得这样的家庭投资？以下是对薪资的简单比较。印度的平均工资约为 300 美元/月（即 3 600 美元/年），而在美国加州工作的印度程序员的平均工资则较之高出 19 倍以上，达到 75 000 美元/年。虽然这些数据值得考察，却依然无法回答以上问题，因为一个印度的人才回国后可能也会有更好的薪资机会。

在这种背景下（针对该问题）做随机实验几乎是不可能的，但 H-1B 签证抽签系统提供了一个独特的类似于实验的机会（关于 H-1B 计划会在本章后文详述）。H-1B 签证在每年 4 月 1 日开放申请，通常在开放后的短短几天之内就会达到现阶段 85 000 个名额的上限。例如在 2019 年开放申请的第一周，人们提交的申请就超过了 200 000 份，远远超过配额。由于申请蜂拥而至，美国移民局（USCIS）往往需要花费整整一周来汇集申请，至于哪些申请可以获得签证，移民局并不采用先到先得的惯例，而是通过抽签决定。

克莱门斯（Clemens，2013）在研究中采用了一家大型印度公司的数据，这家公司严重依赖 H-1B 签证计划让技术娴熟的工人进入美国。通过数据，克莱门斯（2013）发现，该公司员工的中签结果实际上是随机的。因此，在可能推动工人移民的个人特点和环境因素（可能推动工人移民）保持不变的情况下，那些获得签证的人比没有获得签证的人年收入平均要高出 55 000 美元。就经济收益而言，这些印度程序员的收入差距属于较低水平。大家肯定可以想象到明星运动员或人工智能研究员的超高薪资，而在母国他们绝不可能拿到这样高的工资。

教育和工作或许是高技能人才移民的主要原因，但移民的原因远不止这些。一些移民纯粹是被纽约、伦敦或迪拜这些全球魅力城市所吸引而在全球范围内流动。家庭团聚在美国移民中的比例最高，并且获准移民的此类人员的技能水平也在逐渐提高。

与一些人自愿离家闯荡形成鲜明对比的是，当今世界正在应对数场重大的难民危机（Dustmann et al.，2017）。尽管同意难民入境的选择是出于人道主义援助的考虑，但这些人口也会影响人才分布。例如在当年从纳粹德国逃离的德国犹太人中，阿尔伯特·爱因斯坦和冯·诺伊曼（von Neumann）均被视为彻底改变美国科学和创新领域的智者。进一步的研究显示，在化学领域，那些有难民涌入的子领域创新提高的幅度远超过没有难民进入的子领域。

3. 全球人才争夺战

当前美国是高技能移民的首选目标，但未来美国能否保持这种主导地位不得而知。在其他国家想方设法提高自身对外国人才的吸引力之际（Boeri et al.，2012），美国经常反其道而行之，发布一些反对外来移民的言论，推行低效的政策。本章接下来将把注意力放在一些相关政策因素上。

对什么人可以进入本国施加限制是政府的重要职责之一。制定移民政策的部分目的是保护本国公民在健康、就业、文化认同以及安全方面不受外来威胁。一部分公民希望保持现状，而另一部分人则支持增强活力，立法者必须在复杂的争议中平衡双方的愿望和呼声。历史学家指出，很多时候美国通过权衡经济利弊来选择对外国工人开启大门或关闭大门。2019 年，美国在本国未来移民政策上的分歧越来越大。

作为一个国家，美国接纳的外来移民规模超过其他任何一个国家。2017 年，美国五年内净流入移民规模约为 450 万人，远远超过其他任何一个国家的移民净流入规模（World Bank Open Data，2019a，2019b）。美国人均外来移民比例约为 14.4%，类似或高于多数其他 OECD 国家（World Bank Open Data，2019a，2019b）。

在获准移民的人群中，通过亲属移民来到美国的移民数量最多。在每年发放的大约 100 万张绿卡中，仅有 14 万张发放给了就业移民，而绝大部分绿卡都发放给了直系亲属移民（例如配偶、父母、子女）、美国公民的远房亲属或者合法的永久居民。直系亲属移民无年度名额限制。还有少量的外来移民签证则依据其他原因发放，例如出于避难或人道主义考虑。历来以亲属移民为重的做法使美国的移民准入政策向低技能群体倾斜。亨特（Hunt，2011）详细评估了签证的类别和特点。

对全球最有才能的人来说，无论他想移民到哪里基本上都不成问题。对能力非凡的人，美国会颁给 O1 临时签证，即"杰出人才签证"。除了要拥有事先认可的非凡能力之外，美国移民局在这类签证方面既没有给出明确规定，也没有对可授予的签证数量设置年度上限。2000 年有大约 6 500 人获得了这类签证，而到 2010 年这一数量增至 8 500 人，2017 年则超过了 17 000 人（US Department of State，2019）。

愿意大手笔投资的人士也受美国欢迎。被称为"富豪签证"

的 EB-5（美国基于就业的第五类移民）签证的发放对象是：愿意在一家美资企业投资至少 100 万美元，以创造或保留至少 10 个全职就业岗位的人士。如果外国企业家选择在农村或高失业地区投资，那么投资门槛还可以降为 50 万美元。该签证可使投资者及其直系亲属获得合法的永久居留身份。近年来 EB-5 签证的发放数量急剧增加，从 2004 年的仅 346 张增加到 2016 年的近 1 万张。这其中有超过 70% 的签证颁了有钱的中国人。2010 年的一份报告显示，不动产成了最常见的投资行业，1992 年至 2007 年有近 7 000 万美元投资在这一领域（ICF International，2010）。

然而，大部分有技能的外来移民并不是通过精英签证计划进入美国的。大多数有技能的外来移民仅仅是才能高出平均水平并受过充分教育的人士，他们通常直接来自校园且其职业生涯刚刚起步。高校在移民的形成过程中扮演着重要角色，因它们对 F1（学生）或 J1（交换访问学者）签证人选具有选择权。包括续签在内，2017 财年美国共颁发 F1 签证 393 573 份。F1 签证并不能为学生提供长期就业，也并非成为美国公民的直接渠道，但是 F1 签证可转为 H-1B 签证或帮助学生实现从学校到企业的转换。[⑫] 2017 年因首次就业而提出的 H-1B 签证申请中，约有半数是在美国的移民提交的，并且有 34 488 份 H-1B 签证颁给了直接从 F1 签证转过来的个人（USCIS，2018a，2018b）。

无论个人来自美国的校园还是直接来自国外，技能移民基本上都要直面美国（签证）体系以雇主（就业）为主导的本质。与使用积分体系选择移民的国家相比，在以雇主（就业）为主导的体系中，有工作是获得工作签证的关键。采用这种制度的国家包括日本、韩国、瑞典、挪威和美国。说到美国，我们就要再谈一谈 H-1B 签证计划。

3.1 H-1B 签证计划

H-1B 签证计划根据美国 1990 年的《移民法案》（Immigration Act）推出，是给特殊专业人员的临时工作签证。申请者必须具备学士或学士以上学位，或者具有同等学力。H-1B 签证持有者多从事计算机编程、会计、工程、宗教、咨询和医学等岗位。图 1.2a 和图 1.2b 显示了 2017 年 H-1B 签证获得者的特点。提供这类签证主要是为了满足美国对特殊专业人员的迫切需求，因为如果不开展长期艰苦的员工培训，那么在美国本土人群中无法招到这类人员（Kerr，2019）。

H-1B 签证有效期为 3 年，到期可续签。虽然申请之际的预期是签证到期后员工会离开美国，但 H-1B 签证也具有"双重意图"（dual-intent）的特征。因此雇主企业可代员工申请绿卡，最终确保该员工合法长期居留美国。2008 年时对于一个至少拥有 26 名全职员工的企业而言，每份申请要花费公司 2 320 美元（Kerr et al.，2015a）。企业招收一名外国员工除了要支付一般情况下招收新员工的相关开销（例如面试、培训、法律费用）之外，还要付出额外成本。2019 年这类费用在 1 600 美元至 7 400 美元之间，具体取决于雇主企业的规模、移民员工占比以及加急申请（premium processing）情况。

与 O1 签证不同，H-1B 签证有年度名额限制。20 世纪 90 年代 H-1B 签证刚刚推出之际，65 000 个名额上限是大于雇主需求数量的。然而受互联网技术蓬勃发展以及千年虫问题（Y2K bug IT transition，计算机 2000 年问题）影响，H-1B 签证申请数量增加，为了满足需求，美国移民局提高了 H-1B 签证名额上限。起初 H-1B 签证名额提高到 115 000 人，之后又提高到 195 000 人。

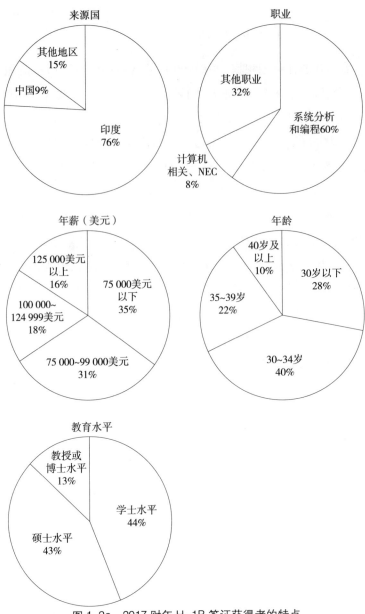

图 1.2a 2017 财年 H-1B 签证获得者的特点

资料来源：美国移民局。

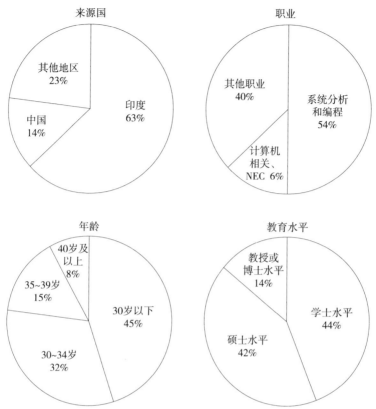

图 1.2b 2017 财年首次申请 H-1B 签证获得者的特点

资料来源：美国移民局。

21 世纪初经济滑坡期间企业对 H-1B 签证员工的需求一度疲软，2004 年美国移民局没有继续提高 H-1B 签证上限，而是将其调回到起初的 65 000 人。之后美国又针对在美国获得硕士及以上学位的申请者增加了 20 000 个签证名额。二者相加之后，如今 H-1B 签证每年的名额限制为 85 000 人，如图 1.3 所示。

不过，上述限制仅适用于受名额上限影响的企业的首次就业申请。对于延长个人居留期、就业状况发生变化，或者业已在美

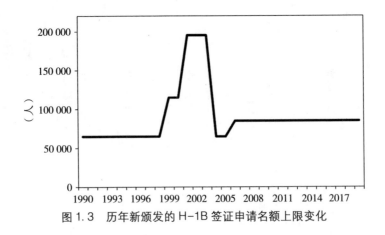

图 1.3　历年新颁发的 H-1B 签证申请名额上限变化

的 H-1B 签证工人申请新就业，则不适用上述名额限制。高等教育机构、合格的非营利组织，或政府研究机构雇佣的首次就业人员，也不受上述限制。2017 年美国颁发 H-1B 签证 179 049 个（含续签）。近几年来，有名额限制的企业对 H-1B 签证的需求已经远远超过了名额上限。美国商界领导人一直主张扩大 H-1B 签证计划，但国会尚未通过相关改革。[⑬]

　　图 1.4 显示了每年获得批准的 H-1B 签证的申请数量和类型。首次就业申请分为两种情形：一种是申请人在美国之外，一种是申请人已在美国。第二种通常包括美国学术机构的毕业生。因继续就业而申请 H-1B 签证的包含以下所有相关情形：个人之前已有 H-1B 签证、正在申请延期；就业状况发生变化；因新就业的要求而申请。经济滑坡对申请 H-1B 签证的影响在 2002—2003 年以及 2009—2010 年期间比较明显。此外，近年来因继续就业而提出的 H-1B 签证申请明显增加。

　　根据规定，企业需要根据员工的职位、经验和资质，向 H-

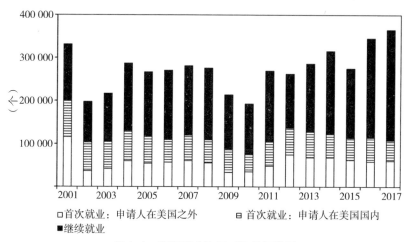

图 1.4　获得批准的 H-1B 签证数量
资料来源：美国移民局。

1B 签证持有者支付"现行工资"（prevailing wage）。上述工资根据企业支付的工资或该地区现行工资中的较高者决定。2016 年 H-1B 签证持有者的平均工资为 8 万美元，但工资分布区间比较宽，外包公司的低技能雇员可能赚取 6 万美元，而高技能雇员可能赚到 15 万美元以上（Ruiz and Krogstad，2017）。

　　近年来绝大部分 H-1B 签证颁给了从事计算机相关岗位的人员（Kerr et al.，2015a）。2017 年来自印度的移民占 H-1B 签证持有者的 72%，来自中国的移民占 13%，二者共占 85%，较 21 世纪初时的 50% 显著提高（US Department of State，2019）。H-1B 签证计划的设计使企业有权决定自己需要什么样的工人，而不是依靠立法授权来决定。这样做使该制度能更加适应当前的市场需求。

　　另一种广泛采用但知道的人相对较少的就业签证是 L1 签证。该签证适用于跨国公司员工的临时移民，2017 年美国共发放了 78 178 个 L1 签证（含续签）。申请人只有在申请之前的三年内为跨国公司工作至少一年才有条件申请，该签证的最长居留期为 7 年。与 H-1B 签证类似，L1 签证也是一种"双重意图"签证，可为转绿卡铺路。耶普尔（Yeaple, 2018）进一步讨论了 L1 签证。

TN 签证是《北美自由贸易协定》（NAFTA）的产物，针对的是加拿大和墨西哥公民。截至 2019 年，TN 签证计划预计将在后 NAFTA 时代继续实行。与 H-1B 签证相似，申请者在申请该签证之前必须有单位录用，并且该签证只限于技能岗位。2017 年美国发放了 16 119 个 TN 签证（含续签），其中绝大部分发放给了墨西哥公民。

其他国家接受技能个人移民的方式多种多样。例如欧盟放开了成员国之间的边境。加拿大、澳大利亚和英国等其他国家向来采用积分制，根据年龄、教育和工作经验等个人情况批准外来新移民。也有很多国家针对员工类别推出特殊签证，其中最有名的或许是"创业签证"（start-up visas），这主要是为了吸引外来创业者。这些另类政策不在本章的讨论范围之内，本章将继续以美国的情况为重点。

3.2 以就业为基础的签证制度对美国的意义

以企业或雇主为主导的就业签证制度对美国具有重大意义。该制度的重要优点包括就业有保障以及有可能更好地挑选移民等。首先，就业签证制度将有工作作为申请的核心要素，可以避免发生外来移民一到美国就失业的情况。其次，虽然积分制可以根据教育水平或语言能力对个人排名，但企业通常看中难以衡量的技能。这些技能可能是硬技能（例如重要的计算机语言知识），也可能是软技能（例如创造力、团队精神）。

H-1B 签证也相当灵活，因此可对市场需求迅速做出反应。

由于对每个行业或某个国家的移民可以获得多少签证并无限制，因此雇主企业可以招聘到其真正想要的外来员工。毫无疑问，H-1B 签证获得者的构成情况会随着时间的推移而发生变化。1995 年获得 H-1B 签证的人中印度员工仅占 20%，但仅仅三年之后，这一比例就提高了一倍以上达到 45%，2002 年则回落至 28%。如今该比例又迅猛上升到 70% 以上。1995 年 H-1B 签证中计算机相关岗位占 25%，1998 年时占 57%，2002 年占 28%，到 2012 年则超过 70%（Kerr et al.，2015a）。

与该签证制度灵活性有关的一个潜在担忧是，该制度有可能伤害外国工人以及较年轻的本地工人。这些员工更多的是基于短期机会而非长期需求来到美国，因此一旦经济滑坡或发生行业性变化，这些人则有可能受到不利影响。此外，如果学生根据当前的市场需求选择大学专业，那么他们毕业时可能会发现，在这类工作岗位上持 H-1B 签证的员工已经比比皆是。

就业签证制度也给企业与员工之间的关系带来了一些独有的问题。从法律角度看，H-1B 签证员工依附于雇主企业。这样做原本是为了激励企业对外国员工开展培训并进行这方面的投资。大家可以想象一下，如果工人可以在企业之间随心所欲地跳槽，那么就会导致企业在招聘外国工人方面的投资不足，因为一些企业在员工身上投入了时间和金钱，却落得眼睁睁地看着员工被其他企业挖走的下场。最初的这家企业不仅损失了人才，还赔上了时间和金钱。[14]

虽然将员工与雇主企业绑定对企业有利，但对员工是否有利则不确定。法律上依附于一家企业会严重削弱员工的谈判地位。这可能会使员工只能任企业宰割，例如按照企业要求长时间工作，或者企业不给员工应得的涨薪，又或者企业故意将签证持有者安排到低于其实际能力的岗位或某些工作任务上，以避免支付更高的薪水。[15]在企业额外帮助员工申请绿卡的情况下，由于申请绿卡需要7~12年时间，员工对受雇企业的法律依附性更强。亨特（2017）发现，在等待绿卡的过程中，员工的流动性下降了20%。[16]

更广泛地看，对H-1B签证计划优缺点的讨论很大程度上取决于人们如何看待企业在政策中的角色。以积分为基础的制度运行非常透明，相关公式会发布在官方网站并接受公开讨论；而以就业为基础的制度在绝大多数情况下都依赖于微软或谷歌等大公司的私下决策。如果有人担心企业的强大声音可能会压倒参与移民之争的其他人（例如本地工人、政策制定者）的想法，那么有一种可能的解决方案便是，让人们进一步相信企业雇用移民工人的政策是透明的。

此外，如今还有外国公司大量使用H-1B签证以方便外包和离岸工作，美国甚至为此在1995年的世界贸易组织关于国际服务贸易的协定中做出了一些相关承诺。[17]像印孚瑟斯（Infosys）和威普罗（Wipro）这样的企业对H-1B签证的用法醉翁之意不在酒，近来这种类型的签证占据了相当大的比例。外包公司往往利用签证计划将其海外员工带到美国工作一小段时间，目的是让其学习和了解美国的体系，并与在美国的客户进行交流，然后再返回海外的公司工作（Hira，2010；Park，2015）。平均而言，外包公司H-1B签证的员工在薪酬和融入社会程度方面均远低于其他的签证持有者。鲁伊斯和克罗格斯塔德（Ruiz and Krogstad，2017）发现，外包公司H-1B签证持有者的平均薪酬在75 000美元至80 000美元之间，而苹果和脸书公司H-1B签证持有者的薪酬在140 000美元左右。H-1B签证计划的不同用法导致有技能的外国员工处境冰火两重天。

外包公司越来越多地使用 H-1B 签证不仅会影响外国工人的平均工资和融入美国社会的程度，还会影响到谁会最终获得数量有限的签证。以往企业通过 H-1B 签证的程序招聘高技能外国工人时会事先投入时间和金钱来寻找最合适的岗位人选，因此可能只提交一份申请。而外包公司往往不关心具体谁会中签，它们可能会从自身需求出发提交大量申请（Harnett，2017）。其结果便是，难得的高技能申请人相对于技能水平较普通的人处于劣势。

鉴于单个企业可为员工申请的 H-1B 签证数量没有上限，因此这其中明显存在不平衡，从大部分 H-1B 签证花落谁家便可见一斑。2016 年排名前五位的雇主提交了 59 184 份 H-1B 签证申请，这五家雇主全部是外包公司。高知特（Cognizant Tech Solutions）提交了 21 459 份申请，该公司总部位于新泽西，但大量业务在印度。自美国移民局 2012 年开始公布相关数据以来，高知特一直在提供 H-1B 签证数量榜单的前列。微软是 2016 年提供 H-1B 签证最多的非外包公司，在提供 H-1B 签证最多的企业总榜单上排名第六或第七位，其提交的申请为 3 556 份。图 1.5 显示了 2016 财年提供 H-1B 签证数量最多的企业排名，并标明了该企业是否为外包公司。

图 1.6 则进一步展示了排名靠前的公司招聘的具有硕士学位的 H-1B 类员工的占比和平均年薪。图中圆圈的大小代表该企业为员工申请的签证数量。该数据呈现不同的集中分布，较大的圆圈集中在图的左下角。

在本文撰写之际，有新的数据表明，自 2018 年以来外包公司获批的 H-1B 签证一直在不断大幅减少，签证分配重新朝着传统美国科技公司倾斜。这种变化是不是永久性的，以及它将如何影

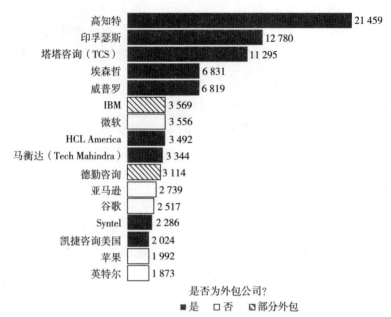

图 1.5   2016 财年提供 H-1B 签证数量的企业排名

响 L 类签证等其他签证，时间会给出答案。

由于 H-1B 签证供应数量较少，很多高技能工人和企业转而更多地采用选择性实习培训计划（Bound et al.，2015）。选择性实习培训计划允许持有 F1（学生）签证的学生在与专业研究直接相关的领域开展工作实习。符合条件的学生可获得最长为 12 个月的工作实习期，时间可以是毕业前，也可以是毕业后。到 2008 年时，在 STEM 领域获得学位的学生还可以在最初 12 个月实习期之外获得 24 个月的延期，这样总时长便可达 3 年。选择性实习培训计划审批没有名额上限，并且每年都可以发放。参加选择性实习培训计划的学生必须有学术机构推荐，有工作并不是必须条件。选择性实习培训计划的学生无法获得新签证，只能保持 F1 身份，

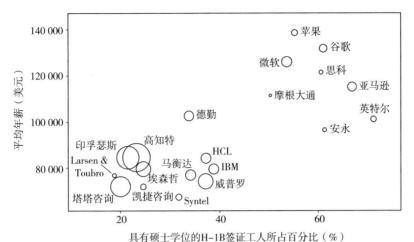

图 1.6　2016 财年提供 H-1B 签证数量最多的前 20 家企业的
平均薪资和学位获得率

直至他通过就业签证或亲属团聚转换身份，否则就要回国。

　　美国国际教育协会（Institute of International Education）对逾
3 000 家官方认可的美国高等教育机构开展了一项调查并收集了相
关数据，其中包括选择性实习培训计划的数据。数据显示，过去
几十年中，选择性实习培训计划的使用快速增加，从 2000—2001
年的 21 058 人增加到 2017—2018 年的 203 462 人（Institute of
International Education，2018）。皮尤研究中心（Pew Research
Center）近期的报告（Ruiz and Budiman，2018）估计，获得选择
性实习培训计划许可的人中有 53% 为 STEM 类专业，STEM 类毕业
生采用选择性实习培训计划是导致该计划使用增加的主因（自
2008 年以来增长了 400%）。从国别来源看，选择性实习培训计划
员工的构成情况与 H-1B 签证持有者十分相似，全部参与者中有
57% 来自印度、中国或韩国。

　　作为 H-1B 签证替代的选择性实习培训计划并不是最优解决

方案。在签证的大环境下以及从学校到工作的转换过程中，很多来到美国学习的人都希望毕业后留在美国工作。由于 H-1B 签证的获取存在不确定性，加上该签证中签率较低，因此从学校到职场不再有十拿九稳的转换通道。选择性实习培训计划虽然给 STEM 专业的学生提供了更长的期限，但也只是短期的权宜之计，最终不成功的申请人要么回到学校，要么回国。虽然选择性实习培训计划取决于个人及其相关的学术机构，但有报告显示，有的雇主会滥用该计划来利用弱势的外国学生。⑱

3.3　企业为何选择招聘 H-1B 签证工人？

围绕 H-1B 签证计划（不考虑外包公司使用该签证的情况）的一大争议是，外国工人流入会如何影响本土劳动力。该签证计划的支持者（例如微软的比尔·盖茨）认为，企业招收 H-1B 签证工人创造了新的就业。⑲而批评人士则认为，企业以成本较低的 H-1B 签证工人替代了成本较高的本土劳动力。对于以巨头企业和快速成长的新兴企业为特征的美国经济，这个问题不能一概而论，而是要具体问题具体分析。例如，企业对于员工再培训应等待多久才可以招聘外国人才，对此有理由的一方可以提出不同意见。考虑到这是一个复杂的体系，对已有模式展开讨论仍有必要。

如前所述，未经加工的数据通常表明，H-1B 签证和本土工人就业增加之间存在正相关关系。成功的企业往往会培养各种类型的员工，仅此一条就可以解释这种正相关关系。⑳为了识别二者之间的因果关系，相关研究采用了两种计量经济学方法。第一种方法采用了纵向雇主-家庭动态（Longitudinal Employer-Household Dynamics，LEHD）数据库。该数据库包含了美国每个企业、每个员工个人层面的就业资料，同时还有关于外来移民状况的信息，这样一个丰富的数据库或可回答有关高技能人才就业的问题。克尔等人（Kerr、Kerr and Lincoln，2015b）通过 LEHD 数据库考察了 H-1B 签证名额上限的大幅度变化如何影响企业，具体比较了对这种变化十分敏感的企业以及对此不太敏感的企业。[21]研究人员发现，招聘年轻的技能移民与该公司本土技能员工的增加是一致的，这支持了 H-1B 签证增加了本土工人就业的说法。

第二种方法利用了 2006 年和 2007 年的 H-1B 签证中签情况，当时 H-1B 签证在申请启动一周后（但不是全年）还有名额。面对这种情形，美国在申请者大于剩余名额的情况下对最后一天收到的申请采用抽签方式（mini-lottery）分配签证。多兰、盖尔伯和伊森（Doran、Gelber and Isen，2017）比较了最后一天中签成功和中签失败的企业，提供了一个小型的随机样本。与前述乐观看法相反的是，研究人员发现赢得中签的企业往往会在之后的几年减少对本土工人的录用。在签证申请回落的上述年份中，雇主的行为或许无法与典型的超额申请年度的决定相比，但上述结果支持了成本最小化的观点。虽然前面提到的这两种方法都有优缺点，但 H-1B 签证与本土工人之间的关系问题尚未解决。

对这一问题的重新表述或许可以更清晰地表明二者之间的关系。之前的假设是，所有工人都是一样的，企业录用 H-1B 签证工人、以年轻的外来移民取代年轻的本土工人，主要是为了节约成本。然而，情况可能并非如此，多位批评该签证计划的重量级人士称，企业采用 H-1B 签证是为了使员工队伍年轻化（Matloff，2003）。

就算企业真的想要以年轻的外来移民取代年轻的本土工人，节省成本的空间也并不大。研究发现，如果采用条件相当的外来移民，则这些移民与本土工人之间的薪资差别不超过 5%（Kerr，2016）。企业需要按照市场行情支付薪资，再加上签证申请过程中的额外成本，因此，招聘一个外来移民或许比招聘一个本土工人成本更高。然而，如果企业以一名年轻的外来移民取代一名经验丰富的年长本土工人，那么情况则会不同，有可能节约不少成本。假设薪资按照 2% 的年增速增长 30 年，那么一个起薪为 80 000 美元的工人如今的薪资大约为 145 000 美元。在这种情况下，即便考虑申请费用和法律费用，新招一名起薪为 80 000 美元的工人仍可为企业节约不少钱。虽然年龄歧视是不合法的，企业不能简单地以年长为由解聘工人，但企业可以以无法承受过高薪资或者员工技能过时为由，主张结束聘用关系。

除了前述理论案例之外，现实世界的数据也为上述观点提供了一定的支撑。在 2016 年的英特尔裁员事件中，解聘年长员工问题引起公众关注，当时年龄超过 40 岁的员工被解聘的可能性提高一倍以上（Rogoway，2016）。LEHD 数据也印证了不同年龄的差别。不同年龄段的就业增长是不对称的。录用更多有技能的年轻外来移民对有技能的本土年轻人有利，但对美国年长工人的就业影响平平（Kerr et al.，2015b）。上述发现支持了如下观点，即企业更多地依赖移民工人将使年长的美国人处于弱势地位。

替换掉年长工人对某些职业和行业的影响也远超过对其他职业和行业的影响。最明显的例子便是科技行业的计算机程序员。这一职业特别容易因为年龄而被 H-1B 签证员工取代，因为这一职业的可替代性较高。实际上，由于工作性质快速变化，工作经验在 STEM 相关工作中已经不那么重要。而像经理人、医生、律师这类职业，工作经验对职业成功特别重要，并且可以随时间积累。相比之下，计算机程序员的可替代性是上述职业的四倍

（Kerr et al.，2015b）。其他的理工类学科也呈现较高的替代能力。此外，由于缺乏工会和职业许可等保护性措施，STEM 类职位也在企业录用高技能外来移民（通常接受过相同领域的培训）和节约成本的过程中成为可捏的软柿子。

高技能本地人正在通过职业选择进行一定程度的调整。一方面在需要强大的量化能力和分析能力的技术领域，移民蜂拥而入，而另一方面本地工人也在转向更多依靠交流能力的互补性岗位（Peri and Sparber，2011）。出现这种情况通常都与收入增长潜力有关。[22]因此，虽然企业招聘的外来移民和本地人数量都在增加，但录用的岗位并不相同。

多项改革或使 H-1B 签证计划能更好地进行选择并提高其效率，从而使签证更多地用于增加本地人就业计划而非成本最小化以及外包目的。如果 H-1B 签证不采用抽签分配，而是根据工资等级制度分配，或者再辅以岗位和地区最大名额限制，则签证获得者的平均素质或将提高。虽然工资并不能完美地体现工人对社会的贡献，但工资的确反映了劳动力市场的信号。在工资排名之外再辅以岗位和地区最大名额限制，则可确保工人不会扎堆在富裕的滨海城市或是 STEM 领域的职位。H-1B 签证分配制度或许还可以进一步从按年申请转向按季申请，这样全部签证名额的四分之一每三个月就分配一次。这种变化可以缩短签证等待期，并提高外国工人流入的持续性。H-1B 签证计划还有可能进行的调整包括设置可靠的 H-1B 最低工资要求，并将准入条件与经济状况挂钩。正如《全球人才的礼物：移民如何影响商业、经济和社会》一书的进一步讨论提出，上述解决方案并非尽善尽美，但有助于化解一些明显的问题，并且从政治上来说也是可行的。

4. 高技能外来移民在哪些方面影响最大？

在美国受高技能外来移民影响最大的是科技行业。据琼斯（Jones，2002）估计，近几十年来美国生产率增长的一半可归功于 STEM 领域的就业增长，而这其中大部分是外来移民就业。虽然外来移民工人在受过大学教育的劳动力中占较大比例（17%），但他们在 STEM 类岗位中的占比为上述比例的近两倍（29%）（Hanson and Liu，2018；Ruggles et al.，2019）。就发明家群体而言，约有四分之一的专利源于非美国公民（WIPO，2019）。很显然高技能外来移民是美国创新至关重要的组成部分。

美国专利商标局自 1975 年以来就开始提供有关美国专利情况的记录，时间长于世界知识产权组织，尽管美国专利商标局并不收集有关发明家移民信息的数据，但克尔（2007）采用了根据民族起名惯例来判断族裔的方法，从而辨别出 99% 以上的发明家可能的族裔。1975 年在美国的专利中，盎格鲁-撒克逊裔的姓名和欧盟裔的姓名在美国专利中占绝大多数（91%）。但到 2015 年，上述比例下降至 72%。该比例的下降很大程度上是因为来自中国和印度的发明家增加，如图 1.7 所示。2015 年在美国专利中，由中国人发明的专利占 10.4%，由印度人发明的专利占 7.3%。上述比例均较 1975 年时大幅提高，二者在 1975 年时的占比均为 1.5% 左右。

上述创新成果的增加主要是因为外来移民对 STEM 领域的参与增加。1960 年，仅有 6.6% 的 STEM 工人为外来移民，而时至今日，这一比例已经上升至约 30%。创新型 STEM 工人是美国创新的主要推动力之一，特别是在发展先进技术方面。从盎格鲁-撒克

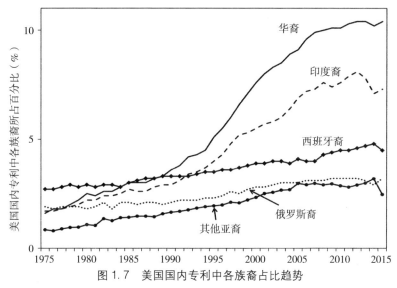

图 1.7　美国国内专利中各族裔占比趋势

注：根据各族裔起名惯例对在美发明家的分析所得。

资料来源：美国专利商标局。

逊和欧盟之外的发明家情况看，在计算机与通信领域有近 40% 的专利是"少数族裔发明家"开发的。图 1.8 表明在整个科技领域，外来移民比例上升的现象非常普遍。

除了改革 H-1B 签证计划之外，还有很多人提到有必要打造一个面向外来移民创业者的签证计划。虽然外来移民的创业倾向得到了学术研究的支持（Hunt，2011；Fairlie and Lofstrom，2014；Kerr，2019），但原因还不是很明确。一些研究将外来移民的创业倾向解释为个性特点，认为移民选中的对象往往是那些对风险具有更高容忍度的个人。而另一些研究则将其归因于文化差异以及移民创业者从紧密团结的族裔社群中获得的支持。还有一些解释则认为外来移民创业更多是因为别无选择，因为在新的国家常规

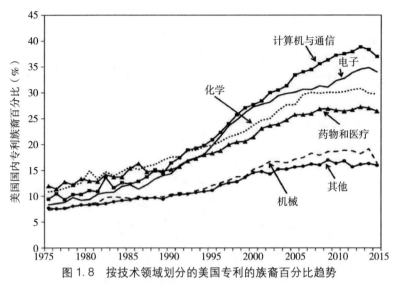

图 1.8　按技术领域划分的美国专利的族裔百分比趋势

注：该图显示了具体领域发明家中非盎格鲁-撒克逊裔或欧盟裔的比例。

资料来源：美国专利商标局。

就业给他们留下的机会寥寥无几。

虽然外来移民创业者通常是知名人士，但高增长企业和创造就业的企业的创始人想要在美国定居并没有明确的途径。之前提出的《创业签证法案》（Startup Visa Act）原本想要针对那些已从美国投资者手中获得资本的外国创业者推出一类专门的签证。虽然该法案在国会获得了两党的支持，但并未签署为法律。尽管签证环境如此艰难，克尔等人（Kerr and Kerr, 2017）估计，1995 年至 2008 年，外来移民创业者的占比仍提高了 10 个百分点（从17%提高到27%）。

美国高技能外来移民政策的变化不仅影响到直接相关的工人和企业，在其他方面也影响广泛。外来移民很少能立竿见影地实现帕累托改进，并且当外来移民增加时，短期内往往还会使某些人的境遇至少出现轻微滑坡。不过，经济很快就会适应并增长，长期以来的美国历史彰显了外来移民在创造就业和机遇方面的力量。政策制定者会权衡整个经济获得的实际收益以及美国部分现有工人的潜在损失。这些政策权衡对未来几十年的经济和社会将越发重要。

5. 结论

本章研究了有关高技能人士移民的数据和考虑因素。在推进与高技能外来移民工人相关的政策时，我们必须平衡国家的各个目标。针对高技能工人和有才华的外国学生扩大签证计划是促进创新和增长的强大工具，随着美国国内人口增长停滞，这一工具的重要性将日益提高。然而，该制度也存在滥用的情况，在外国工人流入的情况下，部分工人（特别是年长的科技员工）的职业前景越发暗淡。《全球人才的礼物：移民如何影响商业、经济和社会》一书更详细地探讨了这一问题及其他相关问题。

为了更好地理解高技能人才的移民现象，我们必须支持进一步放开丰富的数据。克尔等人（Kerr et al., 2015a）讨论了将政府各部门现有数据连接在一起而产生的价值。跨国公司是高技能移民的主要雇主，从全球角度理解这类公司十分重要。此外，将签证与调查数据相结合对回答当前和未来要研究的问题具有重要价值。在高技能移民方面，扩大我们的知识基础反过来可以使我们更好地开展政策讨论，并优化政策决定。

展望未来，高技能外来移民依然是美国移民政策的重要组成部分。高技能工人及其受雇企业将继续努力扩大就业签证之路。

尽管视频会议等交流技术以及数字用工平台使我们实现了全球互联，但到目前为止，这些新技术强化了现实的力量，最终在知识经济的帮助下，依然是人造就了现实。

第二章　不断变化的美国创新结构

关于经济增长的一些告诫

阿希什·阿罗拉　沙伦·贝伦佐

安德烈亚·帕塔科尼　徐政奎

1. 引言

现代经济增长的一个典型特征是，它系统性地利用科学大幅推进技术发展。人造纤维、塑料、集成电路和基因治疗等曾在 20 世纪大幅加快经济增长的很多创新技术都源于自然科学、工程学和医学的迅猛发展。科学创造出来的技术潜力远远超过现有技术的潜力，清晰地划分了现代经济增长与过去的经济时代（Kuznets，1971）。

然而，尽管科学知识的数量持续增长，但在近几十年，绝大

---

* Ashish Arora，杜克大学 Fuqua 商学院商业管理 Rex D. Aams 讲席教授；Sharon Belenzon，杜克大学 Fuqua 商学院长聘副教授；Andrea Patacconi，英国东英吉利大学（University of East Anglia）Norwich 商学院战略学教授；Jungkyu Suh，杜克大学 Fuqua 商学院。关于鸣谢、研究支持来源，以及作者重大财务关系的披露（如果有），请参见：https：//www. nber. org/chapters/c14259. ack。

多数发达经济体的生产率增长相对于 20 世纪中期的"黄金时代"来说几近停滞。戈登（Gordon，2016）[①]利用美国的数据表明，它的每小时实际 GDP（即劳动生产率）增长率在 20 世纪中期大幅上升——从 1870 年至 1920 年的每年 1.79% 上升到 1920 年至 1970年的每年 2.82%。然而，在最近一段时期（即 1970—2014 年），生产率的年均增长率只有 1.62%。戈登得出的研究结论是在 1920年至 1970 年间，生产率增长主要是由日新月异的技术进步推动的，然而近年来技术进步对加快经济增长的效力大打折扣。如图2.1 所示，人们对科学的投入持续扩大（这里用研究支出来衡量投入），美国学术界的产出也在不断增长（这里用发表的学术论文数量来衡量产出），所以生产率放缓完全出乎人们的意料。[②]

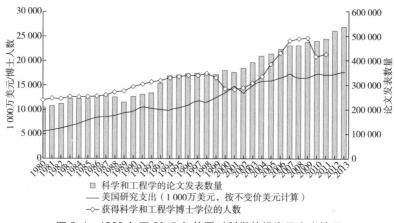

图 2.1　1980 年至 2013 年美国对科学的投资及产出情况

注："获得科学和工程学博士学位的人数"是根据美国国家科学基金会的"博士学位获得者调查"计算的，其中不包括社会科学的博士学位获得者。"科学和工程学的论文发表数量"来源于科睿维安科学网（Clarivate Web of Science），涵盖了 1980 年至2015 年"科学引文索引扩展版"（Science Citation Index-Expanded，即 SCI-EXPANDED）中所有美国作者发表的科学论文。"美国研究支出"用 National Patterns of R&DResources：2014-15 Data update, NSF 17-311 中的数据计算而来，基础研究和应用研究的支出均包括在内。以上数据都用世界银行国民核算数据库中的 GDP 平减指数调整为以 2016 年美元计算的数值。

戈登认为，1920 年至 1970 年迅猛的技术变革是由更早期的内燃机和电力等基础技术不断发展和广泛应用促成的。这个过程往往伴有重大的科学和工程学突破，而且主要由企业实验室的研究者推动。在 20 世纪 20 年代之前，企业实验室已经取代个人发明家成为美国创新的首要来源。正如戈登（2016，第 571—572 页）写道：

> 1940 年至 1941 年，美国制造出动力强劲的雪佛兰和别克汽车，将汽车业早期的发展推向高潮。这些成果多半来自通用汽车公司的研究实验室。同样，电子计算机的发展主要是由 IBM 等大企业的实验室和贝尔实验室推动的。现代电子技术和数字创新的基础构件——晶体管——是由贝尔实验室的威廉·肖克利带领团队在 1947 年末发明的。IBM 的研发部开创了 1950 年至 1980 年大型机时代的大部分技术进步。通用电气、通用汽车和惠而浦等大公司不断完善消费电器，而美国无线电公司（RCA）引领了电视的早期发展。

然而，到了 20 世纪 80 年代，很多企业开始依靠大学和小型创业企业获得新颖的想法和产品。[③]大企业对外源性发明创造的依赖不断加深，而且很多一流的西方企业开始撤出自己的科研力量（Nowery，2009；Arora et al.，2018）。部分企业关停自己的实验室，而有些企业将实验室分拆出来独立运营。1996 年，贝尔实验室从母公司美国电话电报公司（AT&T）剥离出来后并入朗讯科技公司（Lucent）。2002 年，施乐公司的帕洛阿尔托研究中心（Xerox PARC）也分拆成一个独立公司。其他企业虽然没有关闭实验室，但不断压缩实验室的规模：20 世纪 90 年代中期，郭士纳

（Louis Gerstner）执掌 IBM 时调整了公司的研究方向，转而关注商用价值更高的应用（Bhaskarabhatla and Hegde，2014）。④离我们最近的案例是杜邦于 2016 年关闭了自己的中央研发实验室。杜邦的研究部门成立于 1903 年，其实力与学界的顶级化学系不相上下。在 20 世纪 60 年代，杜邦的中央研发实验室在《美国化学学会期刊》（*Journal of the American Chemical Society*）上发表的论文数量比麻省理工学院和加州理工学院在该期刊发表的总和还多。然而，到了 90 年代，杜邦对研究的态度发生了转变。它们在科技刊物上发表的论文数量持续下滑，随后公司管理层在 2016 年关闭了中央研发实验室。⑤

以上案例都得到系统性证据的支持。美国国家科学基金会的数据表明，研究（包括基础研究和应用研究）在美国商业研发总量中的占比从 1985 年的 30%左右下降至 2015 年的 20%（请参见图 2.2）。图 2.2 还展示了产业界对研究的绝对资助规模。这些投入经历了 20 世纪 80 年代的持续增长后，在 1990 年至 2010 年的 20 年间几乎没有增长。其他数据展现了同样的下滑趋势。阿罗拉等人（Arora et al.，2018）在研究了科学期刊的有关数据后发现，在 1980 年至 2006 年，有研发能力的美国上市公司发表的论文数量以每 10 年 20%的速度持续下滑。他们还发现这些老牌公司在高质量期刊上发表论文的数量下滑幅度更显著。在"期刊影响因子"（journal impact factor）排名前四分之一的期刊上发表的论文中，老牌公司发表的论文数量下降幅度超过 30%。此外，我们还可以从美国"研发百强奖"（R&D 100 awards）的获奖者名单中找到相关证据，表明大公司在减少对科技的投入。1971 年，财富 500 强公司在研发百强奖中占据 41%的席位，但到了 2006 年，这个比例只有 6%（Block and Keller，2009）。同期，企业开展研发

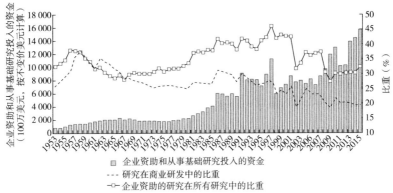

图 2.2　1953 年至 2015 年美国企业资助和从事研究的投入情况

注：本图中的数据来源于 National Science Foundation，National Center for Science and Engineering Statistics. 2017，弗吉尼亚州阿灵顿的 National Patterns of R&D Resources：2014-15 Data update. NSF 17-311 中的数据，可从 https://www.nsf.gov/statistics/2017/nsf17311/获得。

和申请专利的总量稳步上升，大学开展的研究也节节攀升（请参见图 2.6）。这些证据表明美国出现了新的创新分工，即大学的重点是开展研究，大公司主要负责研究成果的开发和商业化，而分拆公司（spin-offs）、初创企业和大学的技术许可办公室负责将大学和大公司这两方连接起来。

　　本文表明，这种创新分工可能有负众望。事实证明，要在实践中将大学创造出来的科学知识转化成能够推动技术进步的生产力，其难度远远超出人们的预期。分拆公司、初创企业和大学的技术许可办公室并没有完全填补企业实验室退出后留下的缺口。企业研究的很多特点对于以科学为基础的创新和经济增长极为宝贵。大企业的资源极其丰富，更容易将诸多知识流汇合在一起，并将自己的研究导向解决切实存在的具体问题，因此它们创造出商业应用的可能性更高。大学的研究往往受到好奇心的驱使，不会承载太多使命。它更倾向于通过研究获得见解而不是找到具体问题的解决方案，由此造成的部分后果是，大学研究需要加强融合和转化才能产生经济效益。我们这么说，并不是在否定大学和小公司对美国创新做出的重要贡献，而是想指出大企业的实验室具有自己独特的优势，事实证明它们很难被取代。

然而，大企业不太可能回到过去的光荣时代。它的研究部门很难盈利。研究项目的时间跨度较长，而且项目进程中取得的里程碑式进展对非专家来说多半没有什么意义。因此，除非规定研究部门不像业务部门那样必须达到短期业绩要求，否则很难保住研究部门。不过将研究与业务完全隔离也蕴含着巨大的危险。帕洛阿尔托研究中心和杜邦公司"理论堂"（Purity Hall）的前车之鉴时时萦绕在公司管理者的心头，他们担心自己创建的研究机构从公司的主管业务中剥离出去。在这根钢丝绳上行走原本就已经难如登天，而产品市场竞争加剧、技术使用周期缩短和投资者苛求无度使公司面临更加严峻的挑战。越来越多的公司断定从外部获得知识对自己更加有利，而不是押注内部研究以期改变游戏规则。

因此，由于科学仍然是发明创造的关键投入，所以当前的创新分工或许要在未来提升自己的效率。阿罗拉等人（2018）发现，自1980年起，科研在企业研发中的占比不断下降，这也反映在科研能力的隐含价值大幅下滑上，这种隐含价值可以用企业的市值和收购价格衡量。不过，他们也强调，尽管公司对内部科研进行投资的私人价值有所下降，但没有证据表明科学的社会价值也随之减少。科学知识仍然是孕育专利的沃土（以专利引用科学期刊的次数衡量），如果确实如此，那么与专利关联度更高的可能是新兴科学，而不是过去的科学。换句话说，不仅科学仍然与发明创造息息相关，而且科学领域的进展仍然极富价值。这种情况在公司研究上反映得尤为明显。当公司研究在专业设备或公司专有数据等辅助条件的助力下占据极其有利的地位时，特别是如果公司可以限制这些技术溢出到竞争对手，从中获得巨大收益，它们就会继续投资于研究。⑥

本文后续的内容如下。第 2 节和第 3 节描述了美国科技工业复合体的崛起。第 4 节说明了近年来这个生态体系发生了什么变化。有意思的是，大企业实验室的兴衰恰好与美国生产率的变化趋势完全吻合。因此第 5 节探讨了一个观点：公司实验室是重要的经济增长引擎，即使大学研究达到前所未有的高度，也依然如此。第 6 节简要探讨了公共政策对美国创新生态体系产生的部分影响。第 7 节为总结。

2. 1850—1940 年：旧的创新生态体系

本节内容以莫维利等人（Mowery et al.，2009；Mowery and Rosenberg，1998）的研究为基础。他们指出，尽管在 19 世纪末 20 世纪初，独立发明家是美国发明创造的主要源泉，但在两次世界大战之间的时期，创新的发源地已经从发明家和小公司转移到大公司及其实验室。二战后，公司实验室的发展进入巅峰时期，许多供职于公司的科学家斩获诺贝尔奖。不过到了 20 世纪 80 年代，研究型大学逐步崛起，小公司借此重新夺回优势地位（它们往往由大学里的科学家创建）。大学从单纯地培育人力资本转变成科学知识的主要创造者。

2.1 1850—1900 年：独立发明家和技术市场盛行的年代

人们认为美国学术界在 19 世纪末之前一直落后于其他国家。

当时人们获取的科学知识主要用于农业，而探索更抽象的自然现象受到限制。譬如，1780 年美国人文与科学院（American Academy of Arts and Sciences）表明自己致力于"提升农业、艺术、制造业和商业"（Reich，1985，第 14 页）。在这一时期，就连史密森学会（Smithsonian Institutions）也没有努力推进或支持基础科研（Shils，1979，第 22 页）。1862 年《莫里尔法案》（Morril Act）颁布后成立的赠地学院（Land Grant Institutions）致力于推进"农业和机械技艺"方面的研究，其中并不包括物理或化学研究。到 1897 年，只有 56 名美国人获得数学博士学位，73 名美国人获得物理学博士学位，101 名美国人获得化学博士学位。当时几乎没有人全职从事研究，也很少有美国本土的研究者在重要的国际期刊上发表论文。美国研究者只在核心期刊上发表过 39 篇数学论文、154 篇物理学论文和 134 篇化学论文（Kevles，1979，第 170 页）。这一时期美国的发明创造自然而然地维系在个人创造力上，特别是在机械设计领域。拉莫雷奥和索科洛夫（Lamoreaux and Sokoloff，1999）表明，在 19 世纪四五十年代，专利持有者多为个人，如查尔斯·古德伊尔（Charles Goodyear，他于 1844 年获得硫化橡胶的专利）和亨利·贝塞麦（Henry Bessemer，他于 1855 年获得贝塞麦酸性转炉炼钢法的专利）。石油行业和电报业外包了很多研究咨询业务。在 19 世纪 80 年代，标准石油公司（Standard Oil）雇用赫尔曼·弗拉施（Herman Frasch）降低自己在俄亥俄州新开发油田的石油含硫量。在 19 世纪 70 年代，西联汇款雇用托马斯·爱迪生研发出多项技术解决方案（Birr，1979）。到了世纪之交，越来越多创新以科学为基础，公司开始直接投资于科学。即使如此，独立发明家仍然是 20 世纪上半叶一个重要的创新来源。

活跃的科技市场支撑了独立发明家的工作。到了 19 世纪 70

年代，技术交易已经变得相当普遍，特别是在美国的东北部。拉莫雷奥和索科洛夫（1999）的估算结果表明，1870 年转让专利与授予专利的数量之比为 0.83。在 1890 年和 1911 年，这个比率小幅下滑至 0.71。[7]另一方面，人们研究了有争议的转让专利后，发现这类专利的占比从 18.4% 上升至 31.1%，而且企业持有专利的转让比重不断提高。换句话说，越来越多的发明成果以出售专利权的形式实现商业化，特别是将专利权卖给现有生产商。简而言之，19 世纪下半叶已经出现活跃的科技市场。

个人从事发明创造的群体也在增长。这与亚当·斯密的看法如出一辙，即科技市场的规模会限制它的专业化程度。偶尔从事发明的人，即一生中提交过一两份专利申请的发明者，在所有发明家中的占比从 1830 年的 70% 以上下降至 1870 年的不足 35%。1870 年，专业发明家的人数在所有发明家中占到 5%，专业发明家指一生提交 10 份或 10 份以上专利申请的发明家。到了 1911 年，他们的占比上升到 25%（此时的专利池规模也已大幅扩张）。专业发明家更可能将自己的专利转让他人，这与部分人提出的观点不谋而合，也就是在这一时期，科技市场的规模扩大与发明创造的专业化程度不断提高息息相关。

起初，企业参与研究的程度并不深。在 19 世纪七八十年代，领先的美国企业主要依赖外部创新实现技术进步，如美国的铁路公司没有发明蒸汽机或刹车系统，西联汇款也没有发明电报。相反，美国的铁路企业和其他大公司主要依靠从发明家手里收购发明创造来提升自己的科技水平。在很多情况下，这些发明家虽然在为铁路公司发明新技术，但他们不是正式员工（Usselman，1999）。然而，这些业内的龙头企业确实成立了自己的工业实验室来评估外部创新及其他经营投入的质量，并负责检验材料，进行质量控制或诊断生产故障。美国贝尔电话公司在当时属于高科技企业。它的专利部门主要负责从外部获取可申请专利的点子并对它们进行评估。它花了很大力气评估外部发明，尽管其中被公司收购的发明并不多。只有在 1907 年，它才将重心转移到内部研发，并任命西奥多·韦尔（Theodore Vail）担任其总裁。

1885 年美国贝尔电话公司专利部的负责人洛克伍德（T. D. Lockwood）极其清晰地表明了企业对于在营利性公司内组建科研部门的态度："我非常确定要组建一个部门，聘请专业发明家或其他人专门从事发明工作，这个部门过去不会，现在不会，将来也不会产生商业回报"（Lamoreaux and Sokoloff，1999）。怀斯（Wise，1985）称西屋电气和爱迪生通用电气公司在 19 世纪末采取了类似的策略。简而言之，这些顶尖企业都在从独立发明家那里购买专利和咨询服务，而不是成立自己的研发部门。

2.2　1900—1940 年：转型中的创新生态体系

2.2.1　企业开始从事研究

美国企业创建大规模研发实验室是受到很多力量推动的结果。首先，不少德国化学公司已经开创了企业从事工业研究的先例，由此巴斯夫、拜耳和爱克发等德国公司得以在竞争极为激烈的有机合成染料国际市场上拼出一片天地（Reich，1985，第 41 页）。其次，技术的复杂程度不断加深，导致企业愈来愈难以推行通过收购专利来提升自身科研水平的策略。譬如，在 20 世纪头 10 年，杜邦试图利用英国几家公司（Bevan、Cross 和 Topham）的专利在美国推行粘胶人造丝生产工艺，但屡屡受挫。它自身的科技实力不够，无法理解这些专利和专业技术，从而也无法将它们付诸实施。最终它不得不与当时掌握了专有技术和制造工艺的英国公司（Samuel Courtauld & Company）成立合资公司，才能在美国生产粘胶人造丝（Hounshell，1988）。再次，美国创新受到的科技挑战横跨整个大西洋。譬如，通用电气掌握的电气照明技术基于爱迪生在 1879 年率先发明的碳丝高真空白炽灯技术。卡尔·威尔斯巴赫（Carl Welsbach）和瓦尔特·能斯特（Walther Nernst）等德国科学家则分别发明了用于瓦斯灯的白热罩（瓦斯灯是白炽灯的替代产品）和不需要真空环境的白炽灯丝（瓦尔特·能斯特还获得了 1920 年诺贝尔化学奖）。这些产品的效率比碳丝高真空白炽灯技术的效率提高了 50%。能斯特发光体的专利权先以 100万美元的价格卖给了德国的 AEG 公司，随后于 1894 年卖给通用电气的对手西屋电气（Wise，1985）。通用电气的管理层注意到自己很难限制和管控创新活动的"潘多拉效应"，因此采纳了电化学家查尔斯·斯泰因梅茨（Charles Steinmetz）的提议，于 1900 年成立了通用电气研究实验室（GERL）。没过多久，它就收到了回报：威廉·柯立芝（William Collidge）在 1906 年用钨丝代替碳丝，延长了灯泡的寿命。欧文·朗缪尔（Irving Langmuir）在 1913 年发明了充气灯泡，以减少灯泡变黑的情况，为整个行业制定出标准。

　　企业研究就此开始蒸蒸日上。化学产业是 20 世纪上半叶最依赖科学发展的产业，1921 年有 1 102 名科学家受雇于各化学企业的实验室，到了 1933 年，这个数字增长至 3 255 人，进而在二战结束时上升至 14 066 人（Mowery and Rosenberg，1999）。后来，曾在战争爆发时参与国家研究委员会（National Research Council）的经历进一步巩固了公司管理层的信心，即科学可以切实地转化为实际应用（Geiger，2004）。随着企业的规模日益扩大，越来越渴望"常规化"的创新活动（"常规化"指企业发起并管理研究，而不是依靠不确定的外部创新获取研究成果），企业从事研究的势头日益强劲（Maclaurin，1953）。此外，反垄断措施的执行力度不断加大，也使企业管理者确信，通过收购其他企业来实现自身发展的成本高于利用公司内部研究创造新产品的成本。在20世纪50年代，美国电话电报公司、杜邦、IBM和柯达雇用了数万名科学家，他们的主要目标就是通过研究来支持公司的现有产品，并研发出新型产品以开拓新市场。

值得强调的一点是，即使最像大学的企业实验室开展科研时，它们的部分目标也是解决经济问题，因此属于"任务导向型"研究。譬如，斯泰因梅茨采用复指数分解正弦信号的动力在于，他需要更加深入地了解电阻抗并控制交流电（Kline，1992）。当然，产业研究虽然以任务为导向，但它的科学成熟度并没有因此降低（Stokes，2011）。相反，即使在产业研究的早期，斯泰因梅茨就已经凭借自己的实力获得美国电气工程师协会（American Institute of Electrical Engineers）会长的职位，而朗缪尔因为自己在通用电气研究实验室的研究成果拿到了1932年的诺贝尔化学奖。[8]企业研究在数量不断攀升的同时，其质量始终保持在较高水平。图2.3表明，如果用科研同行的论文引用次数衡量，那么企业研究的质量始终与顶尖大学的研究水平齐头并进（而且还时不时地超越它们）。

2.2.2　研究型大学的崛起

如图2.4所示，大学在这一时期极其依赖所在州及企业的资助，对联邦政府的资金支持依赖较少（Geiger，2004；Bruce，1987）。美国教育部开展的双年教育调查（Biennial Survey of Education）显示，1909—1939年，联邦资金在大学收入中的比重一直徘徊在4%~7%，而同期州政府的资金在大学收入中的比重保持在20%~30%（Snyder，1993）。因此，大学开设的具体专业往往与本地的产业活动息息相关。譬如，俄克拉何马大学在石油

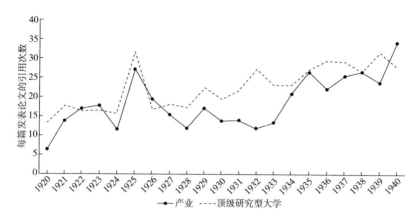

图2.3　1920 年至 1940 年科学论文的引用次数（按产业部门划分）

注：本图描绘了科睿维安科学网中每篇发表论文的引用次数，并按照作者所属机构的产业部门进行划分。"顶级研究型大学"指伯克利加州大学、布朗大学、布尔茅尔学院、加州理工学院、芝加哥大学、克拉克大学、哥伦比亚大学、康奈尔大学、哈佛大学、约翰·霍普金斯大学、伊利诺伊大学、艾奥瓦大学、拉法叶大学、麻省理工学院、密歇根大学、明尼苏达州立大学、密苏里大学、内布拉斯加大学、北加州大学、纽约大学、宾夕法尼亚大学、普林斯顿大学、斯坦福大学、威斯康星大学和耶鲁大学（按字母顺序排列）。产业部门包括 Kandel et al.（2018）列出的200 家大型工业企业的母公司和子公司。我们将这些企业和大学的名字与科睿维安科学网中发表论文的地址栏进行模糊匹配，同时统计了这些文章在 2016 年前的引用次数。

工程领域开创性地设立了很多专业，如反射地震学。阿克伦大学和辛辛那提大学都着重培训本地橡胶业和制革业需要的专家（Mowery and Rosenberg，1991）。联邦机构不太关注对基础知识的探索，绝大多数联邦层面的研究工作都由短期目标极为明确的机构承担，如美国海岸调查局（US Coast Survey）、美国地质调查局（US Geological Surveys）和海军部常设委员会（Permanent Commission of the Navy Department）（Shils，1970）。因此，美国大学的研究形成了注重任务导向的传统。

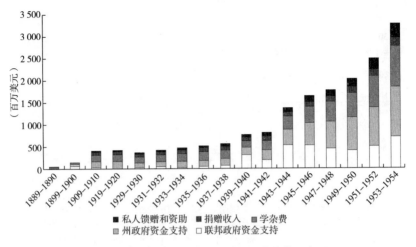

图 2.4 1889 年至 1954 年美国大学的收入来源

注：本图描绘了美国高等院校的收入来源。其数据来源于 Snyder（1993）中的表 33 以及美国教育部的专员年报（Annual Report of the Commissioners）和双年教育调查。1919 年至 1920 年的联邦资金数据纳入当年的州政府资金数据。

亚历山大·洪堡（Alexander von Humboldt）开创性地将大学视为在学术好奇心的驱动下开展基础研究的机构。他于 1809 年创建了德国柏林洪堡大学（Atkinson and Blanpied，2008）。埃文·皮尤（Evan Pugh）和塞缪尔·约翰逊（Samuel Johnson）等从德国大学学成归国的美国学者倡导在大学开展基础研究（Shils，1979）。因此，约翰·霍普金斯大学（1876 年）、克拉克大学（1887 年）和芝加哥大学（1892 年）等随后成立的研究型大学得以招募到当时的顶尖学者，如 1878 年创办了《美国数学杂志》（*American Journal of Mathematics*）的数学家詹姆斯·西尔维斯特（James Sylvester）和 1879 年创办了《美国化学杂志》（*American Chemical Journal*）的化学家伊拉·莱姆森（Ira Remsen）（Kevles，1979）。这些研究型大学创立初期取得的成就激励了已有的其他高等院校纷纷追随它们，如哈佛大学于 1884 年开设了杰斐逊物理实验室（Jefferson Physical Laboratory）。亨利·罗兰（Henry Rowland）和阿瑟·诺伊斯（Arthur Noyes）等在德国接受了教育的物理学家和化学家分别在约翰·霍普金斯大学和麻省理工学院接受要职，并大力宣扬在好奇心驱动下开展科研的准则，亨利·罗兰在柏林接受教育，师从赫尔曼·冯·亥姆霍兹（Hermann von Helmholtz）；阿瑟·诺伊斯在莱比锡接受教育，师从威廉·奥斯特瓦尔德（Wilhelm Ostwald）（Reich，1985）。譬如，1883 年亨利·罗兰在美国科学促进会（AAAS）发表了"为纯科学呼吁"（Plea for Pure Science）的演讲。他大声疾呼，"必须要在美国创造出物理这门科学，而不是把电报、电灯和诸如此类的生活便利品称为'科学'"（Rowland，1883）。亨利·罗兰以及与他持相同观点的科学家认为，应用科学"驱逐了"基础科学，因此大学必须为保卫基础研究而奋力抗争（Bush，1945）。1887 年《哈奇法案》（Hatch Act）和 1907 年《亚当斯法案》（Adams Act）等联邦政府改革允许联邦政府资助不会立即产生实用成果的原创性研究。

1870 年至 1893 年，美国学者在数学刊物上发表了 39 篇论文，在物理学刊物上发表了 144 篇论文，在化学刊物上发表了 134 篇论文。1894 年至 1915 年，美国学者在这三门学科的刊物上发表的论文数量分别攀升至 372 篇、303 篇和 403 篇。有证据表明，在数量节节攀升的同时，美国发表论文的质量也水涨船高。在这一时期，美国科学家在《自然》（Nature）杂志和法国《科学院院报》（Comptes Rendus，即法国科学院的公报）等最有声望的外国期刊上发表的物理学和化学论文的数量翻了一番，发表的数学论文数量几乎是原来的 8 倍（从 39 篇激增至 303 篇）。这三门学科的博士总人数从 230 人增加至 820 人。或许最能说明问题的是，在海外攻读博士学位的人数从189人下降至90人（这点在化学领域表现得最显著，在海外攻读化学博士学位的人数从116人骤降至32人）。这些变化模式与美国科学追赶欧洲水平的趋势完全吻合。

在两次世界大战之间的时期，任务导向型科研范式和学科导向型科研范式同生共存，导致研究型大学内部的紧张关系日益加剧。这两种范式的拥护者各立山头分而治之。另一方面，大学收到产业界的合同邀约，请它们研究具体问题的解决方案。譬如，全国岩棉和矿棉协会（National Rock and Slag Wool Association）资助了明尼苏达大学的房屋保温研究。麻省理工学院的电气工程系自1902年起一直与美国电话电报公司保持密切联系，后者对前者的研究和教学工作提供了大力支持。在威廉·沃克（William Walker）的领导下，麻省理工学院的应用化学研究实验室（Research Laboratory of Applied Chemistry，RLAC）干劲十足地接下不少产业界的合同。1919年始于麻省理工学院的捐赠热潮促成了"科技计划"（Technology Plan）。这项计划确保了企业资助大学后，大学可根据企业的需求为它们"量身定制"会议，或企业可查询校友档案招募自己需要的人才。[9]

激励大学教师与产业界合作的另外一个因素是，很多让他们激动不已的研究领域都需要昂贵的设备（如真空管和催化剂等），而这些设备在企业实验室里比比皆是。譬如，正是电气工业的需求驱动麻省理工学院于1882年授予第一个电气工程学位（Reich，1985，第24页），部分当时顶尖的学院派研究者都去了通用电气继续自己的研究，如麻省理工学院的威利斯·惠特尼（Willis Whitney）和威廉·柯立芝。尼龙的发明者威廉·卡罗瑟斯（Willian Carothers）辞去哈佛大学的教职后转投杜邦，因为杜邦允诺他有更充裕的时间从事研究，而且用于研究的资源更丰富。复杂的聚合物往往需要昂贵的设备，例如可以去除化学反应中多余水分的分子蒸馏器，才能合成出来。这些设备对尼龙等大型复合物的合成研究至关重要。此外，大企业还帮助成立了诸多科研协会。譬如，伊士曼柯达公司的一个团队于 1916 年创办了美国光学学会（Optical Society of America）。贝尔实验室于 1928 年成立了美国声学学会（Acoustical Society of America）（Weart，1979，第 321 页）。

因此，这一时期的研究型大学不仅为企业提供发明创造的能力更强，而且参与企业创新的意愿也更强烈。图 2.5 展示了美国物理学会（American Physical Society）成员的就业特点。它清楚地表明 20 世纪 30 年代，在产业界和政府工作的物理学家比重要比 1905 年高出 10% 左右。国家研究委员会关于科研人员雇用情况的数据表明，这种增长趋势一直延续到 30 年代之后：供职于制造业的科学家和工程师人数增长了 15 倍以上，从 1921 年的 2 775 人上升至 1946 年的 45 941 人（Mowery and Rosenberg，1999，第 22 页）。

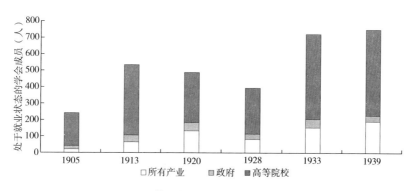

图 2.5　美国物理学会成员的雇用情况

注：本图基于 Weart（1979）对美国物理学会成员的工作隶属关系提供的相关数据，并且描述了他们分别在各类机构中的年度就业比重。

不过，积极开展产业研究的科研模式在大学体系内部受到强烈抵制。化学家刘易斯（G. N. Lewis）离开麻省理工学院去伯克利加州大学任职时就指出，他离开的原因之一是"产业侵扰了大学研究"。阿瑟·诺伊斯与威廉·沃克激烈争辩产业研究问题后，也离开麻省理工学院，加入加州理工学院（阿瑟·诺伊斯曾任麻省理工学院代理校长兼国家研究委员会成员）。麻省理工学院聘请普林斯顿大学的物理学家卡尔·康普顿（Karl Compton）取代了理查德·麦克劳林（Richard Maclaurin），随后又叫停了大学教授个人从事的产业研究项目，表明大学在努力维护自己作为科学学科构建者的体制逻辑。新成立的加州理工学院成为"拨乱反正"的典范。在乔治·海耳（George Hale）等科学家的大力倡导下，加州理工学院不再直接为企业提供咨询服务，只接受基金会和企业的"不固定"捐赠，且这些捐赠只能用于通用研究。二战结束后，大学关闭了许多政府支持的一流实验室，毫不掩饰地表明了自己希望避免从事任务导向型研究。譬如，1944 年哈佛大学告知海军它不希望再执掌水下声音实验室。同样，哥伦比亚大学也不希望继续掌管冶金实验室，这个实验室为了制造钚而设计出一个实验反应堆（Geiger，1986，第 32 页）。加州理工学院的喷气推进实验室（Jet Propulsion Laboratory）和应用物理实验室（Applied Physics Lab）之所以"幸免于难"，主要是因为实验室管理层的大力游说并得到了联邦机构的资助。

3. 1950—1980 年：战后时期

3.1 联邦政府加大对大学研究的支持力度

19 世纪中期以后，美国研究型大学一边在继续演进，一边在任务导向型研究目标和学科建立型研究目标之间摇摆不定。尽管研究型大学的出现是为了满足实用目的，但接受了德国培训的海归学者加入这些研究型大学后，引进了一个新的研究目标，即为科学本身追求科学发展。战争结束后，联邦政府大力扩张研究规模，使大学有能力不再依靠产业界的支持而随心所欲地开展科研。到了 20 世纪 60 年代，顶级研究型大学的教员大体上都在按照自己的日程开展研究，而不再与产业研究的需求相互协调。

联邦政府在战争年代的研发支出大幅攀升，从 1940 年的 8 320 万美元飙升至 1945 年的 13.136 亿美元，创下历史新高（Mowery and Rosenberg，1999，第 28 页）。图 2.4 还显示自 1940 年开始，大学成为政府研发支出飙升的重要受益者。合成橡胶、大规模生产的青霉素、雷达和原子弹等重大发现向政策制定者展示了联邦政府投资于科学可能获得的收益。大学成为这些政府研究的主导者。譬如，"曼哈顿计划"转交洛斯阿拉莫斯国家实验室之前，伯克利加州大学的恩斯特·劳伦斯（Ernest Lawrence）和罗伯特·奥本海默（Robert Oppenheimer）、哥伦比亚大学的哈罗德·尤里（Harold Urey）以及芝加哥大学冶金实验室的阿瑟·康普顿（A. H. Compton）等学者承担了这个项目的主要科研工作。回旋加速器的实验由明尼苏达大学、威斯康星大学、哈佛大学和康奈尔大学共同完成。麻省理工学院的放射实验室在雷达科技上取得的研究成果对盟军在英国空战中的表现至关重要（Geiger，1993，第 27—29 页）。

冷战和"史普尼克危机"（Sputnik shock）的爆发进一步证明了联邦支持学术研究的合理性。政府首先创建了原子能委员会（Atomic Energy Commission），它主要继承了"曼哈顿计划"的基础设施，随后重组美国海军研究实验室（ONR）、美国国立卫生研究院和美国国家航空航天局等承担特定任务的机构在战争期间发起的项目，同时联邦政府于 1950 年成立了国家科学基金会（National Science Foundation）来监管和协调这些研究项目。据估算，联邦政府支持大学研究的资金从 1935 年至 1936 年的 4.2 亿美元（按 1982 年美元价值计算）增长至 1960 年的 20 亿美元以上（按 1982 年美元价值计算），进而攀升至 1985 年的 85 亿美元。在 1960 年至 1985 年间，大学研究在 GNP（国民生产总值）中的占比几乎翻了一番，从 0.13 增加至 0.25（Mowery and Rosenberg，1993，第 47 页）。联邦政府向研究型大学注入资金，意味着后者不需要过多地依靠产业界的资助。此外，联邦政府在战后投入的很多资金是为了积累人力资本，支持大学教员的原创研究，即使由国防部或能源部等任务导向型机构资助的项目也不例外。因此，联邦政府对大学的研究支持使它们持续远离产业界的具体创新需求。

3.2 企业实验室的黄金年代

政府对科学的大规模投资使企业可以在战后与大学交流人才和观点。企业实验室在 1920 年至 1940 年就已经开始飞速发展，在二战后的增长则更为迅猛。譬如，20 世纪 60 年代末贝尔实验室处于巅峰时期，拥有 15 000 名员工，其中包括约 1 200 名博士（Gertner，2013）。它的 14 名员工获得诺贝尔奖，5 名员工获得图灵奖。继 20 世纪 30 年代发现并成功开发氯丁橡胶和尼龙，并在 40 年代受到司法部反垄断局的调查之后，杜邦在 20 世纪 40 年代末大幅扩张了研究项目的规模（Hounshell，1988）。早期它在创新方面取得的突出成绩，就使公司内部进一步统一意见，即研究（特别是基础研究）是公司盈利和发展壮大的关键所在。政府在反垄断问题上施加的压力使公司管理层确信自己需要投资于内部研究，而不能依靠技术市场获取先进科技。到了 80 年代初，杜邦实验室的雇员约有 6 000 人，研发预算超过 10 亿美元，而杜邦公司的销售收入约为 300 亿美元。它的研发支出比 20 年代初高出近 10 000 倍，销售额增长了 1 000 倍（Hounshell and Smith，1988，第 9 页）。

尽管实验和试错法仍然是创新过程的核心要素，但这一时期发生的一个根本变化是，科学知识对新产品开发的指导作用不断加强。毋庸置疑，这种变化趋势在制药业表现得更加显著。从 19 世纪末开始，新药研发的主要方法是大规模"随机"筛选化合物，随后尝试着改善分子并对候选药物进行测试以了解其安全性和效力。不过到了 20 世纪六七十年代，人们在基本知识、仪器仪表和计算能力方面取得的突破，使得投资药物基础研究对制药公司的价值日益凸显（Arora and Gambardella，1994；Gambardella，1995）。譬如，研究者分解出关键性酶并弄清楚它的结构后，可以使研发出化学药剂阻断发病过程的概率大大提高。

洛伐他汀（Lovastatin）是一款具有突破意义的他汀类药物，用于治疗血液胆固醇过高并降低心血管疾病的风险，它的开发过程清晰地展现了默沙东研究实验室（Merck Research Laboratories，MRL）是如何在 20 世纪 70 年代采用这种更加科学的方法研发药物的（Vagelos and Galambos，2004）。许多实验室的研究人员都发现了同一种酶——HMG-CoA 还原酶。它控制着胆固醇合成序列中最慢的反应。这种能够限制反应速度的酶自然成了"众矢之的"，人们都希望抑制它的活动，因为它控制着整个反应顺序的速度。默沙东研究实验室的研究人员通过随机筛选还发现了候选产品——卤芬酯。他们利用卤芬酯降低了血液胆固醇并将其研究推进至患者临床试验阶段。默沙东研究实验室的很多研究人员都很看好卤芬酯的发展前景，但是当时的新任主管罗伊·瓦吉罗（Roy Vagelos）持不同意见。首先，这一候选产品并没有抑制胆固醇合成过程涉及的任何一种酶。其次，临床试验已经表明除了降低血液胆固醇以外，卤芬酯还产生了多种人们知之甚少的副作用，因此瓦吉罗决定将 HMG-CoA 还原酶的研究工作放在首位。这个团队的科学家来自华盛顿大学，刚刚被招至默沙东研究实验室的麾下。1978 年，该团队发现常见的土壤微生物——土曲霉（Aspergillus terreus）可以制造出抵制目标酶的活性物质。1979 年，洛伐他汀取得专利权，1987 年被批准以"洛伐他汀"的商标名称用于医疗。由于采用了效率更高的新药研发方法，仅在 1986 年和 1987 年这两年，默沙东研究实验室就重磅推出七款新药。此外，这些以科学为基础的新药研发方法还不断提升了默沙东的盈利状况：1960 年至 1989 年，它的年度销量增长了 29 倍，从 2.18 亿美元增长到 66 亿美元。

以科学为基础的创新需要企业雇用更多科学家，而大学正好提供了他们所需要的人力资本。在 20 世纪三四十年代，随着制药企业的规模日益壮大，技术成熟度不断提高，出现了第一波科学家大批进入企业工作的浪潮（Mahoney，1959）。有学者（Furman and MacGarvie，2009）提供的证据表明，1927 年至 1946 年，重视研究的制药企业花大力气从本地的科学博士生项目中招兵买马。还有学者（Lee，2003）说明了 1940 年后进行研发投资和没有进行这种投资的企业在创新产出方面差异显著，而且这种差异在1940 年至 1960 年的 20 年间一直保持。

即使在这个"黄金年代"，企业实验室和创新生态体系的其他要素（如政府机构、大学和初创企业）之间仍然保持着密切的互动。施乐公司帕洛阿尔托研究中心的发展过程展示了这种互动的重要性（Rao and Scaruffi，2013）。可以说帕洛阿尔托研究中心是 20 世纪 70 年代最富创造力的研究实验室，也是现代办公技术的先驱。它的研究人员创造出第一台有图形用户界面的个人计算机、激光打印机和以太网络科技。然而，帕洛阿尔托研究中心完成的创新有不少要素来源于外部，特别是美国国防高等研究计划署（ARPA）在斯坦福研究所（Stanford Research Institute，SRI）赞助的增智研究中心（Augmentation Research Center，ARC）。增智研究中心在 20 世纪 60 年代中期开发出了位图屏幕、鼠标、超文本、协作工具和图形用户界面的前身，且取得这些成果的时间远远早于私营部门。帕洛阿尔托研究中心招募了不少曾供职于增智研究中心的研究人员（如 Robert Taylor），吸取了该中心早期的很多技术成果，从中受益匪浅（Hiltzik et al.，1999）。但后来帕洛阿尔托研究中心的创新溢出到其他机构。1979 年 24 岁的史蒂夫·乔布斯（Steve Jobs）造访帕洛阿尔托研究中心的故事众所周知。乔布斯将帕洛阿尔托研究中心的很多核心创新融入 Apple Lisa 个人计算机和 Macintosh 电脑。曾经为帕洛阿尔托研究中心开发出第一代用户友好型文字处理程序（即 Bravo）的查尔斯·西蒙尼（Charles Simonyi）也离开了帕洛阿尔托研究中心去微软工作。他在那里负责监督办公应用软件的开发。如今回顾那段历史，施乐公司屡屡未能使帕洛阿尔托研究中心研发的技术实现商用。唯一的例外是与公司核心业务紧密相关的发明创造，如激光打印机。这些成功实现商用的科研成果使施乐公司赚得盆满钵满。尽管帕洛阿尔托研究中心的工作会出现失误，而且其科研成果产生了溢出效应，但至少在当时，这些发明足以使公司收回对该研究中心的投资。

激光科技的早期发展过程也展示了创新生态体系中各个元素之间的互动情况。创造激光的主要理论工作是由哥伦比亚大学的查尔斯·唐斯（Charles Townes）和贝尔实验室的阿瑟·肖洛（Arthur Schawlow）共同完成的（Schawlow and Townes，1958）。1953 年查尔斯·唐斯在哥伦比亚大学放射实验室发明的氨气微波激射器是学界不断提高频率，从无线电、微波向红外光和可见光逐步进阶的自然演进过程中的一部分。不过私营部门在可见光区的光子受激发射研究上也颇具潜力，譬如美国电话电报公司和美国无线电公司认识到可见光的信息量远比微波波段的信息量丰富（Gertner，2013；Hecht，1992）。另一方面，大学迟迟未能以肖洛和唐斯发表的"微波激射器论文"为基础深入探索这个主题。戈登·古尔德（Gordon Gould，他在哥伦比亚大学起草了"激光备忘录"）等大批大学科学家离开象牙塔，加入技术研究集团（Technical Research Group，TRG）等企业。由于既获得不菲的国防资金，又拿到大笔民间资助，所以美国电话电报公司、休斯飞机公司、技术研究集团、IBM 和美国光学公司等为科学家提供的职位薪酬都相当优厚。这种人才流动也反映在该产业发表的大量科研论文上。有学者利用文献计量学分析了 1963 年《物理学摘要》（*Physics Abstracts*）上接受了同行评审的科研期刊，发现美国研究者发表的激光论文中有 71% 是由企业科学家完成的（Bromberg，1991，第 98 页）。半导体掺杂、真空室建设和拉晶法等辅助性工程学技巧需要大量隐性知识。因此，能够保存并传递这类知识的企业对它们的后续突破做出了贡献。譬如，尽管 IBM 集团进入激光研发领域的时间较晚，但它们在数年间积累的知识和专业技术帮助它们在 20 世纪 60 年代开发出染料激光器和半导体激光器。这是激光设备向体积小型化迈出的重要一步。时至今日，这些技术仍然用于光纤数据链接（Guenther et al.，1991）。

总之，二战后出现的创新生态体系见证了研究型大学在联邦资金的刺激下强势崛起。在这一时期，企业实验室的科研队伍一直保持极高的水准，并对研究所需的辅助性仪器仪表和实验设备进行了投资。企业借此轻松获得最新科研成果，并将大学科学家招募至自己的实验室。在此期间，人们责备企业未能深入探索实验室创造出的很多发明，这种指责或许并不公平。随着研究型大学持续扩张，企业从外部获取发明创新的能力也随之水涨船高。这些变化导致企业越来越难找到合适的理由对内部研究投入大笔资金。之后，自20世纪最后25年开始，美国的创新生态体系发生了翻天覆地的变化。

4. 1980—2016 年："全新的"创新生态体系

全新的创新生态体系表现出以下特点：大学和企业之间的创新分工逐日加深，前者聚焦于研究，后者致力于研发。个体科学家不会受到具体商业目标的限制，可以将需要解决的问题细化为多个子问题，使每个子问题都更适于开展科学研究。然而，从产业界的角度看，要想充分利用大学的研究成果，仍然需要开展大量协调和整合工作。将科学洞察力转化为具体的发明创造，为全新的产品和工艺流程奠定基础，这成了专业性极高的任务。大学并不具备条件将研究成果"转化"为可执行的解决方案。企业也难以完成这项任务，特别是那些缺少内部实验室开展任务导向型研究的企业。因此，尽管研究专业化带来诸多裨益，但上游研究和下游应用的割裂也给人们提出极为严峻的挑战。

4.1 大学、创新分工和科技市场

1980 年至 2016 年，研究型大学继续保持着稳定的发展速度。2015 年，学术机构和非营利组织在基础研究和应用研究方面投入了 800 亿美元（见图 2.6）。它们在所有研究中的比重从 1985 年的 23.8% 攀升至 2015 年的 33.6%（Boroush，2017）。大学参与创新分工的方式是提出科学见解并直接创造出可用于研发的发明成果。为了支持这种创新分工，美国国会于 1984 年通过了《国家合作研究法案》（National Cooperative Research Act），降低了司法部对参与研发合作的企业提出反垄断起诉的风险。或许这一时期民众评论最多的改革是 1980 年《拜杜专利和商标法修正案》（Bayh-Dole Patent and Trademark Amendments Act）。它允许大学开展联邦

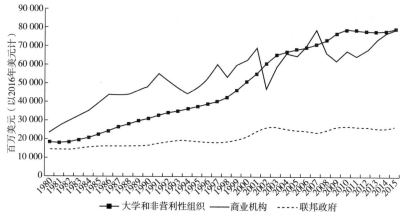

图 2.6 1980 年至 2015 年美国用于应用研究和基础研究的支出
（按从事科研的部门划分）

注：这张图描绘了每年应用研究和基础研究的支出总额（按照从事科研的部门划分），图中数据来源于 NSF National Patterns of R&D Resources（2014-2015）的表 3 和表 4。这些数据根据世界银行国民核算数据库中的 GDP 平减指数调整为 2016 年美元价值。

政府资助的研究，并在取得成果后，保留这些成果的所有权和专属授权。自二战起，大学研究中受到联邦政府资助的研究超过总数的一半。这些研究的成果归联邦政府所有，总计达到 28 000 项专利（Markel，2013）。然而，这些发明中只有少数真正成功地进入市场。《拜杜专利和商标法修正案》的预期收益之一是将研究成果的产权转给大学，推动大学深入挖掘这些未尽其用的资源。随后大学可以授权使用自己的研究成果，并按照当时的市场价格收费。当然，授权许可、合资企业或根据大学研究衍生出的新公司并不是新鲜事物。早在 1934 年，加州理工学院的物理化学家阿诺德·贝克曼（Arnold Beckman）就根据自己发明的酸度计（pH meter）创建出后来全美首屈一指的科学设备制造商——国家技术实验室（National Technical Laboratory），即现在的贝克曼库尔特公司（Beckman Coulter）。这项改革的新颖之处在于它大大降低了联邦政府资助的研究在专利许可方面的不确定性。

　　大学对这项改革做出的回应是不断加深对发明创造的参与度。大学申请的专利在所有专利中的比重从 1975 年的 1% 上升至 1990 年的 2.5%。同期，专利与大学研发支出的比率几乎翻了一番，从每投入 10 亿美元产生 57 项专利上升至每 10 亿美元产生 96 项专利。由于其他经济领域的专利申请情况在滑坡，从每投入 10 亿美元产生 780 项专利下降至每 10 亿美元产生 429 项专利（Henderson et al.，1998），所以大学的专利强度（patent intensity）上升并不是因为专利局的工作模式发生变化，或申请专利的费用下降（Arora et al.，2004）。如果从较长的时期内观察专利许可的数量，它们展现出来的对比更加突出：1980 年有 380 项专利获得授权，2009 年获得授权的专利达到 3 088 项（Markel，2013）。图 2.7 展示了大学申请专利的数量增长以及它们从专利许可中获得的收入总额，极其清晰地反映出这种上升趋势。1995 年至 2015 年，大学申请专利的数量增长了 4 倍，从每年 2 700 项上升至 15 000 项以上，同期大学从专利许可中获得的收入增长了 2 倍，从 6 亿美元上升至 23 亿美元。大学科学家发现创业的吸引力越来越强，因为这类初创企业动力十足而且决策过程极快，很难在现有大公司中复制这种模式。体制和法律环境的变化进一步对这些趋势推波助澜。现在初创企业可以从风险投资人、"小企业创新研究资助计划"（SBIR）和其他政府项目中获得资金支持（Lerner，2000；Mazzucato，2015）。很多公司确实是从非营利性研究机构剥离出来的，成功地研发出磁共振成像（MRI）、重组乙型肝炎疫苗、原子力显微镜和谷歌网页排名算法等创新技术。

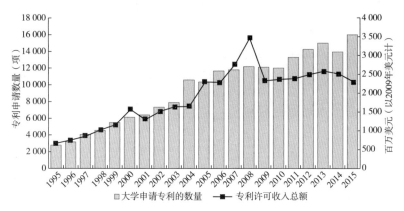

图 2.7　1995 年至 2015 年大学申请专利的数量和它们从专利许可中获得的收入
　注：本图利用大学技术管理者协会（Association of University Technology Managers，AUTM）的调查数据展示了大学参与技术市场的情况。图中数据利用美国经济分析局（Bureau of Economic Analysis）国民经济核算中的 GDP 数据进行了平减处理，http://www.bea.gov/national/。

　　此外，关于大学研究是否应该用于相关产业的文化变革也对大学参与科技市场（market for technology，MFT）产生了重要影响。在 20 世纪六七十年代，人们对大学和产业界合作心怀疑虑。盖格（Geiger，1993）指出，1968 年的学生抗议导致人们普遍厌恶"项目型"研究或任务导向型研究。20 世纪 70 年代的全国性报告敦促大学重点关注自己的教学功能，并对整个社会做出贡献。我们可以从大学和产业界合作的披露情况看到人们对大学参与企业商业运营的强烈反感（也可能这种合作根本就不会被公之于众）。譬如，1974 年孟山都公司（Monsanto）与哈佛大学签署了为期 12 年、价值 2 300 万美元的合作协议。这件事一直秘而不宣，直至媒体迫使孟山都公司透露协议条件。国立卫生研究院在众议院科技委员会开展的调查和听证会也追查了 1981 年赫斯特公司（Hoechst）和马萨诸塞州总医院新成立的遗传学部门之间签署的类似协议（该遗传学部门隶属于哈佛大学）。⑩

然而，以下几个因素导致人们开始重新认可应用启发型研究以及与产业界合作的价值。首先，"向癌宣战"（War on Cancer）[1971 年《国家癌症法案》（National Cancer Act）]等重大政府项目表明可以通过科研实现重大社会目标。为了推进基础科学的实际应用，美国国家科学基金会还创立了"使研究响应国家需求"项目（Research Applied to National Needs，RANN）。其次，20 世纪 70 年代美国经济发展停滞不前，同时联邦德国和日本的制造业企业对美国企业造成巨大的竞争压力，可以说它们提升了研究作为投入要素对经济增长的价值。譬如，佐治亚和北卡罗来纳的州政府期望借助本地大学的力量实现地区经济发展，因此吸引承包研究项目的企业（research contracting firm）来本地发展。后来，它们还推出其他政策，吸引基于大学研发技术的分拆企业来本地发展（Geiger，2004）。

4.2 科技市场和小企业的扩张

这个全新的创新生态体系有一个关键特点，即小规模专业研究机构不断兴起。它们主要从事事前知识产品（研究和咨询项目）和事后知识产品（专利、软件许可和芯片设计）的交易。这些小企业要么直接将科研概念商业化，在市场上推出新产品；要么将这些概念卖给拥有下游能力的大企业，间接使它们商业化。这与之前的生态体系形成鲜明的对比，过去往往是大企业自己发起并完成原创发明创新。

尽管自20世纪50年代起，已经出现风险投资人支持下的初创企业（如在激光产业，国防合同催生了很多初创企业），但直到半导体和生物科技业兴起，这些企业才在美国的创新生态体系中强势崛起。莫维利等人（Mowery and Rosenberg，1998）强调，尽管IBM和美国电话电报公司等大企业承担IBM 360系统和晶体管等通用硬件的设计工作，但司法部在反垄断问题上施加了巨大压力（如1956年司法部和美国电话电报公司对一起反垄断诉讼达成和解），导致这些大企业很难利用自己的技术进入下游市场。反垄断压力催生的自由许可政策帮助微软、苹果、得州仪器和仙童半导体等小企业迅速根据大企业的原始发明开发出迭代产品（Malerba，1985；Tilton，1971）。譬如，弗拉姆（Flamm，1988）的统计表明，在20世纪50年代，至少80%的计算机初创企业起初主要承接国防合同，后来为了满足民用而合并调整业务方向。就像曾经成功地使大学发明商业化并大规模生产人类胰岛素的基因泰克（Genentech）一样，这些企业对鼓励私募公司进入生物科技业发挥了至关重要的作用。专业从事单克隆抗体和DNA（脱氧核糖核酸）剪接的科学家及发明家由此获得资本的支持（Pisano，2006）。

表 2.1　2002 年和 2011 年技术许可收入在各产业部门的分布情况

（单位：10 亿美元）

产业部门	作为工业产权受到知识产权保护的许可费收入（2002 年）	技术使用费和许可费收入（2011 年）		
		总量	技术和工业流程	软件
制造业	59.5	25.7	24.8	0.9
批发、零售和交通	1.0	49.6	49.4	0.3
信息	1.9	27.7	2.1	25.6
金融保险	0.2	1.6	1.3	0.3
专业服务和商业服务	3.0	4.5	2.0	2.5
其他产业	1.0	1.2	1.1	0.1
总计	66.6	111.2	81.0	30.2

注：本表展示了技术许可收入在美国各产业部门的分布情况。2002 年的数据来源于 Robbins（2009）的表 4.10。2011 年的数据来源于 2011 年"企业统计数据调查项目"（Census Enterprise Statistics Program）的"表 3：采用知识产权的技术使用费和许可费收入（详情）"。https://www.census.gov/econ/esp/historical.html.

以上发展显著地强化了知识产权（Guellec and de La Potterie，2007；Jaffe and Lerner，2006）。在全国层面，1982 年《联邦法院改革法案》（Federal Counts Improvement Act）为联邦巡回法院创设的上诉法院，简化了专利诉讼案件的裁决过程。有些特定部门还受到额外关注，如 1984 年的《半导体芯片保护法案》（Semiconductor Chip Protection Act）加强了对芯片设计的知识产权保护。此外，尽管 1972 年高等法院已经一致裁决软件不能获得专利，但之后法院对很多类似案件重新进行了调查审理，而且允许包含软件的硬件或包含工艺流程的软件获得专利（Arora et al.，2004，第 61 页）。美国贸易代表办公室在全球范围内持之以恒地推动各国加强知识产权保护，而且将《与贸易有关的知识产权协定》（Agreement on Trade-Related Aspects of Intellectual Property Rights，TRIPS）纳入 1995 年的乌拉圭回合谈判。

因此，2002 年美国企业从知识产权中获得的许可收入为 920 亿美元。美国国税局（IRS）的数据也佐证了这一点。它们表明在 1994 年至 2004 年间，许可收入的增长速度达到每年 11%，超过了同期 GDP 的平均增速 3.42%（Robbins，2009）。如果用企业间专利转让的情况衡量，转让专利的数量也大幅上升，从 1987 年的 7 000 件飙升至 2014 年的 12 000 余件。[①]此外，毅博公司（Exponent，化学）、基因泰克（生物科技）和 ARM（无晶圆半导体设计）等公司证明了专门出售知识产权而不参与下游生产制造和销售的商业模式行之有效。对于后两家公司来说，更重要的一点是它们不同于斯坦福研究所等传统的研究咨询公司。传统的研究咨询公司与客户签约后，根据合约开展研究，而基因泰克和 ARM 则能够以无实体的形式（如专利和芯片设计蓝图）提供科技产品。

4.3 企业研究的衰落

美国创新生态体系发生的另外一个变化是大型企业实验室日渐式微。鉴于美国龙头企业的平均规模在不断扩张，所以这种衰落表现得愈发突出。譬如，1980 年通用电气和 IBM 的净营业额分别在 250 亿美元和 260 亿美元左右徘徊，随后在 1998 年分别增长至 1 000 亿美元和 820 亿美元。1979 年，通用电气的研究实验室雇用了 1 649 名博士，IBM 雇用了 1 300 名博士。到了 1998 年，通用电气雇用的博士减少至 475 人，IBM 雇用的博士减少至 1 200人（National Research Council，1980，1998）。在 1980 年至 1990年销售额增加了一倍以上的美国上市公司中，它们每年发表的科研论文减少了20.6篇。在随后的20年里，销售增长与论文发表数量降低之间的鲜明对比依然没有消失：在1990年至2000年销售额翻番的企业中，它们发表的科研论文减少了12.0篇；在2000年至2010年销售额翻番的企业中，它们发表的科研论文减少了13.3篇。[12]

杜邦的案例清晰地展示了企业从科研中撤出力量的过程。2016年，杜邦关闭了其中央研发部门，将它与工程部合二为一。在20世纪早期和中期，杜邦的中央研发部门曾与学界的顶尖化学系不相上下。然而到了90年代，随着杜邦将工作重心转向研究项目的商业潜能，它对研究的态度开始发生转变。因此，在1994年至2015年，杜邦作为第一作者发表的论文数量从749篇左右下降至245篇，而杜邦向美国专利商标局（USPTO）提交的专利申请从1994年的1 600项左右上升至2012年的近3 500项，清晰地表明它在向下游开发转型。由于激进投资者纳尔逊·佩尔茨（Nelson Peltz）不断施压，所以2014年1月4日杜邦的中央研究实验室不再作为研究部门单独运营。

美国国家科学基金会汇总的数据也展示出企业研究衰落的模式。在企业研发活动中，基础研究与应用研究的比例从1985年的50.7%下降至2015年的42.5%（Boroush，2017，表3和表4）。阿罗拉等人（Arora et al.，2018）进一步分解了这个趋势后发现，尽管导致企业发表的科研文章减少的一个重要原因是很多后来成立的企业几乎不发表论文，但拥有成熟研究部门的老牌企业也明显减少了研究活动。企业在影响力最大的科研期刊上发表的论文数量下降幅度最大，意味着科研能力的私人价值也在下降（这里的私人价值用企业的股市估值或并购交易的收购价格衡量）。相比之下，美国大企业申请的专利数量不断增加，表明专利的私人价值在提高，其中也包括并购交易中的专利溢价。

我们利用 1980 年至 2015 年企业发表论文的数据更详尽地探讨了这些趋势。本文的样本包括所有总部位于美国、开展了研发活动并在 1980 年至 2015 年间被纳入 Compustat 数据库的上市公司。我们将这些公司的名字与科睿维安科学网"科学引文索引"（Science Citation Index）中科研论文的作者地址进行了匹配。此外，我们还将这些企业的名字与欧洲专利局（EPO）全球专利统计数据库（PATSTAT）中美国发明专利权的专利受让人姓名进行了匹配。关于匹配过程的详细情况请参见阿罗拉等人（2017）的研究。[⑬]图 2.8 总结了阿罗拉等人（2018）的研究结果。它描绘了 Compustat 数据库中的企业发表论文数量以及持有的专利数量。这些企业的研发资本存量至少为 1 000 万美元。它们在 1980 年至 2015 年间发表的论文数量从 25 篇下降至 15 篇。与此相反，同期这些企业持有的专利从每年 10 项上升至 70 项以上。1980 年，在 201 家研发资本存量超过 1 亿美元的美国大型上市公司中，有 184 家公司至少发表了 1 篇科研论文（占到 201 家公司的 91.5%）。到了 2015 年，这个比例下降至 73.6%（即在 717 家研发资本存量超过 1 亿美元的上市公司中，有 528 家公司至少发表了 1 篇科研论文）。对于那些在研究领域最活跃的企业，它们的衰落迹象更为明显：每年发表 10 篇以上论文的企业在总量中的占比从 55.2% 下降至 29.8%。1980 年，在 201 家研发资本存量超过 1 亿美元的上市公司中，有 111 家公司发表了 10 篇以上科研论文；而 2015 年，在 717 家研发资本存量超过 1 亿美元的上市公司中，有 214 家公司发表了 10 篇以上科研论文。每投入 100 万美元研发费用，平均产生的论文数量也从 1980—1985 年的 0.46 篇下降至 2010—2015

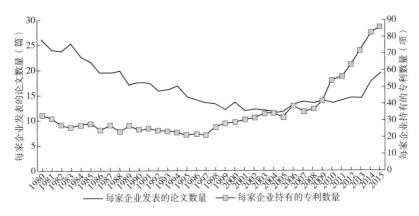

图 2.8　Compustat 数据库中企业发表科研论文的数量和持有的专利数量
（其中不包括生命科学领域的企业）

注：图中的实线展示了收录在 Compustat 数据库中且研发资本存量超过 1 000 万美元的企业收录在科睿维安科学网中的发表论文的平均数量，其中不包括生命科学领域的企业。图中的方格线代表这些企业持有的专利数量 ［关于 Compustat 数据库中的企业与科睿维安科学网匹配的详细情况，请见 Arora et al. （2017）］。

年的 0.4 篇。这种衰落情况在老牌企业表现得尤为突出。譬如，在 1980 年或 1980 年之前上市的 131 家公司中，有 109 家公司在 2015 年发表了论文（在这 131 家企业中占 83.2%）。对于 1995 年上市的公司，这个比例上升至 78.9%（即在 19 家 1995 年上市的公司中，有 15 家在 2015 年发表了论文）。对于 2000 年上市的公司，这个比例为 75.7%（即在 37 家 2000 年上市的公司中，有 28 家公司在 2015 年发表了论文）。

信息技术企业同样表现出发表论文持续减少的颓势。图 2.9 展示了脸书、亚马逊、苹果、谷歌、微软和网飞每千美元销售额对应的论文发表数量。这些企业的论文发表数量并没有比其他企业更突出：2015 年它们平均发表了 304.7 篇文章，几乎是当年所有企业发表文章平均值的 14 倍（所有企业平均发表 21.5

篇文章）。不过，谷歌和微软是投稿大户。它们发表的论文在这6家企业发表论文的总量中占到90%以上。此外，除了微软以外，其他企业在1992年至2015年间用销量标准化处理后的论文发表数量随着时间的推移在持续下降。

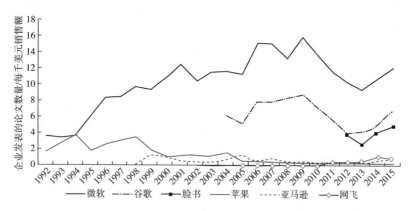

图2.9 新兴信息技术企业每千美元销售额对应的科研论文发表数量

注：本图给出了美国大型信息技术企业发表论文的数量进行标准化处理后得出的数据。图中数据来源于科睿维安科学网中收录的苹果、亚马逊、脸书、谷歌、微软和网飞每年发表的论文数量，以及这些论文数除以销售额得出的每千美元销售额对应的论文发表数量。具体匹配流程请参见 Arora et al.(2017)。

在1980年至少发表了1篇论文的341家上市公司里，有223家公司在1990年发表的论文数量有所下降（占到总量的65.4%）。同样，在1990年至少发表了1篇论文的470家上市公司里，有280家公司在2000年发表的论文数量有所下降（占总量的59.6%）。2000年至2010年的可比数据表明，企业发表论文的数量在这一时期下降的幅度更大：在2000年至少发表1篇论文的902家上市公司中，有671家公司在2010年发表的论文数量有所下降（占总量的74.4%）。为了进一步分析该趋势，表2.2总结了20世纪80年代、90年代和21世纪头10年发表的论文数量最多的10家公司的论文发表情况以及它们申请专利的发展趋势。我们探究了在之后的 10 年里，这些企业发表论文和申请专利的行为发生了怎样的变化。不出所料，通用电气、施乐公司和美国电话电报公司等企业发表论文数量的降幅最大。表 2.2 中"1980—1999 年发表论文最多的 10 家公司"表明，通用电气发表的论文在 20 世纪 80 年代至 90 年代减少了 132 篇（从 603 篇下降至 471 篇）。同期施乐公司发表的论文从 343 篇下降至 310 篇。此外，IBM 在 20 世纪 90 年代发表论文的变化趋势（发表文章的数量减少了 9%）与同期申请专利的情况（申请专利的数量增加了一倍）形成了鲜明对比。这个结果与巴斯卡拉巴特拉和赫奇（Bhaskarabhatla and Hedge，2014）展示的证据完全吻合。他们（2014）的研究结果表明，1989 年詹姆斯·麦高第（James McGroddy）将重视专利申请的政策引入 IBM，激励了公司内部的研究人员更重视专利，而不是发表研究成果。

表 2.2 也展示出不少值得一提的反常现象，与上文描绘的总体模式背道而驰。首先，从 20 世纪 90 年代至 21 世纪头 10 年，美国电话电报公司发表论文的绝对数量直线下滑（减少了 73%），与公司的重组活动轨迹吻合，不过其研发预算下降的幅度更大。由于它将贝尔实验室分拆出来并入朗讯科技有限公司，所以美国电话电报公司的研发预算从 1995 年的 40.83 亿美元下降至 1996 年的 6.4 亿美元，用它的研发费用标准化处理论文发表数量后，得出的结果反而上升了。其次，杜邦在 20 世纪八九十年代发表的论文数量小幅上升。然而，这种趋势在之后的 10 年里迅速发生逆转，在 20 世纪 90 年代至 21 世纪初，杜邦发表的论文从 762 篇下降至 423 篇，足足减少了 339 篇。

表 2.2 1980—2015 年每 10 年发表论文数量最多的公司在论文发表及专利方面的变化

排名	1980—1989年发表论文最多的10家公司	每年发表的论文数量				每年获得的专利数量			
		1980—1989年（篇）	1990—1999年（篇）	变化百分比（%）	变化百分比（%）（用研发费用进行标准化处理）	1980—1989年（项）	1990—1999年（项）	变化百分比（%）	变化百分比（%）（用研发费用进行标准化处理）
1	美国电话电报公司	1 889	1 028	-46	-58	372	422	13	-13
2	IBM	1 612	1 929	20	-16	538	1 495	178	96
3	通用电气	603	471	-22	-43	908	876	-4	-29
4	杜邦	600	762	27	-25	350	506	44	-15
5	埃克森美孚	554	401	-28	-23	252	245	-3	3
6	施乐	343	310	-10	-41	271	718	165	73
7	法玛西亚普强	336	532	58	-52	101	56	-45	-83
8	哥伦比亚广播公司（合并前）	321	108	-66	-47	410	233	-43	-11
9	法玛西亚	302	383	27	-43	146	173	18	-47
10	罗克韦尔自动化有限公司	279	188	-33	-63	181	171	-6	-49

（续表）

排名	1990—1999年发表论文最多的10家公司	每年发表的论文数量				每年获得的专利数量			
		1990—1999年（篇）	2000—2009年（篇）	变化百分比（%）	变化百分比（%）（用研发费用进行标准化处理）	1990—1999年（项）	2000—2009年（项）	变化百分比（%）	变化百分比（%）（用研发费用进行标准化处理）
1	IBM	1 929	1 754	-9	-21	1 495	3 522	136	104
2	朗讯	1 421	748	-47	-9	799	770	-4	66
3	美国电话电报公司	1 028	279	-73	119	422	288	-32	450
4	杜邦	762	423	-44	-31	506	475	-6	17
5	百时美施贵宝	582	632	9	-56	135	158	17	-53
6	先灵葆雅	565	557	-1	-71	99	111	11	-67
7	法玛西亚普强	532	与辉瑞合并（2003年）	N/A	N/A	56	与辉瑞合并（2003年）	N/A	N/A
8	礼来	508	884	74	-44	138	97	-30	-78
9	雅培	474	600	26	-48	138	128	-7	-62
10	通用电气	471	762	62	-11	876	1 269	45	-20

排名	2000—2009年发表论文最多的10家公司	每年发表的论文数量				每年获得的专利数量			
		2000—2009年（篇）	2010—2015年（篇）	变化百分比（%）	变化百分比（%）（用研发标准化处理）	2000—2009年（项）	2010—2015年（项）	变化百分比（%）	变化百分比（%）（用研发费用进行标准化处理）
1	IBM	1 754	1 703	-3	-11	3 522	6 800	93	76
2	辉瑞	1 616	2 022	25	19	318	167	-47	-50
3	强生	1 014	1 382	36	-3	378	781	106	47
4	礼来	884	868	-2	-33	97	70	-28	-51
5	通用电气	762	997	31	-23	1 269	1 945	53	-10
6	朗讯	748	与阿尔卡特合并（2006年）	N/A	N/A	770	与阿尔卡特合并（2006年）	N/A	N/A
7	默沙东	648	866	34	-36	307	541	76	-16
8	百时美施贵宝	632	844	34	-4	158	172	9	-21
9	英特尔	625	702	12	-44	1 463	1 793	23	-39
10	雅培	600	568	-5	-23	128	532	316	240

注：本表列出了1980年至2015年间的每10年里（即1980—1989年，1990—1999年，2000—2009年，2010—2015年间专利和发表论文的情况。我们先将Compustat数据库中所有总部位于美国的公司与科睿唯安科学网中每篇论文的地址进行匹配，然后将发表论文的总公司数除以10。我们将每10年发表论文最多的10家公司按照由多至少的顺序排列（即表中第2列），然后将它与之后10年发表论文的情况（即第4列）进行对比，计算出变化的百分比。我们还将每年发表的论文数量除以研发支出（单位为百万美元），计算出每家公司每10年的平均值。第6列展示了当时与之后10年的变化百分比。第7列至第10列按照同样的方法计算了这些公司每年持有专利的变化情况。

再次，法玛西亚公司（Pharmacia）、礼来制药（Lilly）、百时美施贵宝公司（Bristol Myers Squibb）和辉瑞公司（Pfizer）等生命科学企业发表的论文数量大幅攀升。以辉瑞公司在21世纪头10年发表论文的情况为例，它们发表论文数量的上升趋势与研发支出的增长保持同步。在此期间，制药业表现出的一个关键特征是企业合并此起彼伏。然而，笔者将它与其他同样出现大量企业合并现象的行业进行对比后发现，生命科学企业发表论文的情况并不是由合并活动造成的。图2.10展示了主要行业中平均每家企业发表的论文数量与平均每家持有的专利数量之间的比率。数据显示在生命科学领域，这个比率从20世纪80年代接近1的水平达到近年来的2~3。与此相反，无论计算机/信息产业/软件业，还是电子/半导体业，它们的论文发表数量与专利数量的比率在这一时期几乎减少了一半。

除了企业的平均规模扩大以外，还有其他几个看起来比较合理的理由解释了为什么制药业和生物科技业会逆势而行，发表的论文数量持续增长。第一，在生命科学领域，上游研究的商用性明显强于制造业等其他产业研究成果的商用性（这里的上游研究指大学开展的研究或在科学期刊上发表的研究）。譬如在20世纪90年代中期，制药业研发实验室的管理者中有58%表示学界或政府实验室的研究成功地提出了全新的项目构想，远远超出制造业中持同样观点的人的比重，在制造业中，有32%的研发实验室管理者认为学界或政府实验室开展的研究提出了新的创意（Cohen et al.，2002）。第二，人们认为比起其他产业，制药业的专利能够更有效地保护产品销量和知识的商业化过程，与此息息相关的是，制药业的技术市场尤为活跃。可见生命科学领域的研究投资回报或许要高于其他产业。特别是大型制药公司，它们必须自己开展

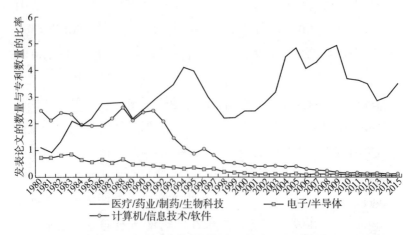

图2.10　每家企业发表论文的数量与它们持有的专利数量之间的比率
（按产业部门划分）

注：本图展示了三个产业中，企业发表的论文数量与专利数量的比率情况。我们计算每家公司发表的论文数量时，将科睿维安科学网中收录的论文与 Compustat 数据库中研发资本存量超过 1 000 万美元的企业进行了匹配。笔者计算每家公司持有的专利时，将欧洲专利局全球专利统计数据库中专利受让人的姓名与前文提到的公司进行了匹配［请参见 Arora et al.（2017）了解匹配过程的具体细节］。发表的论文数量与专利数量的比率是用每家企业发表的论文数量除以每家企业持有的专利数量。

部分研究才能胜任技术买方的角色。第三，药品需要经历监管审批过程，而在科学期刊上发表论文可以展示新产品的效力，有助于推进审批。此外医药产品的推广还需要医师的合作，因为医师接受产品后才会在药方中使用它。这意味着要使人们采用新药，还需要中间机构使他们确信药品质量合乎标准，通过在科学期刊上发表论文就可以达到这个目的（Azoulay，2002；Hick，1995）。

最后，联邦政府通过国立卫生研究院为生物医学研究提供的资金全面上升，从 1980 年的 25 亿美元上升至 2001 年的 150 亿美元，进而于 2015 年达到 290 亿美元。图 2.11 表明生命科学获得的联邦政府资金大幅上升，远远超过联邦政府对化工、计算机科

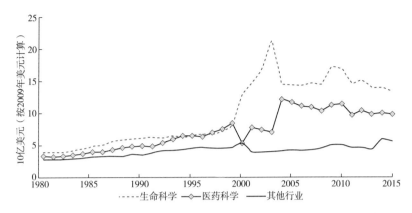

图 2.11　1980—2015 财年联邦政府对特定细分领域的科研资金支持

注：本图利用联邦研发经费（Federal Funds for Research and Development）的数据序列重复了 Merrill（2018）中图 4 的研究。这些数据可以从 https：//www.nsf.gov/statistics/srvyfedfunds/Biology 查到，其中不包括环境科学。其他行业包括化工、计算机科学、材料工程、冶金和电气工程。

学、材料和电气工程等其他行业的资金支持。看起来这促使企业发表了更多论文，不仅那些获得国立卫生研究院资助的企业发表的论文增加了，其他可以自由地借助新出现的公共资源（如基因组序列）提高研究生产率的企业也是如此。不过，生命科学的特别之处在于它将各种元素汇聚在一起，这或许可以解释为什么它发表的论文数量在所有行业中卓然独立。

　　总而言之，在新的创新生态体系中，大学和小型初创企业与老牌大企业之间的创新分工在加深：大学专业从事基础研究，小型初创企业将前景广阔的研究发现转化为发明创造，而老牌大企业专门从事产品开发及其商业化（Arora and Gambardella，1994）。事实也的确如此。阿罗拉等人（2016）调研了 6 000 余家制造业企业和服务业企业后发现，在 2007 年至 2009 年，49% 的创新企业声称它们最重要的新产品来自外部资源。这样看来，小企业的比较优势在于发明创造，而大企业的优势在于进一步开发这些发明成果。因此，大企业投资自身的科研实力，与其说是为了创造知识，不如说是为了成为合格的知识买方。

4.4 为什么企业的研究日渐式微？

大企业削减自己的科研力量是多个因素共同作用的结果。随着竞争加剧，发明创新和商业化之间的时间间隔不断缩短，企业越来越难从自己的内部研究中获益。标准理论表明存在知识溢出，特别是知识溢出到对手企业时，企业会减少科研活动。阿罗拉等人（2017）的研究结果支持了这个直觉判断。他们的研究表明，在1980年至2015年，知识溢出到对手企业的情况大幅增加。[⑭]正如曾在贝尔实验室工作的研究者安德鲁·奥德利茨科（Andrew Odlyzko，1995，第4页）强调的那样：

> 静电复印术由卡尔森在1937年发明，但直至1950年，施乐公司才将它商业化。此外，在这种技术商业化的前后几年里，人们对它兴趣寥寥。施乐公司成功地发明了一系列相关技术并获得它们的专利，而其他机构几乎没有采取任何动作。这使得施乐公司在二十多年的时间里垄断了这项新技术带来的所有收益……相比之下，1987年伯诺兹（Bednorz）和缪勒（Mueller）宣布他们在IBM苏黎世实验室发现了高温超导体后，休斯敦大学、亚拉巴马大学和贝尔实验室等机构只用了短短几周，就在此基础上取得更加深入的重大发现。因此，尽管高温超导体已经发展成为一个极具商业价值的领域，但IBM仍然不得不与其他持有相关专利并因此对高温超导产品的研发至关重要的企业分享这项技术带来的巨大收益。

还有一个因素降低了大企业从内部研究中获益的能力，即企业的业务范围出现了不断收缩的趋势。从 20 世纪 80 年代起，华尔街的投资者不断对大型上市公司施压，要求它们"不要脱离本行"并剥离与主业无关的部门。然而，多元化的公司可能恰恰最有条件开发前景不明朗的科研成果，因为正如理查德·纳尔逊（Richard Nelson，1959，第 302 页）强调的那样："拥有广泛的技术基础就能保证无论选择哪个研究方向，最终都有可能取得成果，使赞助企业从中获益。"因此，随着企业将越来越多的精力和资源集中在核心市场上，它们投资于科研的动机必然会下降。此外，贸易、外包和境外生产或许也削弱了企业投资于研究的激励。譬如，生产制造转移到远离研发的地点后，研究和生产之间的互动会减少，结果阻碍了创新。

大企业开始减少对内部研究的投资，不仅因为这些投资的价值越来越小，而且因为大企业越来越容易从外部获取知识和发明成果。从历史上看，很多企业设立大型实验室的部分原因是政府反垄断的压力遏制了大企业通过收购兼并而发展壮大的能力。在 20 世纪 30 年代，如果一家领先企业想不断扩张，它就必须开拓新市场。由于通过收购兼并实现扩张的途径受到反垄断压力的制约，而且大学和独立发明家没有什么研究成果可供出售，所以这些领先企业除了投资内部研发以外无计可施。然而到了 80 年代，反垄断政策有所放宽，改变了这种状况。相对于开展内部研究，企业通过收购发展壮大的可行性更强，因此企业投资内部研究的需求也相应减少。

大学研究欣欣向荣可能也是企业从外部购买知识更加轻松便利的原因。过去企业实验室大展拳脚时，大学研究和初创企业的发明成果寥寥无几。为了源源不断地创造出高质量发明，大企业必须自行开展内部研究，特别是通过创建大型实验室来达到这个目的。不过正如前文讨论的那样，随着时间的推移，大学和小企业日益成为更加可靠的发明成果来源。外部研究的规模逐日扩大，企业实验室也越来越难以跟上技术变革的步伐。

此外，外部技术市场相对于内部研究的吸引力越来越大。20世纪80年代，保护知识产权的力度大大加强，降低了技术交易被没收的风险。线上平台产生的传播作用和科技市场中介的兴起，前者如宝洁公司的"联结+开发"（Connect+Develop）模式，后者如 yet2. com 网络技术交易市场平台和 InnoCentive 创意交易市场平台，导致创新活动更容易订立合同且成本更低，并且减少了技术市场上的摩擦。这些变化都提升了技术市场的吸引力，相应降低了企业内部研究的吸引力。

5. 大型企业实验室和创新生态体系

本节首先强调了美国生产率增长在 20 世纪先升后降，随后表明这个过程与大型企业实验室的兴衰轨迹基本吻合。

笔者在本节中认为，大型企业实验室或许是健康的创新生态体系的重要组成部分（它们产生的作用往往没有得到认可）。尽管我们并不否认创新分工进一步细化时，由此产生的创新专业化会带来一定裨益，但我们也指出大型企业实验室的消亡会产生一定的社会代价。尽管大企业从内部研究中无利可图，纷纷撤出自己的研究力量，但这种变化或许对社会有百害而无一利。

5.1 大型企业实验室的原创发明成果与众不同

有很多原因解释了为什么大型企业实验室的发明创造不同于

大学和初创企业的成果。

5.1.1　企业实验室致力于通用技术

由于企业实验室往往隶属于一体化的在位大企业，所以它们有强大的激励去重点关注系统性创新或架构创新。卡普尔（Kapoor，2013）的研究结果与这个论断完全相符。他探究了半导体业的垂直分解，发现一体化的在位企业重新调整了自己的研究活动，更倾向于开展系统性创新（系统性创新需要各个生产阶段和参与者之间广泛开展协调和沟通），而较少关注自主创新（自主创新不需要生产阶段和参与者进行太多调整）。莱库奥纳·托拉斯（Lecuona Torras，2017）还发现大企业更可能利用通用技术引入手机方面的架构创新。有不少逸事证据（anecdotal evidence）表明，这种行为确实存在：譬如克劳德·香农（Claude Shannon）对信息理论开展的研究得到了贝尔实验室的支持，因为通信网络的效率提高必然使美国电话电报公司获得最多益处（Gertner，2013）。IBM 认为领先别人掌握下一代革命性芯片设计，会使自己在行业中占尽先机，为此它研发出扫描电子显微镜，并进一步探索了电子局域化、非平衡超导和弹道电子运动，成就了纳米科学的里程碑式发展（Gomory，1985；Rosenberg，1994，第 258 页）。最后，近年来企业在机器学习类出版物上发表的论文数量激增，表明谷歌和脸书等大企业面向学界发表的研究或软件包更多（这些企业都掌握着科研成果商业化所需的互补性资产，如用户数据）。这是因为机器学习领域实现总体突破时，大企业获得的益处最多（Hartmann and Henkel，2019）。

5.1.2　企业实验室解决实际问题

企业实验室的目标在于解决切实存在的具体问题。这种以具体任务为导向的模式会限制研究人员的自由度，但也降低了纯理论反思的风险，并加速了科学向商业应用转化的进程。此外，和那些要拼尽全力生存下来的小企业不同的是，大型实验室可以为研究人员提供资源，并允许他们有所懈怠，从而产生真正有开创性的研究。因此，企业实验室或许会将这两个世界的最大优势相结合。一方面，它们的研究与实际问题息息相关，这样得到的研究成果很可能有重大的产业应用。不过另一方面，这种联系并不牢固，所以它们取得的成果更倾向于应用型研究，从而限制了它们的科研价值。安德鲁·奥德利茨科强调了贝尔实验室对商业必要性的重视：

> 贝尔实验室与市场保持着联系，因此与现实存在的问题息息相关，这一点非常重要。这种联系并不紧密，所以实验室能够致力于研究很多长期问题。不过这种联系终究是存在的，因此它们开展的很多看似徒劳无功的研究是真正的创新性研究的核心所在，并不全然是白费力气的，而且目标更精确，也不会像大学研究那样受到惰性的困扰。[15]

5.1.3 企业实验室涵盖多个学科而且资源更丰富

大企业实验室的发明成果可能与大学或初创企业的发明创造截然不同，这是因为大企业的财力更雄厚，而且可以将不同知识流和各种能力结合起来解决跨学科问题（Tether，1998；Pisano，2010）。譬如，如果贝尔实验室没有把卓尔不群的理论造诣和工程技能结合起来，就不可能创造出晶体管。自 20 世纪 40 年代初开始，普杜大学的物理化学家卡尔·拉克-霍洛维茨（Karl Lark-Horovitz）、通用电气和其他机构就在努力推动固体电子学方面的研究。然而，只有贝尔实验室的跨学科团队囊括了必不可少的物理学家、冶金学家和化学家，成功解决了晶体管开发过程中涉及的很多理论和实践问题。

由于麻省理工学院的放射实验室曾在二战期间选择美国电话电报公司的西部电气公司制造雷达的逆电压整流器，所以该公司的冶金学家已经掌握了半导体净化技术和掺杂技术的第一手经验。后来贝尔实验室的冶金学家亨利·特雷尔（Henry Theurer）在1951年研发出区熔提纯法，在处理锗质结晶体时使其杂质能级达到百亿分之一。此外，也是贝尔实验室用戈登·蒂尔（Gordon Teal）的晶体提拉法制造出硅棒的正负接面。如果贝尔实验室的内部研究没有取得以上两项材料学成果，那么肖克利不可能发明晶体管（Gertner，2013）。

同样，霍尔布鲁克等人（Holbrook et al.，2000）强调，正是研发与制造之间的跨部门协调帮助仙童半导体公司取得两项重大突破：平面工艺和集成电路。反之，我们有理由认为无生产线企业很难完成这些创新，这些企业专门从事集成电路的设计工作，尽量规避建造和运营生产设施产生的高昂成本。

以人工智能研究为例，它清晰展现了大企业实验室的研究有别于大学/初创企业的研究。自2010年起，谷歌、IBM和脸书等大企业已经投入重金开展人工智能研究。哈特曼和汉克尔（Hartmann and Hankel，2019）近期的研究表明，2004年至2016年，企业在顶级人工智能期刊［如国际机器学习大会（International Conference on Machine Learning，ICML）］上发表论文的比重增长了两倍。企业作为先驱者，在深层神经网络（deep neural network，DNN）等专业领域开拓了研究工作。谷歌发表了许多具有里程碑意义的论文，如"Cat Paper"（Le et al.，2011）和"Google Translate Paper"（Wu et al.，2016）。它们证实了长短期记忆（Long-Short

Term Memory，LSTM）等新算法对图像识别和语言翻译的有效性。尽管很多在谷歌参与这些项目的科学家也供职于大学［如斯坦福大学的吴恩达（Andrew Ng）和多伦多大学的杰弗里·辛顿（Geoffrey Hinton）］，但出于以下三个原因，无论是大学还是风险资本支持的初创企业都不可能取得与谷歌相提并论的研究成果。⑯

规模。2018 年，谷歌雇用的人工智能研究人员达 1 700 多人，而且收购了一系列专业研究人工智能的初创企业。它首先于 2013 年收购了杰弗里·辛顿的公司（即 DNN research），随后于 2014 年收购了戴密斯·哈萨比斯（Demis Hassabis）的 Deep Mind 公司。谷歌等大企业还收集并维护了专有数据库，其规模远远超过了由大学创建并供公众使用的数据库。在机器学习领域，数据库较大时才能对算法进行实证验证，而且验证算法的工作很难通过分析完成。这意味着人工智能的前沿实证工作必然由拥有大量数据的企业来完成。孙晨等人（Sun et al.，2017）的研究表明，谷歌采用了 JFT-300M 数据库。这个数据库拥有 3 亿图像，且它们的标签超过 3.75 亿个（斯坦福大学的 Imagenet 数据库是对公众开放的大学数据库中规模最大的之一，它收集了 100 万个图像）。孙晨等人（2017）在实证层面展示了数据的规模不断扩大时，研究取得的成果也显著提升。从直觉判断，这一研究结果是合理的，但很难进行大规模验证。

跨学科。对神经网络开展研究需要一个跨学科团队。学科领域的专家（如机器翻译中的语言学家）对需要解决的问题提出定义并评估研究成果；统计学家设计算法，并对算法的误差范围和优化过程建立理论学说；计算机科学家在使用算法的过程中努力提高其效率。《谷歌翻译》（Google Translate Paper）这篇论文有

31 位合著者，其中不少都是各自领域里的翘楚，这完全在意料之中（Wu et al.，2016）。看起来在这个领域里，大学研究与企业研究渐行渐远是大势所趋：哈特曼和汉克尔（2019）研究了 2011 年至 2018 年五次顶尖机器学习会议上发表的论文。笔者采用马克斯（Marx，2019）的数据核查了这些论文平均的合著者人数，发现大企业的研究成果平均由 4.3 个人共同执笔，而中小企业的研究成果平均由 3.4 个人共同执笔，前者比后者多出近一个人。[17]在合著者不足 11 人的论文中，大企业发表的论文占到总量的 10%（合著者不足 11 人的论文共有 20 989 篇，其中有 2 168 篇是由大企业发表的），不过在合著者超过 11 人的论文中，大企业发表的论文占到总量的 28%（合著者超过 11 人的论文有 79 篇，其中有 22 篇是由这些大企业发表的）。对高质量论文的研究表明，大企业与中小企业撰写论文的团队规模也表现出同样的差异。在机器学习会议上发表且引用次数排名前 10% 的文章中，企业发表的论文有 4.4 位合著者，而非企业机构发表的论文有 3.6 位合著者。对于引用次数排名前 1% 的发表论文来说，它们也表现出这个模式，即企业发表论文的合著者人数（平均每篇论文 4.4 位合著者）多于非企业机构发表论文的合著者人数（平均每篇论文 3.6 位合著者）。

辅助设备。 科学与工程学通力合作，也是"谷歌大脑"团队（Google Brain）具备的优势之一，而大学或风险资本支持的初创企业很难复制这一优势。为了执行 Quoc Le 写出的代码（Quoc Le 是谷歌翻译项目的主导科学家之一），软件工程师将他写的代码转化为谷歌刚刚开发出来的 Tensor Flow 语言，而硬件工程师调试了谷歌专有的张量处理单元（Tensor Processing Unit，以下简称 TPU）以排除故障，TPU 是谷歌为神经网络的推理任务专门开发的。[18]谷歌持续改进这些芯片，在两年的时间里开发出四代 TPU 芯片。只有麻省理工学院（开发了深度学习芯片 Eyeriss）、佐治亚理工大学、苏黎世联邦理工学院（开发了加速器 Nullhop）和印度理工学院玛德拉斯分校等少数大学对这类"人工智能加速型"芯片展开了研究，但它们的产品尚未广泛面市。

当大企业的研究（1）通用性更强、（2）与实际问题结合更紧密，而且（3）跨越多个学科时，平均来说，它们的研究对发明家的价值高于大学研究对发明家的价值。如果的确如此，那么我们应该可以观察到，获得了专利的发明家更关注企业研究，而不是大学研究。

有逸事证据表明，许多企业已经根据"谷歌大脑"团队发表的神经网络研究成果开展了后续研究。现在用 AlexNet 或 LSTM 检验自己的算法已经成为研究人员的惯例，而 AlexNet 和 LSTM 都是由谷歌不断完善的。我们发现大企业发表的机器学习论文被专利申请材料引用的频率高于其他机构/个人发表的机器学习论文：在2011 年至 2018 年，大企业发表的论文在 KDD（国际数据挖掘与知识发现大会）、AAAI（美国人工智能学会）、ICML（国际机器学习大会）、IJCAI（国际人工智能联合大会）和 NIPS（神经信息处理系统大会）发表的论文中占 12%，但它们被专利引用的次数占总量的 32%。

毕卡德（Bikard，2015）发现，对于同一项科学发现，企业发表的论文被引用的概率比大学发表的论文被引用的概率高出23%。我们还分别统计了 1980 年至 2006 年美国颁发的实用专利在文献描述部分引用企业发表的论文和大学发表的论文的情况，并对它们进行比较。我们的研究结果为毕卡德的预测补充了更宽泛的相关性证据。我们采用线性概率模型进行估算后发现，企业发表的论文被引用的可能性比大学发表的论文平均高出 11%。我们控制了质量较差的大学、"应用类"期刊或科研质量的产业差异等因素产生影响的可能性，发现之前的研究结果仍然成立。图2.12（A）形象地展现了这两类论文在引用可能性上的差异，而图2.12（B）表明从专利的引用次数看，企业发表的论文相对于大学发表的论文一阶随机占优。

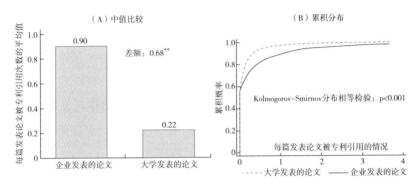

图 2.12　专利引用大学发表论文与企业发表论文的情况

　　注：本图的样本包括样本期（1980—2006 年）内，科睿维安科学网和科技会议文献引文索引（Conference Proceedings Citation Index-Science）中收录的排名前 100 的美国大学发表的论文以及样本企业发表的论文。每篇论文被专利引用的情况用 1980 年至 2014 年每篇发表论文被美国授予的企业专利和非企业专利引用的总数衡量（包括内部引用和外部引用）。图（A）对比了每篇企业发表的论文被专利引用次数的中值与每篇大学发表的论文被专利引用次数的中值。图（B）分别展示了企业发表的论文和大学发表的论文被专利申请引用次数的累积分布。每篇论文被专利引用的次数用样本中第99 个百分位的近似值表示。关于本图的分析来源于 Arora et al.（2017）。

5.1.4　大型企业实验室或许会创造出重大的外部效益

　　除了创造出其他机构/个人无法创造出来的发明创新以外，大型企业实验室还可能创造出重大的外部效益。一个众所周知的案例是施乐公司的帕洛阿尔托研究中心。它在个人计算机的硬件和软件设计方面创造出很多根本性发明，如带图形用户界面的现代个人计算机。然而，它本身并没有从这些成果中获得太多益处。

相反，这些发明多半被其他企业进行了商业化开发，其中最知名的是苹果和微软。尽管施乐公司显然未能将其创造力十足的实验室给它带来的利益完全内部化（受这些科研成果影响的产业与施乐公司的核心业务没有关联时，这种情况表现得更加显著），但几乎不可否认的是这些发明产生了巨大的社会效益。现在苹果和微软的市值加起来已经超过 1.6 万亿美元。

企业实验室可能产生的另外一类外部效益是分拆活动。克莱珀（Klepper，2015）系统地说明了分拆在美国创新生态体系中的重要性。他发现在很多高科技产业中（如早年间的汽车业、半导体业和激光业），分拆企业的表现都极为抢眼。阿格拉瓦尔等人（Agrawal et al.，2014）还发现，如果某个地区有众多获得专利的小规模实体与至少一家获得专利的大规模实体共存，那么当地的创新溢价极高。

这项分析有一个出乎意料的含义，即领先企业及其实验室管理不当有时反而是好事。仙童半导体公司和得州仪器之间的比较很有启发性。得州仪器的管理能力远远强于仙童半导体公司，但分拆出来的企业也少了不少。硅谷是作为一个科技中心繁荣起来的，尽管毗邻得州仪器的达拉斯-沃斯堡地区的半导体企业集群也十分重要，但它们对经济发展的重要性远远逊于硅谷。我们可以认为，在促进多元化和创新方面，分拆企业驱动的增长远远强于经营有方的仙童半导体公司。同样，妄图集中管理或指引创新活动可能事与愿违。施乐的各个分拆企业的情形正是如此。正如有学者（Chesbrough，2002，2003）表明的，核心问题并不在于施乐最初分配给分拆企业的股权，而是它管理这些分拆企业的方式——它强迫公司的研究人员重点开发与其现有业务最接近的应用，阻止他们开展实验研究。需要再次说明的是，看起来集中控制岛（即大型企业实验室）与挤满众多初创企业和分拆企业的交易市场共存时，最有利于快速推进实验研究和经济增长。

6. 政策环境

本节简要探讨了公共政策对美国创新生态体系产生的影响。

6.1 反垄断

如第 2.2.2 节和第 3.2 节所示，过去一直激励很多大企业成立或扩大实验室的一个因素是它们在反垄断问题上受到的压力。在 20 世纪上半叶，人们担心经济力量和政治力量过度集中在占主导地位的企业手中，因此限制大企业通过并购发展壮大的能力。在此期间，如果大企业希望扩张自身规模，它们通常别无选择，只能投资于内部研发。

反垄断政策不仅激励了大企业投资于内部研发，有时还有助于技术扩散。这方面的突出案例是 1956 年司法部和美国电话电报公司就贝尔系统签署的"合意判决"（consent decree）。这是美国历史上最重要的反垄断判决（Watzinger et al., 2017）。这份判决书强迫贝尔将当时自己持有的所有专利免费提供给所有美国公司使用。因此在 1956 年，有 7 820 项专利可供公众免费使用（占到美国未到期专利总量的 1.3%）。这些专利涉及的技术多半是由贝尔系统内负责研究的子公司——贝尔实验室研发出来的。[19]

强制许可大幅提升了其他机构以贝尔的专利为基础开展后续创新的活动。瓦辛格等人（Watzinger et al., 2017）的估算研究表明，后续创新增加了 14%，对不同产业的影响不尽一致。在电信业，由于贝尔继续采用了排他性措施，所以后续创新没有大幅增长。然而，在电信以外的产业，后续创新如雨后春笋般迅速发展（增长了 21%）。这主要是受到新企业和小企业的驱动，而且它们取得的成果远远超出贝尔因激励弱化而减少的创新。瓦辛格等人在深入的案例分析中展示了这份判决书如何加速了晶体管技术的扩散，而晶体管技术是 20 世纪最重要的技术之一。

很多观察者都认定这份"合意判决"对美国在二战后的创新产生了决定性的影响，特别是创造出全新的产业。正如英特尔创始人戈登·摩尔（Gordon Moore）强调的那样，"在商业半导体业的发展史上，最重要的一个进展……是 1949 年对（贝尔系统）提起的反垄断诉讼……商业半导体业由此'切实地在美国萌芽生长'……贝尔实验室的自由许可政策和很多重要人物之间直接产生了关联，这些重要人物包括离开贝尔实验室创建了得州仪器的戈登·蒂尔，和同样离开贝尔实验室，受贝克曼仪器公司（Beckman Instruments）的支持在帕洛阿尔托创办了肖克利半导体实验室（Shockley Semiconductor）的威廉·肖克利，由此……开启了硅谷的繁荣之路"（Wessner，2001，第 86 页，转引自 Watzinger et al.，2017）。

彼得·格林德列和戴维·蒂斯（Peter Grindley and David Teece，1997）等学者对此持相同看法，"受到（反垄断政策）影响的美国电话电报公司许可政策一直是对经济发展最无人喝彩的贡献之一。考虑到它在国内外创造出来的财富，它的贡献或许远远超过'马歇尔计划'"（转引自 Watzinger et al.，2017）。

自 20 世纪 80 年代开始，企业在反垄断问题上受到的压力逐渐减弱，而且除了内部研究以外，企业还可以通过收购发展壮大。企业投资于内部研究的激励随之减弱。然而，随着谷歌、脸书和亚马逊等业界巨头持续扩张并积聚市场力量，政界对此的强烈反应和更加严苛的反垄断审查或许会卷土重来。就像杜邦和贝尔在20世纪时那样，这些新兴经济巨头或许会利用自己的研究以及它们对军事及/或地缘政治的影响，抵制咄咄逼人的反垄断措施。

6.2 《拜杜专利和商标法修正案》与大学研究

有很多政策引导了研发和商业化的进展。本节主要研究了与大学研究商业化息息相关的一项政策，即《拜杜专利和商标法修正案》。《经济学人》称它"或许是美国颁布的最激动人心的法案"。这部法案于1980年由国会推出，旨在推动大学科研的商业化进程。[20]它废除了之前美国政府对大学创新的所有权，将联邦政府资助的大学研究的所有权赋予大学。尽管我们对它能在多大程度上鼓舞科研持不可知论，但《拜杜专利和商标法修正案》不可能完全填满企业从科研中撤出后留下的缺口。

改变发明成果的产权是否会激励大学研究的商业化进程？相关证据得出的结论不尽一致。譬如，尽管1999年美国大学的专利申请率几乎是1980年的5倍，但莫维利和萨姆帕特（Mowery and Sampat，2004）发现，没有证据表明《拜杜专利和商标法修正案》导致当时的发展趋势出现结构性转变。还有学者（Ouellette and Tutt，2019）利用当时最大的数据库重新探究了一个问题：发明家从专利使用费中获得的比例较高时，是否会促进相关发明活动？他们发现官方的专利使用费分成政策提高发明家在专利许可收入中的分成占比后，并没有促使学界创造出更多专利。此外，他们还探究了大学里最活跃的专利权所有者在大学之间的流动情况。他们研究了130起横向调动，并计算了发明家在之前就职的机构和调动后的机构工作时分别从发明使用费中获得的预期比例，由此否定了一个假设，即持有专利较多的学者往往会流动到自己能获得更高专利使用费分成的学校。

与此相反，维德和琼斯（Hvide and Jones，2018）发现产权分配对创新产生了重要影响。他们探究了挪威终止"教授特权"（professor's privilege）后产生的影响。挪威推行这项改革后，原先大学研究人员完全拥有其发明所有权（即"教授特权"）的体系，彻底转向了发明者只拥有少部分产权的体系（剩下的产权归大学拥有），这和美国当前的体系完全一样。这项改革产生了事与愿违的影响完全在意料之中。发明的所有权从研究人员转移到大学后，发明的质量和数量双双下降，而且大学研究人员创建的初创企业减少了50%左右。专利申请率的下降幅度与此大体相当。挪威推行这项改革后，大学研究人员成立的初创企业相对于控制组增长放缓，大学专利被引用的次数也出现下降。总的来说，这项改革降低了研究人员持有的专利比例，看起来已经抑制了大学创新。

尽管《拜杜专利和商标法修正案》很可能提高了大学研究人员在商业化活动中的参与度，但看起来这种影响并不大。此外，它建议的机制很大程度上依靠初创企业和大学分拆企业来开发大学的发明成果，而这些企业需要得到私人投资者或风险资本的支持。这些措施不仅影响了技术进步率，而且影响了技术发展的方向。

6.3 任务导向型机构

企业实验室在美国的创新生态体系中发挥了重要作用，因为它们的研究指明了具体实际问题的解决方案。不过，重视研究成果的潜在实用性并不是企业实验室独有的特点。

马祖卡托（Mazzucato，2018，第804页）将任务导向型政策定义为"依靠前沿知识实现具体目标的系统性公共政策"。这些目标是由国立卫生研究院、国防高等研究计划署和能源高等研究计划署

（Advanced Research Projects Agency-Energy，ARPA-E）等机构提出的。在美国，任务导向型机构已经相当成熟地主导了用于科研的公共资金（Mowery，1997；Sampat，2012）。譬如2008年，仅国立卫生研究院这一家机构就资助了美国近30%的医学研究。

阿祖莱等人（Azoulay et al.，2019）探讨了研究经费中的"高等研究计划署模式"的显著特点。首先，它必须有可能围绕技术任务或一系列全局目标来组织研究方向。譬如，国防高等研究计划署的任务是"对国家安全领域的突破性技术进行关键投资"。[20]阿祖莱等人（2019，第88页）强调："对处于S曲线初始阶段的技术领域，高等研究计划署模式得到了优化，在这个阶段，技术已经出现，但相对来说无人涉足，拥有巨大的发展潜力。"由于高等研究计划署模式支持的研究以任务为导向，所以与基础研究截然不同。此外，由于它关注的不是取得递增式进展，而是实现"具有变革性的进步"，所以也不同于纯粹的应用研究。高等研究计划署资助的研究或许会将学科前沿大幅向前推进，但这只是它在实现重大技术进步这一主要目标时产生的附带结果。

为了实现这个目标，高等研究计划署这类机构与大学、政府实验室和创新生态体系中的大小企业携手合作。国防高等研究计划署的资金一直行之有效地支持了小规模科技企业的增长。这些企业迅速认识到创新对其生存的重要性，而且往往对小额资助而非大型国防合同做出更积极的反应（Mazzucato，2015）。总体上，军队采购在半导体和激光等很多科技类产业中大力推动了分拆企业和初创企业的创新活动。在20世纪60年代，国防高等研究计划署甚至资助卡内基梅隆大学等众多美国大学开设计算机科学系，支持培育科技人力资本。此外，同样重要的是，"国防高等研究计划署官员作为商业和科技的中间人，介绍大学研究人员与有志于创业的企业家相互认识；他们还帮助初创企业与风险投资人相互对接；寻找大企业对已有科技进行商业化；或者协助企业获取政府采购合同以支持科技的商业化进程"（Mazzucato，2015，第77页）。马祖卡托得出的结论是，借助这个全新的生态体系，"政府有能力在动员大企业、小企业、大学和政府实验室开展创新方面发挥领导作用"（同上，第77页）。

要想评估任务导向型机构及其资金对技术变革产生的影响绝非易事。人们一直盛赞国防高等研究计划署，因为它不仅开发出重要的军事科技（如精密武器和隐身技术），而且对很多根本性的民用创新做出了贡献，如因特网、自动语音识别、语言翻译和全球定位系统接收机。如前所述，联邦政府通过国立卫生研究院为生物医学研究提供的资金大幅上升，从1980年的25亿美元增长至2015年的290亿美元。这或许对生命科学企业做出了贡献，使它们没有像其他产业那样撤出科研力量。[2]

在大企业逐渐放弃内部研究的环境下，任务导向型机构在支持公私研究方面发挥的重要性可能日益突出。马祖卡托（2018）和阿祖莱等人（2019）就如何为任务导向型机构配备人员并组织和管理他们提出了宝贵的见解。

7. 结论

在所谓的美国资本主义"黄金年代"，大企业实验室是开展研究的重要场所，也是科技进步的重要来源。在"黄金年代"的萌芽阶段，大学研究的规模还很小（当然这是与当下的规模相比较而言的），而且它们的研究质量参差不齐。随着时间的推移，大学研究逐步壮大，并且得到联邦政府的大力支持。恰好在这一时期，在位企业拥有强大的市场力量，但受到咄咄逼人的反垄断行动的遏制（或许这远非巧合）。

尽管企业研究取得的卓越成果有目共睹，但企业研究（特别是大型企业实验室）逐渐失去投资者的青睐，最终管理者也不再重视它们。科研的中心转向大学研究和旨在利用大学实验室的科技成果实现发展的初创企业，这些初创企业往往获得风险投资的支持。企业开始从外部资源获取创意和发明成果，希望将它们与自己的下游开发能力和产业化能力相结合。

这种愿景没有完全实现，至少目前尚未实现。尽管创新分工与时俱进，不断完善，但它面对的挑战也越来越严峻。大学研究与企业研究截然不同。大学研究的任务导向性较弱，而且规模不大，往往集中于单一学科，这意味着大学研究产出的往往是见解，而且这些见解需要继续开发和探索才能得到可商用的发明成果。事实已经证明，这种模式的复杂程度和挑战性超出了人们的预期。

看起来企业研究不会重拾昔日的荣光。大企业大规模招募数据科学家、机器学习专家和经济学家的举动，似乎预言了一个完全不同的未来。笔者并不认同这一点。在一段时期内，通过摘取"低垂果实"快速取得成果的做法（如优化拍卖或广告宣传的方式）或许会掩盖问题，但是以盈利为目的的企业在管理内部的长期研究时，面对的根本性挑战仍然令人敬畏。换句话说，尽管企业雇用数据科学家和经济学家后会大幅提升自己的效率，但只有少数案例表明这么做能创造出全新的市场，而且在位企业仍然依赖外部发明推动自身的增长。因此，从长远看，大学研究仍然是此类发明的主要创意来源。如何持续开展经济实验以探寻最有效的方法，将大学的科学洞察力转化为技术进步并最终提升生产率，这一问题对未来的繁荣昌盛仍然至关重要。

第三章　创新政策与社会
效益珠联璧合

来自制药行业的证据

玛格丽特·凯尔

1. 引言

在欧洲大部分地区、日本和美国，医疗支出约占 GDP 的
10%~18%。虽然药品通常占上述开支的不到五分之一，但这一比
例一直在增长（OECD Health Statistics，2019）。从反对胰岛素过量
治疗到基因疗法的最新进展，很多药品的定价已经引发了公众的
强烈抗议以及反垄断机构的调查。虽然制药行业辩称药品高价和
药品开支属于创新的必要回报，但受人口老龄化以及政府预算吃
紧的影响，制药行业如今面临着更多来自支付方的压力，以及对
当前创新政策是否可持续的质疑。

本章概述了制药行业的各种创新政策及其在制药行业中的表
现。药品研究的成果和药品的益处相对比较容易观察和衡量，这
有助于开展实证研究。虽然药品在一些方面（特别是监管范围以

----

* Margaret K. Kyle，国立巴黎高等矿业学院（MINES Paristech）工业经济学院研究
中心经济学教授。margaret. kyle@ mines-paristech. fr. 关于鸣谢、研究支持来源，
以及作者重大财务关系的披露（如果有），请参见 https：//www. nber. org/
chapters/c14260. ack。

及政府对市场的参与程度）有别于很多其他的创新产品，但药品行业是研究最密集的行业之一，因此创新政策与这一行业息息相关。本章还强调了创新政策与其他政策，以及与其他国家的政策之间的相互作用。

1.1 药品对治疗效果的影响

2015 年美国人的预期寿命为 78 岁，而 1900 年时仅为 49 岁（Centers for Disease Control and Prevention，2015）。仅从 2000 年以来，全球的预期寿命就提高了 5.5 年，而非洲人的预期寿命则提高了 10 年以上（WHO，2018）。预期寿命的提高很大程度上得益于药品治疗，因为传染性疾病是以往导致全球死亡病例的主要原因。例如 1928 年发现的青霉素以及 20 世纪 50 年代至 70 年代发现的新抗生素，为天花、鼠疫和梅毒等很多疾病提供了治疗手段。仅 30 年代的磺胺类药物就使总体死亡率下降了 2%～3%，并使预期寿命提高了 0.4～0.7 年（Jayachandran et al.，2010）。疫苗消除了天花，而美国的儿童免疫接种计划预防了约 140 万住院病例，并避免了逾 56 000 例未成年死亡（Whitney et al.，2014）。

在治疗艾滋病和丙型肝炎方面，近期的创新也对人口健康产生了巨大影响。抗逆转录病毒药物在非洲的使用使每年的死亡率下降了 10%～20%（Reniers et al.，2014），不过有条件获得治疗的感染者仅为 53%（WHO，2009）。鉴于针对丙型肝炎的直接抗逆转录病毒药物的推出，世界卫生组织确立了到 2030 年消灭丙型肝炎的目标，该药可防止逾 60 万人死于肝硬化和肝癌（Heffernan et al.，2019）。

非传染性疾病治疗方面的进展虽然不那么引人注目，但也不容小觑。尽管癌症依然是导致美国人死亡的主因，但新的抗癌药物使美国人的预期寿命较 1996—2011 年大幅度提高（Howard et al., 2016)。卡特勒等人（Cutler et al., 2017）认为，美国人的健康预期寿命之所以较 1992—2008 年有所提高，是因为针对心血管疾病和视力问题的药品治疗在其中发挥了重要作用。

以上只是部分例子，总体而言，药品对于健康的大幅度改善功不可没。一般外科手术技术需要稀缺的技能并且往往需要从干中学，而采用药品通常成本较低（除了价格），并且对劳动力的需求也较低。诊断机器（例如磁共振成像）的制造和维修成本则更高。与其他医疗技术相比，药品比较容易分发和生产。这些特点使药品可以快速扩散（至少理论上是如此），从而实现社会效益。

1.2 创新政策是否奏效？

前述药品大获成功的例子表明创新政策达到了既定效果，至少与药品有关的政策是如此。然而，与药品改善健康相伴的是居高不下的价格。2015 年美国的人均药品开支约为 1 200 美元，为 2000 年的两倍以上。在很多 OECD 国家，药品在总体医疗开支中占五分之一以上（OECD Health Statistics）。

此外，药品开发的成本也节节攀升。2003 年有学者（DiMasi et al., 2003）估计药品的平均开发成本为 8.02 亿美元；2016 年，上述研究团队预计药品的平均开发成本为 25.58 亿美元，资本化成本年增长 8.5%（DiMasi et al., 2016）。虽然近年获批的新药数量有所增加，但人们对药品"生产力危机"（productivity crisis）的担忧已有时日（Cockburn, 2006）。

部分批评人士针对药品成本估算以及创新危机的说法提出异议（Light and Lexchin, 2012）；另一些人则认为，多数药品创新源于学术研究，而非产业界（Angell, 2004）。在美国，两党知名政客均将目标对准药品价格。佛蒙特州民主党参议员伯尼·桑德斯

（Bernie Sanders）抱怨称："起初我们花钱发明这些救命的药，之后我们又要花高价去买这些药。"[①]时任美国总统唐纳德·特朗普（Donald Trump）也发牢骚称："因为美国人花（在药品上）的钱更多，所以其他国家的人才能（在药品上）花更少的钱。"[②]

创新政策应引导药品开支流向社会回报最高的领域，这一点至关重要。笔者在此提出两个宽泛的问题。首先，在私营领域和公共领域，创新政策是否将创新努力引向了正确的目标？疾病治疗带来的社会效益各种各样，具体取决于该病的严重程度和普遍程度，而找到疾病治疗办法的成本也各不相同。就某一疾病而言，部分药品的治疗价值可能高于其他药品。其次，相关研究是由合适的机构开展还是由个人开展？各实验室水平参差不齐，创造能力也不尽相同。能否选择合适的创新政策取决于不同类型市场摩擦和信息问题的重要性。

2. 创新政策

长期以来分析师都认为创新方面的投资未达到社会最优水平。由于创新往往会产生溢出效应，发明者（或投资者）也无法计算其努力带来的外部性。此外，发明者一般对自己的水平有自知之明，而外行的投资者未必能够辨别发明者孰优孰劣。资助的发明者水平不行这种可能性是存在的，这往往会带来投资不足的问题。总体而言，创新政策如要解决市场失灵问题，要么提高创新的预期（私人）回报，要么对创新的投资成本进行补贴。

2.1 拉动政策

拉动政策主要解决发明者的预期收入问题。在有溢出效应的情况下，发明者获得的个人回报可能会远低于其发明产生的社会效益。在药品研究中，个人回报和社会回报可能存在天壤之别。安全有效的分子一旦被发现，仿制就比较容易实现，药品生产的边际成本通常低于药品开发的固定成本。因此在缺乏政策干预的情况下，一种抗癌药品不太可能给私人带来多少盈利。药品行业最重要的拉动政策便是专利保护和数据专属权。有了专利保护的尚方宝剑，发明者可以阻止竞争对手在专利保护期内生产相同的产品。而有了数据专属权，竞争对手在一段固定的时间内便不能利用药品原始研发机构向监管当局提供的临床证据。专利保护和数据专属条款平衡了静态成本和动态收益。专利保护和数据专属条款赋予了发明者市场势力，发明者可以通过提高价格或减少产出弥补静态成本。而创新动力的增强则带来了动态效益。

2.1.1 基本假设

上述拉动政策以多个重要假设为基础。首先，产品市场必须运行良好，这样私人收益才能与社会收益相一致。也就是说，治疗负担较重的疾病应比治疗小病带来更多的利润；对于某种具体的疾病，最有效的疗法应比效果不佳的疗法带来更多的利润。正如墨菲和托佩尔（Murphy and Topel, 2007）所说，医疗市场失灵有可能降低医疗创新带来的效益。

相对于并不严重的疾病，如果人们愿意为治疗负担较高的疾病（例如癌症和心血管疾病）付出更多费用，并且这种支付意愿体现在更高的价格和利润上，那么我们可以预见研发将得到恰当的引导。然而，一些国家（特别是较贫困的国家）缺乏保险制度，政府也没有承担起购买药品的重要角色，这通常意味着创新药没有市场。如果没有医保或者没有能力借钱负担医疗费，那么多数病人就无法支付这些医疗费用（有时就算接近成本价也无力支付）。一些疾病被忽视就是因为私人没有动力去开发治疗方案，这类疾病便是拉动政策因产品市场问题而无法起作用的例子。与之相关的还有罕见病，由于预期利润较低，药品市场范围极小的罕见病无法吸引研发力量。

如果将医疗价值同利润挂钩，则药品的质量应当易于观察到。价格应当反映质量的差别，如此才能实现消费的最优选择。这种情况或许适用于某些药品，但对新颖的药品疗法则未必适用。药品通常是经验品或信任品（experience or credence goods），仅从外观无法判断其质量。鉴于医药生产者和消费者之间存在信息不对称，美国食品药品监督管理局及其他国家的相应管理机构均对药品准入严格把关。多数情况下想要获得新药需要医师的药方，因为监管机构和医疗专家认为多数患者对适当的治疗并不十分清楚。然而，即便有准入管理和医疗专家的介入，药品的质量和副作用依然有一定程度的不确定性。研究人员会继续为旧药寻找新的用法，人们也会随着时间推移逐渐了解药品的不良反应。

另一种性质的信息不对称（即有不同治疗需求的消费者之间的信息不对称，治疗需求有可能是私人信息）可在一定程度上导致疫苗等预防类产品供应不足。如克雷默和斯奈德（Kremer and Snyder，2003）的研究所示，向业已患病人士出售的药品的信息不对称较少（信息不对称使生产者可以获得更多的消费者剩余）。此外，由于疫苗可以防止疾病广泛传播，疫苗的使用会导致其需求减少。以上两个因素意味着药品治疗的利润高于疫苗，但疫苗带来的社会价值可能更大。

药品市场还存在多个潜在的代理问题。就处方药而言，医生首先会选择对患者最佳的成分。在美国和欧洲，医生一般不出售自己所开处方中的药品。开处方和配药分开降低了医生罔顾患者最佳利益、为钱开处方的概率。不过处方医生的选择未必不受其他因素的影响，特别是市场营销。此外还有医药公司花钱请医生吃饭、举办讲座，这些现象均引起人们对利益冲突的担忧，这种利益冲突可导致对药品的过度使用（例如抗生素）或不当使用（例如阿片类药物）。

有医保作为后盾也会导致代理问题。道德风险或导致对（特别昂贵的）药品的过度消费：处方医生对其推荐的治疗方案的价格未必敏感，而药价也并不总是完全由消费者买单。专利通常会赋予生产者市场势力，而处方医生和消费者又对价格不敏感，这两个因素共同导致市场接受了高价药。因此，为药品买单的一方以及保险公司采取抵制措施以遏制药价。例如英国和德国等国采用医师药品预算来引导医生多采用价格不那么昂贵的治疗方案。对于一些不具有成本效益的药品，一些国家可能会拒绝将其纳入医保范围。不过这样做可能使患者和支付方的利益无法很好地保持一致。单个患者对评估成本效益的标准可能会有不同的考虑，特别是那些衡量临床效果有难度的标准，例如使用标准的便利或容易程度。对于那些短期成本较高但可带来长期收益的药品，私营保险公司可能并不愿意给予保障，因为如果消费者更换保险公司，则上述收益（体现为后期开支减少）就会让竞争对手坐收渔翁之利。

很多国家的政府在医疗保健市场中扮演重要角色（包括定价），这可能会影响产品市场的效率。在大多数发达国家，政府是买方垄断市场中的买方，而非价格的接受者。在一个只有单一支付方（single-payer）的系统中，支付方更有动力将预防带来的长期益处变为己有。然而，单一支付方享有更大的议价能力也会带来其他问题。由于在价格谈判时药品的开发成本已经发生，因此只要药价能覆盖边际成本，生产者就会同意以任意价格出售药品。因此即便生产者拥有市场势力，政府也可以要挟生产者，而生产者则有可能因此减少投资。有长远眼光的政府会意识到创新动力下降带来的长期后果，只是这些后果较难觉察或衡量，而通过高额奖励创新产生的当前预算支出是看得见摸得着的。与很多其他政策一样，杀鸡取卵很有可能付出巨大代价。

面对其他国家激发的创新动力，一些国家的政府或许也想搭便车。通过提高价格和产量以奖励创新的做法只有在利润增加可以打动生产者的情况下才能奏效。在全球市场，和大多数创新药的情况一样，多数国家在此类药品的全球利润中仅占很小的一部分。因此单方面改变创新政策不太可能使利润格局发生足够大的变化，进而带来投资的变化。

拉动政策将投资任务交给了私人领域。研发通常属于高风险业务，因为新药开发项目中最终只有少量新药能够获批。而且新药开发期限较长，通常都在 10 年或 10 年以上，并且需要大量投资。拉动政策的效果很大程度上取决于资本市场是否愿意为这类高风险投资提供资金。

在药品开发过程中，信息不对称始终存在。也就是说，从事药品开发的科学家和研究人员可能比公司管理层、风投资本家或股东更清楚药品的质量。如前所述，这种信息不对称以及花钱买次品的风险或许会导致次优数量的投资。

企业内部的信息不对称程度要低于企业与外部投资者之间的信息不对称程度，因为企业内部的管理人员可以运用组织设计来加强信息沟通，并使大家齐心协力。因此将现有的现金流作为内部融资的成本通常比外部融资要低，因为外部人士会要求溢价以弥补其信息劣势。因此，与小型初创企业相比，拉动政策或许对大型老牌企业更加有利，因为大型企业可以更多地依靠内部融资，而缺乏收入的初创企业别无选择，只能寻求外部融资。

制药行业的外部融资有两大来源。活跃的风险投资市场对小企业进入制药行业并存续下去至关重要。风险投资机构一般会聘请具有必要专业知识的科学家帮助企业剔除不可靠的项目或者降低信息不对称，而且风险投资机构还可以通过构建投资组合对冲风险。不过无论是在美国国内还是在国外，各地能否获得风险投资的差别很大。

很多年轻企业获取资金的另一个来源是许可收入，更通俗一点说就是依靠技术市场的办法。整个开发过程中对候选药品的一路付出、之后在复杂监管审批过程中的披荆斩棘，这些都需要工夫，新生的小企业想要获得这样的实力成本太高。而大型企业和老牌企业在此类活动中不仅可以凭借经验、规模经济和范围经济获得益处，而且可以将这些成本分摊到大量产品上。如果小型初创企业将前景光明的候选药品授权给大型老牌企业，则通常可以带来收益。小企业有了授权收入就可以继续开展投资，而大企业则能以更低成本开发候选药品。

依靠技术市场可以增强拉动政策的效果，但这样做本身也有很多问题。除了信息不对称问题，人们也越来越担心一些授权活动以及对初创企业的收购有可能带来反竞争后果。买方市场势力的增强还会压制授权价格，进而削弱初创企业投资的动力。买方市场势力增强或许是近几十年来并购潮的结果。

2.1.2 专利

很少有行业像制药行业这样倚重专利。这不仅是因为药品仿制比很多其他技术更容易实现，而且因为安全规定阻止了商业秘密的使用。

在专利保护期（世贸组织成员的专利保护期至少为 20 年）上搞一刀切会带来局限性，有时专利会变成一种反应迟钝的政策工具。技术在其开发期内往往变化很大。对制药行业来说，20 年或许是一个合理的保护期限，因为平均而言药品需要 10~12 年才能走向市场。而对其他行业来说，一项技术可能短短几年就会过时。更为复杂的情况是多重专利的使用，即一种药品可能会同时受到一项主要专利外加多项次要专利的保护，而这些次要专利在发明上的进步要小得多，但每一项都能增加整整 20 年的保护期。虽然一些专利可以体现出临床上有价值的增量创新，但事实上这一专利制度并未体现出重大突破和微小进步之间的差别，这可能会促使企业将重点过多地放在微小进步上。

从以往来看，制药专利并没有出现多少像电信等行业那样的问题。在电信行业，重叠的专利权利要求（overlapping claims）导致知识产权不明，处理起来十分棘手。[3]在信息与通信技术领域，专利诉讼往往涉及拥有大量专利组合的企业，并且交叉许可（cross-licensing）的情况十分普遍。相比之下，制药行业的专利纷争大多发生在专利所有者（创新或发明机构）与仿制药企业之间，这些仿制药企业缺乏专利且与专利所有者存在竞争关系。次要专利使用的增加令竞争保护当局担心，这种行为会使仿制药竞争推后。次要专利更有可能失效，也可能是打擦边球（invent around），因此往往较弱，但次要专利的存在给创新者以及仿制药行业的进入者带来了法律上的变数。因此，概率专利（probabilistic patent）* 以及所有与之相关的问题也成了制药行业

---

* 概率专利是指在实际情形中，专利可能会因为人们或执法当局并不真正了解专利的价值而被判无效，使专利只能是概率意义上的权利。——译注

的一个问题。

专利还服务于另一个重要目的，这一目的与创新动力无关，而与技术市场的运作直接相关。如果没有专利，那么根据阿罗信息悖论（Arrow's information paradox），知识产品（即候选药品）市场可能会无法运转。这里所说的情况即信息披露问题，导致这一问题的原因在于产品的质量如何只有创意的卖方知道。而买方自然想要先进行一些求证才会同意成交。但是这样做往往会透露很多有关该创意的信息，而买方一旦掌握则不必再为此付费，如此一来交易便永远不会达成。而专利提供了阻止其他人使用某一发明的权利，使卖方能够披露创新的相关信息。

制药行业一直主张在发展中国家加强专利权（并且取得了成功），为此还特别将这些国家纳入贸易协定。不过让这些国家加入贸易协定还有一个原因，即让它们承诺执行一项拉动政策可以减少国家之间搭便车的现象。这一观点并没有被普遍接受，一些人反对将专利作为创新政策工具的主要原因在于，要想在静态成本和动态收益之间取得恰当的平衡是有难度的，国与国之间在这方面也有差异。

2.1.3 数据和市场专属权

另一种拉动政策是使用数据或市场专属权（market exclusivity）条款。在实践中，这类形式的监管保护并不是要取代专利，而是专利的补充，是与专利并行使用的。这其中的经济逻辑是相似的，创新药品的开发者在（法律上有限的）一段时间内享有市场专属权，在此期间可以有机会弥补研发成本。在美国，化学新药（NCE）享有 5 年的专属期，生物制剂享有 12 年的专属期。在加拿大，化学新药和生物制剂享有 8 年的专属期。在欧盟，专属期为 10 年。多数国家还可以延长儿科临床试验药品和孤儿药的专属期。

虽然专利期从申请之日算起（一般在药品开发之初），但专属期则从产品获得上市许可开始算起。因此在开发方面需要更多时间的药品不会因为专利保护期缩短而受到不利影响。此外，如果某种药品无法获得专利保护（例如药品分子并不新的情况），数据专属权也可激励人们开发有潜在价值的药品新用法。多重次要专利带来的保护的有效性和保护力度往往是未知数，相比之下，专属权条款在法律上更加明确。

如前所述，《与贸易有关的知识产权协定》要求至少20年的专利保护期，这使专利期限难以与创新价值挂钩，而且在药品开发之初提交专利申请时，创新的价值也很难评估。相比之下，专属权条款则提供了更多的灵活性。有了专属权条款之后，则无须动用大规模的多边贸易协定，并且药品的临床试验一旦完成，更多关于新药价值的信息便被披露。不过现阶段，各国很少将专属权与新药价值更紧密地挂钩。[④]

2.1.4 奖励

无论是专利还是数据专属权均将研发与市场回报相挂钩。如前所述，药品市场运行并不完美，这限制了上述激励机制的效果，但不会限制其静态成本。这对发展中国家尤其成问题。通常情况下，发展中国家的医保是有限的，其出资能力也是有限的。对于对富裕国家影响很大的疾病，企业往往有动力开发治疗方案；而对于负担主要落在穷国的疾病，专利和专属权也无法起到拉动作用。

针对产品市场问题导致专利保护和专属权无法奏效的情况，克雷默和格伦纳斯特（Kremer and Glennerster，2004）以及洛夫（Love，2011）等人提出采用奖励创新或提前做出市场承诺

（advanced market commitment）的办法来破解这一难题。按照上述办法，企业不追求由不确定的专利条款、价格和数量决定的利润，而是在获得最低回报的保障下开展投资，例如给予奖励，或提前做出按预定价格购买一定数量产品的市场承诺。不过需要注意的是，这种奖励依然需要资本市场运行良好。

在推动利润与创新激励脱钩的过程中，奖励政策不能依赖市场分散化提供的汇总信息（虽然在这方面做得并不好的市场又恰恰最需要这些奖励）。相反，奖励多少必须由专家确定并得到出资者的同意。从这个意义上说，奖励政策的信息要求与政府资助的信息要求类似。与政府资助的情形一样，在奖励政策中，搭便车的可能性也不容小觑，奖励政策带来的创新有可能会被未贡献财力的国家不劳而获。

2.1.5 经验证据

大量证据表明，制药企业会针对预期利润的变化调整对治疗各类疾病的创新进行投资。例如阿西莫格鲁和林恩等人（Acemoglu and Linn，2004；de Mouzon et al.，2015）根据不同疾病的年龄分布变化发现，新药推出的数量会随市场规模而增加。缺乏大规模市场确实是罕见病的症结所在（Lichtenberg and Waldfogel，2009）。在某些情况下，政府政策可催生需求，例如政策指示或推荐使用疫苗可导致美国疫苗开发数量剧增（Finkelstein，2004）。布鲁姆-科豪特和苏德（Blume-Kohout and Sood，2013）则发现，美国联邦医疗保险 D 部分（Medicare Part D）的推出使更多老年人用药能享受医疗保险，从而导致药品开发增加。不过由此带来的创新的价值通常难以衡量。德拉诺夫等人（Dranove et al.，2014）认为，医疗保险 D 部分扩大了医保覆盖范围，而由此激发的创新努力集中在已有药品治疗的疾病领域，因此医疗保险 D 部分可能并没有产生多大的社会效益。

更一般地说，药品需求并不仅仅取决于疾病的发生率。患者和医师需要知道新药的成本和收益，而保险机构也必须愿意支付。在总结药品创新价值的实验证据时，加思韦特和杜根（Garthwaite and Duggan，2012）认为，总体而言药物创新在医疗保健方面带来了很大的收益，只是未必能抵消成本。杜根（2005）的研究显示，花在抗精神病类药品上的开支并没有降低其他医疗服务方面的开支，而在抗逆转录病毒药品上的情形则相反（Duggan and Evans，2008）。杜根和埃文斯（Duggan and Evans，2008）认为，在评估新药带来的好处时应考虑非医疗方面的好处，如生产率的提高或生活质量的改善。加思韦特（2012）发现，Cox-2 抑制剂大大提高了劳动参与率。对于需要评估成本效益的医疗科技机构或保险机构而言，这构成了一个难题。虽然人们对如何衡量临床效益可以达成（大多数）共识，但在衡量其他益处方面，人们的看法并没有那么一致；在美国，私人保险公司就不一定能享受到新药带来的经济好处。卡特勒等人（2007）认为，高血压药品的收益与成本之比超过 6，确实应当进一步广泛使用。他们还认为，高血压药品使用不足主要是因为医疗系统其他方面的问题导致药品市场效率低下，"当前有效药品使用不足，私人保险计划不太可能承担由此带来的成本"。

尽管当前有大量关于成本收益的文献指导着医疗决策，但我们仍对医疗创新的回报知之甚少。例如，临床上表现优异的药品是否可以获得更高的利润？这方面是否会因国家不同而有所区别？例如美国更多地采用市场化定价，而有些国家则是政府参与定价更多。针对具有较大附加值的药品以及仅较现有药品略有改进的药品，凯尔（Kyle，2018）采用法国卫生部用来衡量医疗价值的指标比较了两类药品的回报。从全球看，得分较高的药品获得的收入更高，因为这些药品推广到更多的国家，而在本地这些药品一般也占有较高的市场份额。但是在被考察的五大市场中，价格和收入均与医疗价值没有多大关系。凯尔等人（2017）的研究还显示，与其他市场相比，美国采用最有医疗价值的药品速度较慢。这表明关于产品质量的信息传播得比较慢，也有可能是在价格谈判中被支付方忽略。

与此相关的问题是，医患关系中的代理问题会导致需求失真，从而对激励造成不利影响。在美国和欧洲，开处方和配药通常是分开的，这导致医生缺乏动力了解价格并对价格做出反应。在医生能从开处方中获利的市场，有明确的证据显示医生会将需求引到能给他们带来高利润的产品上。饭冢（Iizuka, 2007, 2012）的研究证实日本存在上述倾向，这样做不仅影响患者的福祉，还影响政府的开支。在美国，如果在办公室开处方的医生转而采用利润较高的药品，则可以获得更高的收入。雅各布森等人（Jacobson et al., 2010）的研究显示，开出化学治疗方案的可能性以及所用化学治疗方案的类型均会随着医保方案规定的付费比例而变化。虽然上述研究都没有关注创新努力性方面的反应，但根据药品研究对预期利润的反应，我们有理由判断这些扭曲现象将对投资行为产生一定的影响。

制药公司可能会积极开展宣传和营销，利用上述代理问题谋利，这成为相关人士的一大担忧。众多研究表明，医生有可能并不完全了解情况，并且其开药习惯通常也是一成不变的（Azoulay, 2002; Janakiraman et al., 2008; Epstein and Ketcham, 2014），这会提高更好的新药进入市场的壁垒，因为劝说医生做出改变需要投以重金。在美国，阿片类药品危机已经促使人们进一步关注开处方者收受制药商回扣的现象。例如费尔南德斯和泽西罗维奇（Fernandez and Zejcirovic, 2018）的研究显示，收受阿片类制药公司回扣的医生往往会开具更多此类药品。虽然营销带来的因果影响很难确定，但营销对创新有两方面的潜在影响。扩大市场的促销活动可催生某类药品的更多需求，从而吸引更多针对该疾病的研发。如果市场营销的动机与社会价值紧密相关，则对（社会）福利有利；当然如果市场营销中存在误导或者医师对其中的风险不甚了解，则会出现相反的结果。类似地，偷生意式（business stealing）营销也会带来正面或负面的影响，具体取决于需求是否转向临床效果更佳的药品。

如前所述，制药行业具有的一些特征，特别是药品开发方面的大量沉没成本以及较低的仿制成本，意味着专利保护的重要性。大量实证研究已经证明，制药行业的创新努力与知识产权息息相关。威廉姆斯（Williams, 2016）阐述了这一领域的实证研究面临的挑战，但大多数研究发现，无论是专利还是监管机构授予的其他类型的专属权，增强专属性都会带来更多的创新努力。例如凯尔和麦加汉（Kyle and McGahan, 2012）发现，随着各国逐渐遵守《与贸易有关的知识产权协定》，一些药品的专利保护市场规模发生了变化，制药企业针对这些疾病开展了更多相关的临床试验。1983 年的美国《孤儿药法案》（Orphan Drug Act）包含了延长孤儿药市场专属期的内容，同样鼓励了针对罕见病的药品创新活动（Yin, 2008）。在微观层面，盖斯勒和瓦格纳（Gaessler and Wagner, 2019）的研究显示，制药企业从事药品开发项目的意愿会受到预期的市场专属期的影响。固定的保护期限会扭曲激励。布迪什等人（Budish et al., 2015）的研究显示，企业通常青睐开发期较短，进入市场后还能保持较长专利保护期的药品。

专利和其他形式的专属权虽然在制药行业很重要，但远非完美无缺的政策工具。实现专利的私人价值与社会效应的统一是一个难题，这一困境并不仅限于制药行业，其他行业也是如此（可参见 Scott Morton and Shapiro，2016，以及本书中由他们撰写的章节）。不过，制药行业是为数不多的社会价值可通过一定指标衡量（在对医疗价值或临床效用的评估中）的行业之一。遗憾的是，评估结果并不理想。艾布拉姆斯和桑帕特（Abrams and Sampat，2019）考察了专利引用（专利价值的常用衡量指标）与专利保护下的药品的医疗价值指标之间的关系，发现二者仅存在较弱的关系。类似的情况还有，一种药品的专利数量与其医疗价值也不相关（Kyle，2018）。由于在申请专利时有关药品临床价值的信息相对较少，并且在多数国家临床价值也不是获得专利的标准，因此出现上述结果也不足为奇。[5]

在关于制药行业的医疗经济学文献中，还有一个受关注不多且不易被察觉的问题，即企业规模以及技术市场如何影响创新。一些作者发现，受规模经济和/或范围经济影响，规模在药品研发中是一种优势（Cockburn and Henderson，2001）。另一些作者则认为这种优势体现在后期开发阶段，在这一阶段拥有全球临床试验网络或许更加重要（Grabowski and Kyle，2012）。就小企业而言，盖吉和沙夫斯坦（Guedj and Scharfstein，2004）认为内部代理问题使企业经理不愿结束没有前途的药品开发项目，这会降低生产率。对并购政策来说，解决上述问题十分重要，因为竞争监管当局除了关注并购对消费者福利的影响之外，也越来越关注并购对创新的影响。近期有两项实证研究特别重要。豪卡普和斯蒂贝尔（Haucap and Stiebale，2019）发现，欧洲的制药行业在并购之后的研发成果减少。坎宁安（Cunningham et al.，2019）的研究则显示，企业在收购较小企业之后往往会终止与本企业内部项目存在竞争关系的药品开发项目。

作为并购的替代（或前兆），授权许可这一方式在制药行业被广泛运用。如果企业规模大到足以在药品开发的不同阶段均可带来生产率优势，那么利用技术市场可提高整个行业的效率。但摩擦显然依旧存在。尽管信息不对称可在一定程度上通过经验克服（Danzon et al.，2005），但信息不对称还是有可能影响技术转化的节奏，进而削弱效率提高的程度（Allain et al.，2015）。

当然新生的小企业并不仅仅依靠许可收入获得研发资金，它们首先依靠的是风险资本。克里格等人（Krieger et al.，2018）的研究显示，融资问题影响制药公司开展高风险新项目投资的意愿。不过上述发现与卡普兰（Kaplan，2018）的研究有些矛盾，卡普兰认为，尽管人们担心企业过于短视（因此投资于高风险研发项目的可能性不高），但长期看，风险资本的出资和回报情况并未显示企业投资过少。

2.2 推动政策

引入推动政策是为了降低创新的成本。此类政策包括：通过美国国立卫生研究院这样的官方实验机构直接开展研究，希望借此产生溢出效应从而惠及私人领域；为学术研究人员提供直接拨款和补助；更普遍的方式是对私人领域的研发开支给予税收抵免。大卫等人（David et al.，2000）更详细地阐述了政府通过此类政策支持研发的理由。

2.2.1 **基本假设**

如前所述，药品市场或资本市场效率低下可能影响拉动政策的有效性。在这种情况下或许更适合采用推动政策。例如，在开发新药的私人价值远低于社会价值的情况下，政府资助的研究可发挥重要作用。换言之，如果资本市场在研究初期投资不足（这样就很难获得专利），那么来自政府拨款的支持就十分重要。但是，推动政策也有一些重要的假设。拉动政策依靠市场信号来配置研发努力，而在实施推动政策的过程中，政府扮演着更为直接的角色。因此政府必须很好地发挥作用。此外，信息成本也应当相对较低，此类成本主要涉及以下活动：发现存在创新需求的领域；为这些领域寻找最能出成果的研究人员；确保资金有效使用。

政府资金应如何在各类疾病中分配？利希滕贝格（Lichtenberg，2001）提出了一个模型，在该模型中，社会计划者的开支取决于每种疾病的负担及对该病的科学了解。其他方法则考虑了政府资金对私人研究产生"挤出效应"的可能性；假如治疗癌症可带来不菲的利润，那么政府在这方面拿出的开支只需要达到私人领域愿意投资的金额即可，有可能的话甚至还可以降低这一金额（例如通过提高科学家的薪资）。还有人主张，政府支持在早期基础研究中最重要，早期基础研究可产生最大的溢出效应，但此时能吸引到的私人投资比较少。

实际上要评估某种具体疾病的科研需求和科研生产率是一个挑战，并且这也并不总是由博学多识的专家说了算。例如在美国，国立卫生研究院的预算以及预算如何开支方面的一些问题均由国会说了算，因此会受到游说势力或其他利益相关方的影响。国立卫生研究院中负责向申请人分配预算的委员会难免会有倾向性。因此，推动式资助（push funding）的效率主要取决于上述利益与社会利益之间的一致程度。

推动式资助可以用于政府实验室开展的研究，也可以用于外部研究人员。目前美国国立卫生研究院是全球医疗研究领域最大的资助机构，对外提供的资助约占80%。[⑥]与风险投资一样，政府资助机构也必须面对相关信息不为人知（企业或申请人的实力可能难以了解，而最合适的资助对象未必容易被发现）以及落实情况不明（资助对象的努力情况难以监测）的问题。采用专家委员会来评估申请人，可在一定程度上减少相关信息不为人知的问题，而审计和明确定义的里程碑则可以减少落实情况不明的问题。但实行这两项措施均需要一定的成本。相关的行政负担不可忽视；关于潜在资助对象出成果的真实能力，由于在这方面存在信息不对称，出资方可能会依靠信誉来判断，这导致资金低效地集中在地位较高的机构（Fraja，2016）。专家委员会可能也会有倾向性。此外，资助对象未必愿意披露那些会导致减少对其资助的信息，哪怕这些资金用在别的地方能带来更多成果。

当然政府资助机构的目标职能可能不同于风险资本家，例如政府资助机构希望能最大程度地实现溢出效应而非利润，在时间期限和风险容忍度上，政府资助机构也有别于风险资本家。此外，政府资助机构还面临着不同的约束。多数政府资助都预留给本国居民，这限制了潜在申请人的范围。性别、种族或地区代表性等其他考虑也是决定资助分配的因素。

政府资助机构与风险资本家还有一个重要的差别，即风险资本家如果不能处理好信息不明和落实情况不明的问题，则将受到市场惩罚。而政府资助机构的担责则不那么明显，并且可能会因国别和时间不同而有所不同。推动政策和拉动政策在风险分担上存在不同。和很多其他高科技行业一样，制药行业的研发具有较高的失败率。如果采用拉动政策，则大部分风险由私人部门承担；而政府只需要以较高的价格或奖励为成功的研发结果买单。如果采用推动政策，则政府必须为失败买单。基础科学带来的收益往往需要多年才能实现，而且这种收益究竟来源于哪一项具体的资助也很难分辨。正如大卫等人（2000）告诫的那样，对政府施加展现投资回报的压力也许会改变其押注高风险项目的意愿。政府很有可能会将眼光放在经济表现的短期指标上，资助那些已经成功在望（而且不那么需要钱）的项目，而不是能够产生最大社会效益的项目。

最后，推动式资助是否能发挥效果关键取决于机构之间，特别是学术界（或公共资金接受方）和产业界（后期的开发、生产和营销）之间技术和想法的转化。有大量文献研究了大学里的知识转化为商业产品过程中的"死亡之谷"（valley of death）问题及面临的各种困难。制药技术或许比很多其他技术更容易转化，因为制药行业的专利权相当明晰，商业应用也容易确定。《拜杜法案》等法律和大学层面的政策深刻地影响着研究人员，他们会想方设法寻求技术转化和商业化的机会。

2.2.2 经验证据

医疗研究推动式资助在实际中是如何分配的？美国政府问责局（Government Accountability Office，2014）说明了国立卫生研究院如何做出预算决策。美国国会除了设定国立卫生研究院的总预算之外，也会规定对于具体疾病的开支。之后则由国立卫生研究院的管理人员根据科研需求和机会、疾病的费用负担以及公共医疗需求来确定出资水平。专家委员会则基于申请的同行评议来遴选资助对象。当然私人领域的资助可能也会采用类似的标准，具体取决于前文讨论拉动政策时提到的诸多因素。但是也有部分证据表明，公共资金和私人资金的目标不同。沃德和德拉诺夫（Ward and Dranove，1995）发现，公共研究资金针对的疾病具有如下特点：影响人群较小，但严重程度超过私人领域倾向于为其提供研究经费的那些疾病，尽管《孤儿药法案》提高了开发孤儿药的私人回报。

遗憾的是，决定资金分配的因素并不完全符合政府实现社会效益最大化的理念。利希滕贝格（2001）的研究发现，疾病负担大体上解释了国立卫生研究院的资金分配行为，并且有证据表明公共研发对白人和男性的需求响应更积极。海格德（Hegde，2009）研究了国会在引导研究方面的作用，结果表明国会代表将资金预留给了最有可能使其选民受益的研究领域，州立大学和小型企业从中受益最大。这一发现具有两层含义：首先，研究（哪些）领域不仅取决于需求；其次，选择资助对象依据的不仅是其长处。因此，即便开展了同行评议，机构之间的资金分配也不太可能完全有效。

国立卫生研究院及其他资助机构如何选择资助对象是近期"科学之学"（Science of Science）研究的焦点。琼斯（2011）的研究发现，资助资金会向年纪偏大的资深研究人士及其研究团队倾斜。上述趋势有可能会多方面地影响推动式资助的成效。由于筹资困难，年轻研究人员得不到鼓励，他们有可能因此退出科学研究或学术界，这将影响未来几十年的科学家数量和质量。此外，由于评估人员的专业知识越来越窄，国立卫生研究院的各委员会对资助的评估可能会受到不利影响。最后，研究团队还需要面对成本高昂的道德风险问题。推动式资助的回报或许因上述原因而下降。

阿祖莱等人（Azoulay et al.，2013）尤其关注国立卫生研究院的同行评议过程。他们也认为，偏向年长科学家的倾向是有问题的。此外，国立卫生研究院在申请选择上过度规避风险也令人担忧。霍华德·休斯医学研究所（The Howard Hughes Medical

Institute，HHMI）和高级研究计划局（Advanced Research Projects Agency）等机构采用的其他资金分配模式或许比较可取（Azoulay et al.，2011，2019a）。

有学者（Li，2017）的研究则对国立卫生研究院各委员会的做法给出了比较乐观的结论。他认为，国立卫生研究院各委员会的委员存在倾向性，偏好他们自己的研究领域，但专家意见依然占主导：他们更了解相关领域，能够挑选出最优项目。另有研究（Li and Agha，2015）显示，国立卫生研究院同行评议的评分与衡量研究影响的其他指标存在正相关关系。

一些人研究了国立卫生研究院资助的影响，总体而言其研究结果令人鼓舞。科伯恩和亨德森（Cockburn and Henderson，2000）的调查发现，医疗研究方面的公共投资有相当高的回报；政府的努力和民间的努力相辅相成：公共实验室、私人实验室以及其他地方的研究均产生了溢出效应。图尔（Toole，2007）的研究也发现，私人部门的医药研发投资对国立卫生研究院的公共开支形成了补充，而国立卫生研究院在药品开发早期的贡献最重要（Toole，2012）。上述发现与早先沃德和德拉诺夫（1995）的研究结果一致；布鲁姆和科豪特（2012）并未发现国立卫生研究院的定向资助对后期开发有重大的正面影响，但证实了其他研究中关于国立卫生研究院资助对早期研究的影响。根据国立卫生研究院资助流程的特征，阿祖莱等人（2019b）采用识别策略发现，国立卫生研究院的资助推动了私人部门的专利申请。

总体而言，并没有多少证据表明公共资助对私人部门的投资产生了"挤出效应"。但是别忘了，旨在医疗创新的政府资助主要是为了让私人部门做出更多努力，而不是填补被行业忽视的疾病空白。例如，由于政府很少为三期临床试验阶段的开发以及药品制造提供资金，大多数由公共资金发起的药品开发仍需要经过向私人部门的技术转让才能进入市场。这种转让并非总是一帆风顺。近期美军开发寨卡疫苗的案例就说明了其中的一些问题。美国政府就寨卡疫苗生产权开展的招标只吸引了赛诺菲（Sanofi）这一家公司。受政治压力影响，在美国寨卡疫苗需要按照在拉美的价格出售，这或许是导致赛诺菲最终退出该项目的一个重要原因。如果不解决之前提到的药品市场效率低下的问题，那么推动式资助即便是为突破性科学提供资金，恐怕也起不了多大效果。

国立卫生研究院的外部因素也可能影响其资助的结果。例如海勒斯坦（Hellerstein，1998）研究了管理式医疗机构（managed care organization）如何影响推动式资助的分配和效率。管理式医疗病患占较大比例的学术医疗中心获得国立卫生研究院的资助较少，原因或许是临床医生花在研究上的时间相对较少，也可能是管理式医疗限制了能够参加临床试验的患者数量。资助对象的应对策略在经济学文献中也基本被忽视。弗曼等人（Furman et al.，2012）的研究表明，科学家也会寻求其他资金来源以应对政策变化（例如有针对性的资助）。受此影响，将研究导向（或避开）具体领域的政策努力或许会大打折扣。

关于制药相关领域的推动式资助的实证研究大多关注美国，特别是国立卫生研究院。而来自其他国家的经验教训也有价值，这不仅是为了了解哪些因素起作用，而且也为了在全球层面改善资金配置。凯尔等人（2017）研究了非美国的资助机构在一系列传染病方面如何应对美国国立卫生研究院的开支变化，结果发现其应对符合搭便车［例如，既然美国国立卫生研究院愿意治疗艾滋病，那么这一任务何必由法国国家健康与医学研究院（INSERM）来承担？］或最优再配置（例如法国国家健康与医学研究院或许现在可以关注埃博拉病毒）模式。

2.3 其他政策的间接效应

2.3.1 准入监管

制药行业受到高度管制，通过改变研发投资的成本和收入预期，监管对创新努力的多寡和方向有重要影响，并且监管本身也是对已知创新需求的一种回应。例如，美国食品药品监督管理局制定了多条监管路线，旨在鼓励创新药的开发。其中之一便是对突破性疗法（Breakthrough Therapy）的认定，有初步证据表明对治疗重疾有重大临床效果的药品，突破性疗法认定可加快其审批速度。如果加速审批程序可以提高上市审批速度，则可增加专利保护的预期时长，从而成为一种间接的拉动政策。与之相似的还有，美国食品药品监督管理局接受替代性指标（surrogate endpoint）（例如肿瘤大小而非存活率）的做法可以推动临床药品开发以及预期的市场专属权。

但监管也会阻碍创新。例如新的科学事物更难被监管者理解，因此可能面临更艰难的审批之路。有时候难以通过监管成了一种绊脚石，例如在 2009 年《生物制剂竞争和创新法案》（Biologics Competition and Innovation Act）颁布之前，美国的生物仿制药便遭遇了这种境况。的确有一些人主张大幅度放松准入监管。在一项针对 OECD 国家的跨学科研究中，阿莱西纳等人（Alesina et al.，2005）认为这种松绑可促使相关投资增加。2018 年美国通过了"试药权"（right-to-try）法案，方便患者使用处于实验阶段的药品。虽然该法案的初衷是要让患者多一种选择，但这样做同时也减少了一些药品入市的时间和代价。当然，准入监管之所以存在，部分是因为有大量的信息不对称。取消或放松这种监管可能会对供需双方都带来副作用，例如在需求方，医生、药剂师和患者不得不花费更多精力评估药品的质量，而在供应方，生产厂家可能需要投入大笔资金打造品牌声誉或者以其他方式表明质量。

不同企业受到监管的影响不同。早期研究认为制药领域存在先发优势，而近期斯特恩（Stern，2017）的研究发现，在医疗设备方面则是先行者要比后来者花费更多的监管审批时间；此外据观察，小企业进入新设备市场的可能性低于进入药品市场。上述差异能够影响创新进步的整体速度，具体取决于何种类型的机构最适合创新。

2.3.2　产品责任

如前所述，当药品面市时，我们通常无法全面了解其质量。准入监管可在一定程度上降低生产者和消费者之间的信息不对称，但不能完全消除信息不对称。不过即便是生产者对其药品也不是通晓一切。而且临床试验的规模是有限的，临床试验的环境也与药品最终使用的实际情况有很大不同。

药品的理想风险水平难以确定，并且可能随药品而不同。准入监管针对风险采取了事前审批措施，而产品责任则主要解决事后问题。产品责任政策管理的是与产品营销有关的财务风险，因为一种产品有可能会出现意料之外的负面影响。因此产品责任政策是创新投资的考虑因素之一。疫苗就是一个重要的例子，产品责任风险使很多公司退出了这一市场，不过 1987 年的疫苗补偿计划（Vaccine Compensation Program）至少在一定程度上纠正了这一问题（Manning，1994）。维斯库西和摩尔（Viscusi and Moore，1993）发现，在制造业企业中，产品责任成本和新产品推出之间存在倒 U 形关系。但在有关产品责任和药品创新的经济学文献综述中，加伯（Garber，2013）得到的结论是，有关上述关系的实验证据是有限的。

2.3.3　价格管制

在多数发达（以及现在的很多发展中）国家，政府在药品定价方面扮演着重要角色。由于这些价格是创新投资的信号，故价格要能反映社会价值，这一点至关重要。相对于追求利润的保险公司，政府在开展价格谈判时有更多的理由明确考虑社会优先事项，但这也有潜在的问题。

政府面临着预算约束，想要付出高价是不可能的，哪怕是对有社会价值的创新。此外政客也追求减少开支等短期政绩，而不是提供长期的创新激励，特别是这种激励带来的好处有可能被未来掌权的政治对手不劳而获。最后，多数政府在全球药品市场中所占的比例微不足道。因此，当政府明白其价格不太可能改变创新激励时，就会忍不住想让其他国家花高价为创新买单，而自己则通过谈判实现极低的国内价格。当然这些问题并非制药行业独有，而是更普遍的创新政策面临的挑战。

3. 结论

无论是拉动政策（特别是专利）还是推动政策（特别是美国国立卫生研究院的资助），创新政策无疑促进了药品开发并带来了巨大的社会效益。总体而言，无论是公共部门还是私人部门，都将负担较大的疾病作为其创新努力的目标。总体而言，美国的医疗研究资助产生了正面效应，只是在同行评议方面做得还不够好。解决产品和资本市场的问题或可提高拉动政策的有效性。而改进资助和补贴的分配方式或许也有助于改善创新效果。

部分决策人士及其他人士担心制药行业有时享受了太多的保

护。特别是专利常青策略备受诟病（Hemphill and Sampat，2012；European Commission Competition DG，2009）。在专利常青策略中，专利权人为了延长产品的专属期，哪怕是微小的改进也要提出专利申请。巴格利等人（Bagley et al.，2019）认为，《孤儿药法案》使超边际（inframarginal）产品生产者获得了不相称的回报。在某些情况下，这种保护并没有带来创新方面的好处。凯尔和麦加汉（2012）的研究显示，即便专利保护扩大到发展中国家，私人部门也不会更多地研究那些被人们忽略的疾病，除非这些疾病在富裕国家也比较常见。乔杜里等人（Chaudhuri et al.，2006）的研究强调发展中国家推行专利可能造成巨大的潜在静态损失［但相关研究（Duggan et al.，2016；Kyle and Qian，2014）认为潜在代价没有那么大］，如果创新增加带来的动态收益不能抵消上述损失，则也是一个问题。

新抗生素缺乏的问题说明了为什么常见的创新政策也会因为其他原因而失效。随着时间的推移，抗生素会逐渐产生耐药性。理论上说，当下使用的抗生素有可能是未来耐药性产生之源。由于专利期是有限的，新抗生素的所有者会为了利益在专利保护期内使该抗生素的使用最大化；至于专利期结束之后，新抗生素的开发者则预计仿制药竞争对手将占据大部分市场，而此时耐药性导致的需求下降则对开发者本身的预期利润影响不大。为了防止出现这样的局面，抗生素管理政策对新抗生素的使用加以限制，但这样做也会导致开发此类药品的预期利润不高。因此，有限的专利保护期扭曲了下游的激励，而防止出现这种后果的政策又会削弱上游的创新激励。

近年来相关部门出台各种政策化解日益迫近的抗生素耐药性危机。例如美国 2012 年发布《鼓励开发抗生素法案》（Generating

Antibiotic Incentives Now，GAIN Act），为新的抗生素增加了 5 年的专属期。2012—2017 年美国食品药品监督管理局批准了 12 项合格的相关药品，但同时指出这些治疗方案在上述法案通过时就已经进入开发期，因此并未享受到新的政策。[⑦]这充分说明我们对很多创新政策理解得还不够。为了判断创新政策的效力，我们需要进一步了解延长专利期和专属期，或增加公共补贴产生的边际收益。换言之，我们花费的最后一美元是否带来了创新，从而带来了至少一美元的医疗价值？从上述案例及其他情况看，此类政策过犹不及。

其他政策提议包括对抗生素给予奖励。例如美国国立卫生研究院设立了一笔 2 000 万美元的基金用于开发诊断工具。英国近期也设立了 800 万英镑的经度奖（Longitude Prize），鼓励相关人士开发快速测试工具以判断抗生素是否得到恰当使用，还为初创企业提供 10 000~25 000 英镑的种子资金，这相当于承认了资本市场的不完美可能妨碍科学家争取这一奖项。虽然将诊断和药物进行直接比较不太合适，但上述数据远低于新药入市的预估成本。至于上述方式是否成功地拉动了创新活动，现在判断还为时过早。

落实上述工作面临的挑战是任何奖金项目都会遇到的典型挑战。抗生素创新带来的好处惠及全球，但效果受其他政策影响因而会有所差别。例如在欧洲内部，抗生素的耐药性差别很大。就不动杆菌属（Acinetobacter）而言，在丹麦、爱尔兰和挪威其耐药率低于 1%，而在希腊、意大利、葡萄牙和西班牙其耐药率超过50%。[⑧]这种差异至少部分归因于不动杆菌属的管理措施，该措施会促使（通常成本较高的）政策调整从而影响开方者和病患的动机。上述两类国家的人均收入，以及提供抗生素奖项的能力也有差别。随着奖金等拉动政策在美国内外的实施，协调此类政策与其他政策可带来重大的潜在好处。

第四章 反垄断与创新

欢迎和保护破坏

朱里奥·费德里科 菲奥娜·莫顿 卡尔·夏皮罗

1. 引言

我们赞美市场颠覆者，即那些改变现状、威胁在位企业，有时甚至改变整个行业的企业。熊彼特将这个过程称为"创造性破坏"。通过这个过程，具有破坏性的企业促进了经济增长，并将新技术与新商业实践和商业模式的好处带给消费者。

我们关注的是反垄断政策对创新的影响，反垄断政策也被统称为竞争政策。[①]竞争政策力求保护和促进充满活力的竞争过程，通过这一过程，新创意转化为被实现的消费者利益。从根本上说，竞争促进了创新。关于生产率和增长的文献告诉我们，随着时间推移，创新是生活水平提高的主要动力，因此通过有效的竞争政策促进创新很可能对经济增长和福利都非常重要。

大量的创新是由颠覆性企业驱动的。[②]颠覆性企业不会使用与

---

* Giulio Federico，欧盟竞争管理委员会首席经济学家团队的负责人；Fiona Scott Morton，耶鲁大学管理学院 Theodore Nierenberg 经济学讲席教授；Carl Shapiro，伯克利加州大学哈斯商学院教授。

在位企业相同的技术或商业模式。它们为消费者提供了一种独特的价值主张，而不仅仅是更低的价格。以一种新的方式向顾客提供有吸引力的产品或服务，颠覆性企业可以在创造大量消费者剩余的同时，摧毁在位企业的利润。随着新产品的进入和旧产品的退出，以及新的商业方法和商业模式取代旧的商业方法和商业模式，产品和市场份额的剧烈波动代表了一个健康的竞争过程。如果这种竞争过程因合并或排他行为而减慢或有所偏向，创新就会减少，消费者就会受到损害。同样的竞争过程可促进最佳实践的发展和扩散，其中包括可称为减少 X-无效率（X-inefficiency）的那些实践。贸易和生产率方面的文献都令人信服地表明，企业的生产率水平差异显著，更激烈的竞争会将销售量重新分配给生产率更高的企业。如果销售量是可竞争的，就可促进最佳实践的扩散，使其传播到业绩更好的企业。竞争政策旨在保护竞争过程，通过这一过程，颠覆性企业可以挑战现状。竞争政策不关注其涉及的企业类型或创新类型。快速成长的初创企业肯定会造成破坏，优步和爱彼迎就是两个近来的突出例子。但是，大型老牌企业也可能造成破坏，尤其是当它们进攻邻近市场时。试想沃尔玛进入当地零售市场，微软的必应在搜索领域挑战谷歌，或者网飞制作自己的视频内容。

相比之下，在位的成功企业在其核心市场中扮演的角色却存在严重的冲突。一方面，降低成本的流程创新对最大的企业最有价值，而且市场领导者经常投入大量资金引进新一代产品。这样的例子不胜枚举：英特尔开发新一代技术，并建立新的晶圆厂生产微处理器；波音公司开发新一代大型商用飞机；威瑞森（Verizon）投资建设 5G 无线网络。事实上，正如熊彼特在 75 年前观察到的，在经历快速技术变革的许多行业中，最大的企业也是最令人印象深刻的创新者。③考虑到研发的规模经济，尤其是在开发下一代产品或流程需要数亿美元投资和/或需要对当前技术拥有丰富经验的行业，这应该不足为奇。④另一方面，一家在位的成功企业如果能从现状中获得巨额利润，就会有很强的激励维持这些利润，这就意味着要减缓或阻止破坏性的威胁。在位的成功企业也会发现投资颠覆性技术在组织上是非常困难的。⑤竞争极大地增加了开发新技术的方法的多样性。

我们在本文中强调，当市场领导者可以利用其竞争优势，同时面临来自传统竞争对手和颠覆性市场进入者的压力时，创新能得到最好的促进。企业究竟是市场领导者还是颠覆性市场进入者，则取决于环境：同一家企业可能在一个领域是市场领导者，在另一个领域是颠覆性的新贵。市场领导者可能面临来自同一市场的其他大企业、邻近行业的其他大企业或者颠覆性小企业的竞争压力。识别因果关系的实证研究表明，在不同的情况下，所有这些竞争的来源都是重要的。从历史上看，它们都受到过竞争政策的保护。

我们要分析的中心主题是，如果一个市场领导者担心自己的领导地位会被颠覆性的竞争对手夺走，它就最有动力创新。⑥如果明天的大部分销售量将被最具创新力的在位企业或者具有颠覆性的挑战者赢得，如果其他企业能够超越在位企业，那么即使支配型在位企业也会感到创新的压力。一旦人们正确理解了竞争过程的动态本质，就会发现更大的竞争，即未来在销售量上的更大竞争会带来更多的创新。⑦因此，竞争政策的关键作用是防止当前的市场领导者利用其市场势力，要么通过收购潜在的竞争对手，要么通过使用反竞争策略将竞争对手排除在市场之外，消除破坏性威胁。

以下章节讨论了对可能损害创新的横向合并的处理，以及对支配型在位企业的商业行为实施的反垄断限制。

2. 横向合并与创新：关键的经济概念

本节讨论在横向合并的反垄断分析中使用的关键经济概念，因为人们担心合并可能会对创新的速度和方向产生不利影响。我们将所有对实际竞争者或潜在竞争者的合并都纳入"横向合并"的范畴。这里包括了虽然目前没有相互竞争，但基于当前研发或整体能力在未来可能提供竞争产品或服务的企业之间的合并。

我们在这里的分析基于先前有关合并和创新的文献，并更新了这些文献。尤其参见卡茨等人的研究（Katz and Shelanski，2005；Gilbert，2006；Baker，2007；Shapiro，2012）。[8]

我们使用世界各地（包括美国和欧盟）反垄断执法机构普遍采用的标准来评估合并：如果合并可能大幅减少竞争，则被视为反竞争。根据这一法律标准，如果合并可能由于竞争减弱而对消费者造成实质性损害，那么合并就是非法的。因此，我们的分析关注合并及合并对双方消费者的影响。这是美国《横向合并指南》采用的方法。该指南的第六章第四节"创新和产品多样性"描述了美国司法部和联邦贸易委员会如何评估可能削弱创新的横向合并。欧盟委员会的《横向合并指南》也关注合并会如何影响消费者。

2.1 竞争过程和"业务窃取"

在市场经济中，竞争的最好描述是企业之间的动态竞争过程，其中企业通过提供更好的交易来吸引消费者。竞争促使企业提供更低的价格，并推出新产品和改进后的产品，因为这些活动使成功的企业能够从竞争对手那里赢得有利可图的业务，并保护和维持利润丰厚的现有销售量。[⑨]

这种直接竞争对手之间的动态竞争过程集中在通常所说的"偷生意效应"（business-stealing effects）上。偷生意效应无处不在，因为一家公司通过提供更好的价值赢得消费者，通常是以牺牲竞争对手的利益为代价。偷生意效应对消费者非常有益，因为它们与企业采取的竞争行为密切相关，而且企业采取竞争行为恰恰是为了使其向市场提供的产品对消费者更有吸引力，从而把消费者从竞争对手那里吸引过来。

我们在这里的重点是创新，所以我们特别感兴趣的是，当企业从事有风险的投资以开发新产品和改良后的产品，或者开发新生产流程时产生的偷生意效应。简单地说，我们关注产品创新，但总的来说，我们的分析同样适用于流程创新。

虽然某些创新的驱动力来自服务于全新用途的前景，或者来自在价格/成本利润率很低的高度竞争行业中获得销售量的前景，但是创新的许多回报通常是由吸引消费者的前景驱动的，这些消费者原本会购买价格/成本利润率很高的其他产品。例如，当企业竞相在新产品的类别上抢占市场先机，或通过不断的产品改进超越彼此时，这种情况就会出现。

假设 A 公司已经开发和推出了产品 A，但是现在 B 公司正在投资开发会跟产品 A 竞争的新产品 B。在此情况下，B 公司的创新努力对 A 公司产生了负货币外部性。如果两种产品非常接近于替代品关系，那么产品 B 对产品 A 的偷生意效应最大。重要的是，B 公司引入产品 B 对 A 公司产生的负货币外部性越大，A 公司在产品 A 上既有的价格/成本利润率就越高。

偷生意效应对创新激励的重要性早已为人所知。阿罗著名的替代效应（Arrow，1962；Tirole，1988）与创新导致的偷生意效应密切相关。阿罗分析了同质品市场上的流程创新，在他的模型中，相比于身处创新出现之前的完全竞争市场中的企业，安全的产品市场垄断企业面临的净创新激励更弱，因为垄断者已经从创新出现之前的现状中获得了大量利润，但是竞争性企业并没有获得类似的利润。[⑩]偷生意效应也存在于不确定性下的专利竞赛（patent race）模型中。[⑪]在这些模型中，相互较量的创新者之间的竞争通常会加速创新，因为任何一家企业都不会将它对其他企业造成的偷生意效应内部化。[⑫]从这类文献中得到的一个有力结论便是，来自创新竞争对手之间的竞争是创新的强大动力。一家安全的在位企业比一家受威胁的在位企业在研发上的投入要少，因为它不用担心自己的业务会被竞争对手抢走。同样，在关于研发型合资公司的文献中，如果缺乏溢出效应，竞争对手之间的合作会导致创新努力的降低，因为合作将使创新的偷生意效应内部化。[⑬]

新产品研发竞争的一个重要特征是，为了开发这些产品，企业必须进行有风险的投资。只有当企业认为其产品有足够的利润空间，能够提供足够高的经风险调整后的投资回报率时，它们才会做出这类投资决策。整个创新事业的固有特点就是，成功的产品将获得可观的经营利润，而这又需要价格足够高于边际成本。这样的价格/成本利润率使得偷生意既能吸引挑战者，又能对在位企业构成威胁。的确，如果产品开发的固定成本很高，而且如果新产品开发有风险，那么在均衡状态下，这些利润率必须相当大，才能证明必要的开发费用是合理的。换句话说，当我们在合并分析中讨论对创新效应的处理时，重要的是牢记我们讨论的不是价格竞争把价格压低到边际成本的传统行业。这其中的一个关键点是，鼓励创新的行业环境正是通过允许成功的创新者赚取巨大的价格/成本利润，从而使得偷生意效应更加重要。

2.2 对创新的有害影响：偷生意效应的内部化

在这种动态和创新的市场环境中，人们应该如何评价合并？更具体地说，鉴于拟议的横向合并对合并后的企业通过投资于新产品开发来展开竞争的激励和能力可能产生影响，当评估这些影响时，通常有哪些基本的经济学理论呢？

为此，首先简要回顾一下如何评估拟议的横向合并对合并后的企业开展价格竞争的激励可能产生的影响，这会提供一些帮助。一个常见的担心是，两个主要的直接竞争对手之间的合并将消除它们之间的直接竞争，从而导致更高的价格。这一分析将所有其他（非合并）企业带来的竞争视为既定的。这种不利的竞争效应被称为单边价格效应，表明它们是由合并后的实体单方面采取利润最大化行为造成的。单边价格效应可以简单概括为当竞争产品被置于共同所有权之下时，改变价格激励产生的影响。单边价格效应既适用于现有产品，也适用于未来产品。单边效应不同于协调效应（coordinated effects），后者是指合并后的实体和其竞争对手之间的合并后协调（postmerger coordination）。

单边价格效应背后关键的经济思想是，合并会将合并双方与定价相关的偷生意效应内部化，从而导致更少的价格竞争和更高的价格。在其他条件都相同的情况下，这本身就倾向于损害消费者。为了理解基本的逻辑，考虑 A 公司和 B 公司的合并。假设 A 公司销售产品 A1 和 A2，B 公司销售产品 B，它们都是彼此的不完全替代品，例如早餐麦片或啤酒品牌，又或者不同的汽车型号。在合并之前，A 公司在评估产品 A1 的可能降价时，将基于此次降价对产品 A1 本身和产品 A2 的利润会有何影响。在合并之后，合并后的企业在评估产品 A1 的降价时，将包括此次降价对产品 B 的影响。对合并后的企业来说，通过降低产品 A1 的价格来诱导消费者将消费从产品 B 转到产品 A1 的吸引力就会减弱。由于这个原因，如果合并不能产生协同效应，那么产品之间存在明显竞争的企业一旦合并，就必定会减少价格竞争和损害消费者利益。

我们可以根据合并 A 公司和 B 公司使产品之间的偷生意效应内部化引起的价格上涨压力来直接衡量单边价格效应的大小。[14]如果这些效应很大，就可以推定合并将导致更高的价格，除非产生了足以抵消这些效应的合并专有（merger-specific）的成本下降。[15]反垄断法通过结构性推定反映了这些基本的经济思想，在结构性推定的框架下，显著提高市场集中度的合并被推定为显著损害竞争。[16]人们可以用合并不太可能增强市场势力的证据（例如合并很可能产生原本不能实现的充分的协同效应）反驳该推定。

单边创新效应与单边价格效应非常类似，它关注的是企业投资于新产品开发的决策，而不是其定价决策。评估可能的单边创新效应的第一步，就是寻找合并企业双方与创新相关的偷生意效应。如果这些效应是显著的，那么下一步就是寻找可能抵消这些效应的合并所特有的协同效应。

举一个在实践中很重要而且特别简单的例子，假设 A 公司销售一种畅销药，而 B 公司正在开发一种与之竞争的新药。在这种情况下，自然会有一个严重的问题，即 A 公司和 B 公司合并会导致合并后的新公司减缓或者完全停止对这种新药的研发。[17]如果 A 公司在其畅销药上赚取了很大的利润，并且 B 公司新药的大部分销售会以 A 公司的利润为代价（如果根据通常的情况，假设新药和畅销药是同一等级的），那么上述问题就会非常严重。有学者

（Cunningham et al.，2019）发现，制药企业的收购具有以下特征：收购那些威胁其当前产品的在研发药物，然后停止其研发。

这里的核心教训是，就像单边价格效应一样，在相关产品的利润率很高而且两家企业之间的偷生意效应很大的情况下，反竞争的单边创新效应最大。

衡量 A 公司与 B 公司合并对 B 公司创新激励的单边创新效应有一个最简单和最直接的方法，即计算创新扩散率。这个比率被定义为 A 公司由于 B 公司成功开发产品 B 而遭受的预期利润损失，与 B 公司从成功研发中获得的预期额外利润的比例。[18]创新扩散率包括了 B 公司的新产品对 A 公司所有产品产生的数量效应和价格效应。创新扩散率越高，偷生意效应就越重要，而合并形成的新公司就越可能按比例缩减或者终止产品 B 的研发。创新扩散率衡量的是，由于偷生意效应的内部化，合并后的新公司因为研发产品 B 而实际上面临的"税"有多高。

在实践中，如果 A 公司也在进行有风险的产品研发，那么创新扩散率将取决于 A 公司获得研发成果的可能性以及有条件地取决于 B 公司的成功。一般而言，在其他条件相同的情况下，合并导致的偷生意效应内部化的程度越高，两家公司研发项目的相关性就越高。在高度的相关性下，合并后的新公司可能会把取消一个研发项目当作消除"重复"项目，但从竞争的角度看，这也消除了两种最终产品相互竞争的可能性。可以预见的是，竞争的这种可能损失会损害消费者。

2.3　对创新的有益影响：创新协同效应

合并还可以通过允许两家合并企业之间的有益协调来促进创新。事实上，当两家企业打算合并时，如果存在与创新相关的上述反垄断问题，合并双方通常主张合并将产生研发协同效应，从而加速创新。这些主张认为，如果没有合并，那么实现可能的协同效应便是不可信的。并且，合并双方对其主张的协同效应要承担举证责任。[19]

一种经得起经济分析的协同效应是非自愿溢出效应的内部化。关于技术溢出的文献有很多，包括相互竞争的企业之间的非自愿知识溢出。这种类型的溢出发生在某企业的成功创新是非竞争的并且只有部分排他性的情况下（参见 Romer，1990）。例如，一家创新企业的竞争对手可以部分地模仿其新产品而不至于侵犯该企业的知识产权。

理论上，正如夏皮罗（2012）的讨论，非自愿溢出效应的内部化可以部分或完全抵消偷生意效应内部化导致的创新激励减弱。有两位学者（D'Aspremont and Jacquemin，1988）提供了一个早期的理论案例，在该案例中，如果这些溢出效应很大，那么合并可以增加研发投资并使消费者受益。洛佩兹和比韦斯（López and Vives，即将发表）在公司受共同所有权的诱导进行合作的背景下，得到了相似的结果。[20]

这项研究支持了如下观点：如果溢出效应足够高，由于合并后的独占效应更高，合并可以增加创新，并最终使消费者受益。然而，在任何给定的情况下，独占效应的影响在重要性上可能都是有限的。例如，非自愿溢出效应的内部化如果可以通过合资的研发企业（RJV）来实现，它就不是合并专有的，因此也就不足为信。与完全合并相比，合资企业的反竞争性更弱，因为它可以在当前和未来的产品市场上保持价格竞争。此外，美国《横向合并指南》规定："可认知的效率是已得到验证的合并带来的效率，而不是来自对产品或服务的反竞争性减少。"这一规定可被解读为排除了如下观点，即合并可能是有益的，因为它将减少价格竞争，从而使合并后的实体能够从新开发的产品中独占更大比例的价值。[21]

如果合并有助于拟合并企业之间的自愿技术转让，就会产生第二类创新协同效应。如果合并企业宣称有这类协同效应，它们就有责任证明，如果没有合并（例如，事前的研发型合资企业或者事后的许可协议），就不会发生有益的技术转让。[22]这种协同效应的一个常见例子是合并后的规模足以支持特定的流程创新。此时，合并双方就有责任证明，它们在合并前既无法通过对流程创新的共同研发来实现相同的利益，也无法通过让非创新企业授权流程创新来降低生产成本，或者在创新企业已经从非创新企业那里赢得消费者的情况下，无法实现事后的交易收益。在后一种情况下，根据当事双方以共同接受的提成型专利使用费率（running royalty rate）获得可观的事后交易收益，就简单地断言创新企业不会授权给竞争对手是不够的。

如果两家企业的研发团队合并后能够更有效率地开发新产品，就会产生第三类创新协同效应。美国《横向合并指南》规定："在评估合并对创新的影响时，各相关部门应当考虑合并后的企业更有效率地从事研究或开发的能力。"这类研发协同效应类似于企业合并后的自愿共享知识效应。这两种效应都依赖于（至少部分依赖于）拟合并企业之间的资产互补性，而且这两种效应都能激励企业从事高成本的研发，其效果类似于将非自愿溢出效应内部化后带来的效果。[23]

合并的这种研发协同效应的重要性很大程度上取决于合并双方是如何从事研发的，以及两家企业是否具有互补的能力。这种研发协同效应是企业内部互补资产组合产生的广泛得多的协同效应中的一个特例。理论上，合并后的新企业可以获得规模经济和范围经济，以及/或者综合互补的研发能力，从而降低研发增量成本。[24]如果合并可以降低研发的增量成本，那它自然就会增强企业从事研发的激励。评估旨在实现这种协同效应的合并往往要对特定事实进行调查。

在实践中，区分合并带来的研发增量成本下降与取消同一领域研发项目带来的成本节约是非常重要的。这是我们熟悉的成本曲线偏移或倾斜与沿着成本曲线移动之间的区别。后者并不是对消费者有利的效率。相反，关于在合并后打算减少所谓的"重复性"研发项目的证据直接表明，合并可能导致抑制创新的反竞争。[25]在这种情况下，"重复性"研发项目这个提法可能只是"竞争性"研发项目的一种委婉说法，就像合并公司消除"重复性"产品或零售店一样。合并后，相互较量的创新者之间的创新竞争不复存在，这自然有可能抑制竞争性的研发项目。

在分析研发协同效应的同时，实践中还必须考虑一种现实危险，即合并将导致研发反协同效应（dis-synergies）。出现研发反协同效应的原因多种多样，在某些情况下，是由于高技能人才离开合并后的企业。出现研发反协同效应的更根本原因是，合并后的企业无法有组织地用多种方法开发新产品或者解决某些业务问题。这种危险在关于商业战略的文献中得到了充分的分析。这种反协同效应可能很大，合并分析不应忽视它。[26]换句话说，与单个组织的实际支持相比，多组织之间的竞争可能产生更多样化的方法。

最终，合并双方必须证明，它们主张的任何创新协同效应（1）可能来自合并、（2）用另一种可以保留更多竞争的安排无法实现，以及（3）是客观存在的，因此大体上既能够抵消合并引起的创新激励减少，还能抵消单边价格效应（不包括生产成本的任何节约）对当前和未来产品市场竞争的危害以及对消费者的损害。

2.4 关于"竞争和创新"的误导性经济学文献

尽管与偷生意效应内部化相关的令人信服的经济学逻辑为分析横向合并的创新效应提供了清晰的程序，但还是出现了一种说法，这一说法基于"竞争和创新"的大量文献，认为反垄断的执法者在创新方面应当宽容横向合并，因为"过多的竞争可能对创新有害"。这一说法被总结为"竞争"和"创新"之间所谓的倒U形关系。[27]不出所料，"过多的竞争可能对创新有害"这一说法已经在寻求合并的企业中流行起来。[28]然而，如果更仔细地阅读文献，就不会得出这一结论。

为了解个中原因，可以假定一个行业，该行业处于零预期利润和自由进入的均衡状态，并且有显著的边际成本加成，此时，市场进入和竞争的动态过程是不受阻碍的。假设创新是该行业竞争的一个重要方面。创新将在某种均衡水平上由企业研发投资驱动。在这种情况下，经济学家可能会提出的一类问题是，创新的均衡水平将如何随市场特征变化，比如市场规模或消费者重视多样化的程度。这类问题通常在文献中被提出，例如，如果模型中的产品差异化更大，创新程度会更高还是更低？然而，这种类型的比较静态问题与合并控制政策没有直接关系，并且这种文献在实践中被误解和误用了。

在本文中，我们关注的是有关竞争政策的经济问题。为此，我们需要假定市场特征不变，包括需求结构、产品特征和公司的成本函数，并力图预测当合并或者排他行为导致竞争减弱时创新会有什么变化。由于前文所述的原因，如果没有协同效应，重要竞争对手之间的合并可能会导致创新减少。"过多的竞争可能会对创新有害"这一误导性说法从根本上混淆了两个截然不同的经济问题：（1）行业的潜在需求或成本条件变化对创新产生的影响，以及（2）当行业的基本情况不变时，两家对手企业计划的合并对创新产生的影响。

夏皮罗（2012）详细论述了"过多的竞争可能对创新有害"这一命题。他强调大量的经验证据表明，更多的竞争——意味着未来的销售竞争更激烈——会刺激创新。他还指出，文献中使用的模型通常不分析合并的影响，而是着眼于产品市场竞争强度的外生变化。[29]这些被引用的论文的作者通常不会声称他们的分析适用于合并的反垄断分析。

3. 横向合并和创新：应用和案例分析

现在我们讨论这些思想在实践中的应用，包括对美国和欧洲一些重要的具体案例的讨论。我们将分析分为三个部分，反映了在实践中出现的三种不同的事实模式。

第一，我们考虑在开发规划（development pipeline）中有可识别产品或项目的竞争对手之间的合并。这类情况包括现有产品和规划产品的重叠（product-to-pipeline overlap），其中一家企业拥有某种产品，而另一家企业正在开发竞争产品。这类案例通常涉及相对短期的创新竞争。这类情况还包括规划产品之间的重叠（pipeline-to-pipeline overlap），其中每家企业都在开发新产品，如果同时推出这两种产品，产品之间会相互竞争。这类案例通常涉及中期的创新竞争。

第二，我们考虑具有创新竞争能力的老牌企业之间的合并。

这些案例牵涉长期的创新竞争。这两种案例并不互相排斥；例如，合并很容易涉及可识别的竞争性规划产品以及能力重叠，而能力重叠引发对创新遭受损害的长期担忧。

第三，我们考虑这样一种情况：一家支配型大企业试图收购一家拥有创新能力的小企业，其创新能力可能会（也可能不会）发展成为一种威胁。尽管未来产品的重叠可能还难以辨别，但是这些案例可能涉及颠覆性的市场进入者。

我们关注的是单边创新效应，但这些效应通常伴随着对未来产品的单边价格效应而生。在实践中，相较于分析对现有产品的单边价格效应，分析对未来产品的单边价格效应可能更具挑战性，原因有二：（1）这些未来产品是否以及何时会被引进，引进后的产品有怎样的属性，通常是不确定的；（2）由于缺乏可用的数据，未来产品的替代模式通常难以衡量。缺乏数据并不意味着不存在反垄断问题。

更一般地说，当我们着手于应用并关注案例研究时，需要注意的是，分析拟议中的合并对创新的影响必然是一项涉及大量不确定性的预测工作。事实上，拟合并企业经常争辩说，任何关于合并损害创新的担忧都是猜测性的，因为开发新产品的过程是不确定的，未来的市场状况难以预测，竞争可能产生于意料之外的来源。这些观点在某种程度上很可能是正确的，但它们并没有为消除偷生意效应内部化对创新的损害提供可靠的基础。实际上，我们也可以持相反的观点：相比于只是将竞争性产品联合起来的合并，将创新对手联合起来的合并更令人担忧，因为创新可以强有力地推动消费者剩余的增加和经济增长。此外，合并双方声称合并将产生创新协同效应，但这也可能涉及大量的不确定性，甚至可能是狂妄自大。

在实践中，回应拟合并企业关于"合并的创新效应都是猜测性的"辩护引发了一个问题，即我们究竟是更多地关注前文提及的一般性经济学原理，还是更多地关注具体的产品或研发项目，而关于这个问题的可用证据数量因案件而异，有时非常有限。在实践中，关于两种尚未上市的产品如何相互竞争，或者它们各自的销售情况如何，几乎没有现实世界的证据。人们最多能做一些预测，而这些预测在产品发布之前几乎都不可用，部分是因为每家企业通常对其他企业的研发情况了解有限，从而使企业很难研究和预测其产品将如何竞争。由于所有这些原因，未来竞争的具体情况越难辨别，依靠前文提及的一般性经济学原理就越明智。要求政府提供未来竞争的精确定量证据，以满足其关于单边创新效应的举证责任，就等同于放弃与未来产品研发相关的合并执法，而这些产品尚处于研发阶段早期或者尚未被发现。[30]

3.1 现有产品和规划产品的重叠和规划产品之间的重叠

如果拟合并企业中的一家或两家都拥有一个正在研发或考虑但尚未进入市场的特定项目，就会出现这两种类型的重叠。规划产品的一个主要例子是已经被发现但仍在研发中的某一种药品（或分子）。药品研发可能需要多年时间，并且需要大量投资于有关药品疗效和潜在副作用的科学测试。

在某些部门，特别是制药部门和农用化学品部门，研发规划受监管要求的影响，因此是一个结构有序的过程。这些研发规划可以跨越许多年，并涉及许多明确的步骤，例如药品研发测试的第一阶段、第二阶段和第三阶段。在其他部门，规划产品的研发不受监管要求的影响，因此结构上不那么有序。例如，规划活动可能只与企业的决策一致，这些决策包括在新的地理市场开设生产设施，或者让具有不同属性的新产品进入市场。在这些情况下，潜在的新产品可能不太容易被竞争对手发现，但它仍然可以是反垄断分析的核心。在某一特定地区，如果很难识别那些有规划产品的企业，就会产生进一步的不确定性。

涉及规划产品的一些案例有一个显著特征，例如当新产品是现有产品的"下一代"版本时，它们与现有产品市场的联系相对更容易，也更直接。在这种情况下，尽管依然存在相当大的不确定性，但评估拟合并的竞争影响相对就比较容易。当某些定义明确的规划产品以一组现有产品为目标时，用于评估现有产品市场竞争的分析技术常常可以移用于评估涉及这些规划产品的合并。

规划产品剩余的"上市时间"是竞争分析中的另一个重要因素。如果与规划产品相关的大部分研发成本已经产生，并且新产品的发布（在没有合并的情况下）即将到来，那么对竞争的关注与现有产品重叠引起的关注非常相似。在实践中的一个区别是：缺乏关于新产品需求的真实数据。在这种情况下，我们要关注的是由于其中一家企业拥有的规划产品与其合并对象拥有的现有产品（或多个产品）之间的竞争被消除而产生的单边价格效应。此时，由于大部分或全部的研发成本已经产生，停止规划产品的研发这一单边创新效应问题往往不会出现。当然，在某些情况下，合并后的企业可能会压缩产品，但与此同时，合并后的企业可能会放弃已经推出的产品。如果合并导致上述情况发生，由于产品种类的减少和剩余产品的竞争压力减弱，消费者通常会受到损害。

如果规划产品离成功的商业化还比较远，而且在产品可以上市之前还必须付出巨大的研发成本，那就更有可能产生单边创新效应。在这种情况下，不论合并与否，产品成功引入的概率是分析的核心部分。对创新的损害可能是由于合并后的企业对特定规划项目投入的资源减少，或者是由于减少了将要投资的规划项目数量。

当我们转而讨论在实践中出现的不同事实模式时，对与规划产品相关的基本竞争问题进行分类是有帮助的。第一，合并可能降低规划产品成功引入的概率。创新的减少会减少产品的多样性，并在未来降低其他产品的竞争压力，从而损害消费者的利益。第二，合并可能会推迟规划产品的发布，产生同样的反竞争效应，只是没有那么显著。第三，在合并后，即使规划产品得到成功研发，未来的产品市场竞争也可能不会那么激烈，因为合并带来了竞争产品的共同所有权。

3.1.1　现有产品和规划产品的重叠

当一家拥有现有产品的企业与正在研发其替代品的竞争对手合并时，现有产品和规划产品的重叠就出现了。正如第 2 节解释的，这种类型的合并使偷生意效应内部化，因为规划产品的成功商业化将转移现有产品的营利性销售。因此，在其他情况不变时，合并将降低投资于新产品并将其引入市场的激励。如果现有产品和规划产品是近似替代品（即它们满足相似的消费者需求），而且从现有产品转移到规划产品的销售有很高的利润率，那么偷生意效应会更大。如果现有产品市场高度集中，而且规划产品是现有产品未来竞争的主要来源之一，那么销售的转移率和利润率很可能都非常高。

如果规划的研发过程基本上是确定的，也就是说，如果关于规划产品盈利能力的大部分不确定性已经解决，那么合并可能会导致合并后的企业直接放弃研发工作。如果合并前引入产品的净增利润超过（剩余的）研发成本，但合并后由于偷生意效应的内部化而使净增利润低于（剩余的）研发成本，那么"杀手型合并"就有可能发生。根据相关学者（Gilbert and Newbery，1982）指出的标准的垄断抢占效应，"杀手型合并"可能对买卖双方都有利。如果规划产品对现有产品构成了严重威胁，那么在位企业购买规划产品并将其取消的激励非常强。如果另一家企业发出了将要收购该规划产品并大量投资于研发的可信信号，就会加剧规划产品对现有产品的威胁。另外，即使在另一种极端情况下，即合并后的企业会立即推出规划产品，消费者仍然会受到传统单边价格效应的损害。

如果规划的研发过程是随机的，而且研发的成功概率取决于研发投资的水平（这经常是一个自然而然的假设），那么偷生意效应内部化通常就会导致合并后的企业减少其研发工作，从而降低产品研发成功的可能性。在这种事实模式下，消费者的预期损害源于引入新产品或创新产品的较低可能性，以及成功引入新产品时新产品与现有产品之间价格竞争的缺失。

在任何一种情况下，合并导致的竞争减少取决于将偷生意效应内部化的强度。重要的核心目标是，在没有合并时，从现有产品转向新产品的预期销售的盈利能力。评估这种转移效应时，可以考虑现有产品的当前盈利能力和未来盈利能力、现有产品和规划产品之间的近似程度以及这两种产品在市场上重叠的预期持续时间。如果现有产品受专利保护，那么专利保护的剩余期限很可能是一个重要的考虑因素。如果规划产品会在现有产品仍享有长期的有效专利保护之时进入市场，则更有可能产生显著的转移效应。[31]

正如第2.3节讨论的，规划产品与现有产品之间的偷生意效应内部化会对消费者产生不利影响，衡量该影响需要基于知识溢出内部化和/或存在可知的研发协同效应可能带来的竞争效应。例如，如果合并能够提高研发活动的效率，那么合并后的企业就更有可能对规划产品进行研发。

3.1.2　规划产品之间的重叠

当两家拟合并企业都拥有仍在研发的产品时，就会出现规划产品之间的重叠。其损害竞争的原理与现有产品和规划产品的重叠类似。关键的区别在于，偷生意效应只适用于尚未上市的未来产品。这使得被转移的销售价值更难估计，因此转移效应的大小也更难估计。这并不是说与规划产品之间的重叠相关的创新问题在重要性上不如与规划产品和现有产品重叠相关的创新问题。相反，由规划产品之间的竞争导致的偷生意效应可能会特别强烈，因为一种新的创新产品在未来可能会比现有产品获得更高的利润，使得偷生意效应的内部化更加强烈。[②]在这些情况下，评估损害方面的困难不是概念上的，而是十分具体的：我们很难有把握地预测将引进哪些规划产品、何时引进以及它们将如何竞争。这些产品等待上市的时间越长，需要证明的这些具体问题就越难以处理。

3.1.3　处理产品研发的不确定性

在评估与规划产品有关的竞争性重叠（competitive overlap）时，一个反复出现的挑战是如何处理不确定性的作用。在某些行业，根据发展阶段的不同，如果没有合并，成功引进单个规划产品的平均概率可能相对较低（例如低于 50%）。这就提出了一个问题，即如何评估那些更有可能不会出现的竞争性重叠。这个问题对于研发竞争的反垄断评估至关重要，因为不确定性是研发的一个基本特征，特别是那些处于研发规划早期的项目。

在不确定性的情况下，适用消费者福利标准就意味着，当合并会导致因竞争减少造成的预期消费者福利下降时，执法当局应进行干预。也就是说，执法当局应当比较合并与未合并时消费者福利的预期现值。这意味着，即使规划产品在没有合并的情况下被引入的可能性很低，但只要新产品对消费者的价值很高，合并也可能是反竞争的。[33]

我们现在使用一个包含规划产品研发不确定性的简单模型来说明这些要点。假设 A 公司有一个规划项目，该项目在不发生合并时的成功概率为 p_A。如果项目成功，就会与 B 公司的现有产品形成竞争。此时的消费者剩余为 S_{AB}。或者，如果 A 公司的规划项目失败，那么消费者剩余就是 S_B，其中 $S_B < S_{AB}$，因为竞争和产品多样性更少。所以，不发生合并时，预期消费者剩余就是 $p_A S_{AB} + (1 - p_A) S_B$。

与合并后的预期消费者剩余相比，会如何呢？如果合并后的公司由于与创新相关的偷生意效应内部化而简单地扼杀 A 公司的规划项目，就会出现最简单的情况。此时，合并之后的预期消费者剩余就是 S_B，所以合并将预期消费者剩余降低了 $p_A(S_{AB} - S_B)$。合并剥夺了消费者享受 A 公司成功研发产品带来的好处。p_A 即使相对较小，也会对消费者造成显著损害。如果消费者从 A 公司的成功研发中显著受益，即产品种类更多和价格竞争更激烈，那么这种情况就会发生。在本例中，对竞争性重叠的概率适用了"宁信其有"的标准，倾向于允许有害的合并继续进行，尤其是在目标公司正从事一个相对不太可能成功的项目，但项目如果成功将产生巨大利益的时候。实际上，只要收购完成得足够早，从而被收购项目失败的可能性仍然大于成功的可能性，这种方法就允许在位企业收购一个敢于冒险的颠覆性项目。[34]这种政策不会保护竞争和消费者，而会抑制创新和破坏。[35]

即使合并后的企业将继续积极努力地追求目标公司的规划项目，还是会出现同样的结果：即使目标规划产品相对不太可能被引进，合并也会损害竞争和消费者。在这种情况下，合并不会使消费者体验到的产品种类减少，但是他们仍然会丧失 B 公司现有产品和 A 公司新产品进行市场竞争带来的好处。

如果合并将重要的知识溢出效应内部化或导致研发协同效应，涉及不确定的规划产品的合并评估自然会变得更加复杂。如果合并给特定的规划项目带来效率，就可以将这些效率合并到上文列出的消费者剩余表达式中。例如，合并可能提高规划产品的质量或者使之更有可能研发成功。理论上，这些影响可以抵消合并可能带来的预期消费者福利损失。

在实践中，反垄断执法机构无法衡量合并之前的预期消费者剩余，也无法将它与合并后的预期消费者剩余进行比较。然而，通过比较与创新相关的偷生意效应内部化和合并专有的效率，就可以使用合适的代理性证据识别最有可能损害消费者的合并。如果某些关键参数存在不确定性，可以适用错误成本框架。该框架将力求平衡执行不足的预期成本（例如，在没有合并就发生重叠时对消费者的预期损害）和过度执行的预期成本（例如，消费者从先前合并带来的效率中获得的预期收益）。[36]

在评估合并对预期消费者福利的影响时，可能要考虑的另一个问题是，合并控制政策是否会降低"进入式收购"的营利性，从而影响高成本研发的事前营利性。我们将在下文讨论一个案例时强调这一点，在该案例中，一家大型在位企业试图收购一家具有潜在颠覆性能力的小企业。

3.1.4　对规划产品重叠的救济

现在，我们转而讨论如何为规划产品重叠制定适当的结构性救济措施。美国和欧洲的许多合并都是通过合并企业的资产剥离实现的。因此，对合并控制的整体有效性而言，救济措施的设计是核心。

对规划产品重叠的适当救济取决于两家合并企业之间更广泛的竞争互动的性质。如果规划产品重叠与两家企业上游研发能力的重叠没有关联，那么专门针对规划产品重叠的救济措施可能足以避免对竞争的损害。

如果在某个特定领域有许多研发竞争对手，然而由于研发的随机性，两家拟合并企业是少数在市场和研发规划中有特定产品的企业，因而至少在一段时间内，在一个高度集中的市场中有可能出现竞争性重叠，这种情况就可以作为代表性案例。在这种情况下，两家拟合并企业之间有问题的重叠仅仅反映了随机研发过程的事后实现。此时，旨在维护重叠领域竞争的针对性救济措施可能就足够了，因为在这种假设的情况下，有许多研发竞争对手，在没有发生合并时，另一个这种重叠就不太可能很快出现。例如，在现有产品和规划产品重叠的情形中，只要第三方有足够的规模和能力继续研发规划产品并使之上市，一个合适的救济措施可能包含将资产从合并后的企业剥离到第三方，而这些资产要包括规划产品以及允许其进一步发展和商业化所需的资产。或者，现有产品可能被剥离，而这同样会维持现有产品和规划产品之间的竞争。如果合并涉及一个拥有规划项目的单产品竞争者（single-product competitor），这种针对性救济措施也可能是有意义的。然而，在这种情况下，剥离规划产品就相当于阻止交易。

如果合并造成的规划产品重叠反映了作为基础的上游研发能力之间更广泛的重叠，那么合理的救济方案就会复杂得多。此时，简单地剥离重叠领域的一种产品，可能不足以阻止未来合并带来的竞争削弱。下文会回到这个问题。

3.1.5　案例研究

竞争当局通常会评估涉及规划产品的合并可能带来的影响。这些案例通常涉及有明确研发流程的市场，在这样的市场上，可以相对简单地识别规划产品造成的竞争重叠。美国和欧盟的竞争当局审查过几起涉及制药和医疗设备的此类案件。美国新近的例子包括 Thoratec/Heartware 合并案，该合并在 2009 年被联邦贸易委员会阻止；2017 年的 Mallinckrodt 案，在该案中，联邦贸易委员会认定 Mallinckrodt 对一个药品研发项目的收购抑制了竞争，因为该研发项目本来可以与该公司利润丰厚的现有产品竞争。

欧盟新近的案例包括美敦力/柯惠医疗合并案（与治疗心血管疾病的医疗设备制造商的合并）、辉瑞/赫升瑞合并案（涉及生物仿制药的重叠）和诺华/葛兰素史克（肿瘤业务）合并案（涉及创新性癌症治疗药品研发阶段的重叠）。与研发规划或产品规划相关的案例不局限于制药和医疗设备部门。在欧洲，一个与规划产品相关的著名案例就是通用电气/阿尔斯通合并案，该案涉及大型燃气发电轮机。（附录 B 更详细地讨论了美国和欧洲最近涉及规划产品的一些合并案例，并包含了与救济方案相关的问题。）

3.2　能力重叠

引发创新担忧的第二类广义合并包含了研发能力相互竞争的企业之间的合并。我们在此指的是，合并涉及的企业拥有一系列面向某些相似的创新领域或研发阶段的资产。这些资产可能包括新产品和新流程的有效发现；研发和商业化所需的一些要素；知识产权；技术获得；人力资本，比如工作熟练的科学家或工程师；

研发设施，比如实验室、专业设备等；专业化监管、分销和商业化资产；无形资产，比如客户的业绩记录等；可以进行新技术升级的既有客户。在发现和推出新产品和改进产品方面，这些资产往往使某些公司处于特别有利的地位。

一般而言，这类案例中的损害原理符合美国《横向合并指南》中关于创新和产品多样性的一个具体问题，即如果没有发生合并，这两家企业在创新能力上的重叠会使它们在相似的领域推出新的创新产品，并在相应的产品市场上展开竞争，从而相互抢夺利润丰厚的销售量。行业中如果有一些具有竞争创新能力的企业，其中两家企业的合并将使这些偷生意效应内部化。合并可能弱化在重叠的研发领域启动新研发的激励，剥夺消费者从这些领域的未来产品市场竞争中获得的一些好处。根据我们在第 2 节中解释的一般原理，由于合并和/或合并带来的研发协同效应，会提高有利于竞争的独占效应，从而抵消上述这些问题。

研发能力重叠的企业之间合并，自然也可能涉及研发和产品上市阶段的明确重叠。例如，在任何时候，两家在某种杀虫剂上具有强大能力的农用化学品企业可能在特定杀虫剂产品上存在实际产品和规划产品的重叠。能力重叠很可能与可观察到的现有产品和规划产品的重叠密切相关，尤其是如果相关能力长期存在、研发规划的寿命足够长，以及产品的平均商业寿命也很长。在这些情况下，被观察到的潜在能力重叠会表现为在一个或多个现有产品或者规划产品上的重叠。但是，原则上，考虑到研发的随机性，在评估特定的合并时，这些潜在重叠即使尚未导致规划产品或现有产品出现可观察到的重叠，有重叠创新能力的两家企业合并也会引发担忧。其中的可能性需要具体个案具体评估。

在考虑合并双方的能力重叠时，尤其是考虑与研发相关的不可避免的不确定性时，需要一个广泛的视角。随着时间的推移，具有竞争能力的企业很可能会参与研发项目组合。因此，它们在未来"相互碰撞"进而产生偷生意效应的可能性会高于任何单个项目成功的可能性。

在能力重叠的情况下，大多数合并审查不太可能获得创新转移效应的量化估计。但是，我们可以使用一些替代性证据（proxy），以证明创新能力重叠的企业合并会产生重要的偷生意效应。一个自然要考虑之处是已有产品和规划产品重叠的重要性和频率。如果相关重叠领域的创新能力可长期持续，这些信息可能就特别有用。类似地，对于基础研发能力重叠而言，关于现有产品和规划产品重叠或者规划产品之间重叠的证据可能是一个有用的替代性证据。关于专利组合重叠的证据也可以是竞争能力的有用指标，尤其是如果可以控制专利的质量（例如，考虑专利引用），并且如果可以识别与特定专利类别相关的特定研发轨迹。鉴于能力重叠可能引发的竞争问题是中长期的，证明进入壁垒显著而持久的证据可能与竞争评估的关联度很高。考虑到将能力重叠与特定的现有产品市场联系起来和预测未知产品的需求存在固有困难，因此对能力重叠的评估不可避免地要关注未来产品潜在市场的供给侧而不是需求侧。⑰

美国和欧洲的竞争监管当局在指南中认识到对能力重叠进行审查的必要性。例如最近修订的美国司法部/联邦贸易委员会《知识产权许可的反垄断指南》（2017 年 1 月）提到了"研发市场"。⑱该指南表明，在相关的研发市场上，如果至少有另外四个竞争者，那么同一研发市场内的两家公司（在创新能力上相互竞争的公司）成立合资企业不太可能是反竞争的。同样，欧盟委员会 2011 年的《横向合并指南》表明，研发合作可能会影响创新和新产品市场的竞争。这些指南表明，在创新过程有良好结构的情况下，比如在制药行业，有可能识别相互竞争的研发"极"，并评估是否还有足够数量的研发"极"和横向研发协议的各方。^③在分析上，这种方法类似于一个研究创新能力的框架，以确定能力重叠的两家公司合并是否有可能在特定的研发轨迹上阻碍创新，或者更广义地说，减少未来创新产品的竞争。

如果在某个领域有创新能力的两家公司合并，则会导致反竞争的能力重叠。适当的救济方案对这种合并来说可能特别微妙。正如上文解释的，有问题的能力重叠很可能与一个或多个现有产品重叠或者规划产品重叠共存，并且前者确实是后者的原因。在此情况下，出现有问题的重叠可能反映了未来再次发生这种重叠的高度可能性，尤其是在很少有公司具备必要的能力时。

在以上情形中，仅针对现有产品和规划产品重叠的救济措施，不足以抵消合并对创新造成的中长期损害。只解决现有产品和规划产品的重叠，会在短期和中期缓解合并带来的损害，但不太可能解决在更广泛领域内失去实际创新者造成的长期损害。这样的救济措施就像是在应对竞争的可见症状，而不是应对潜在的驱动因素。相反，适当的结构性救济措施将要求剥离更广泛的资产以及重叠的现有产品和规划产品，包括适当的"上游"创新能力。这可能包括剥离合并企业之一的研发机构、其技术和知识产权资产、专门的人力资本以及获取现有客户的机会等。然而，考虑到一个研发组织的脆弱性，"分拆"复杂的现有结构，或者把两个合并企业的资产放在一起的"混搭"方案，都可能削弱结构性救济措施的有效性。因此，通过资产剥离解决创新能力的重叠可能要复杂得多，而且需要剥离的资产也相应地更多，然后才能救济特定产品或规划产品的重叠。

美国和欧盟的竞争监管当局介入了许多涉及创新能力的重要案件，致使要么合并被放弃，要么大量资产被剥离。这些案件涉及广泛的部门，包括费率测算服务（rate-measurement services）、证券交易所、农用化学品、半导体制造和油田服务。这些案件的一个共同主题是，所在行业都有持续的高成本创新、高进入壁垒以及实际创新者寥寥无几的特征。在竞争监管当局接受补救措施的这些案件中，通常包含剥离重要的创新能力（除了出售特定产品或规划项目外），以弥补合并造成的独立创新者的损失。正如这些案件表明的，在合并对手具有重大且竞争性创新能力的合并中，即使没有适当的结构性救济措施，其设计可能也特别困难。（附录B回顾了美国和欧盟近期涉及创新能力的一些比较突出的合并案例。）

3.3 支配型企业对潜在竞争对手的收购

我们考虑的第三类合并是由一家支配型企业对一家小企业的收购，其中这家小企业的市场份额要小得多，但它有创新的能力，从而可以在未来从支配型企业"窃取"重要且利润丰厚的业务。第三类案例尤其适用于数字行业，包括谷歌、脸书、苹果和微软在内的一些大型在位平台近年来收购了许多规模较小的企业。

当一家支配型企业试图收购一家在邻近市场上有强大能力的目标企业时，所需的分析与前面讨论的事实模式有一些相同的地方。我们可以设想，目标企业拥有一个规划项目，即开发自己核心产品的增强版本，并且有能力开发可以与支配型企业的产品或服务相竞争的产品。然而，实际上，目标企业的产品还不能很好地替代在位企业的产品，而且人们不太可能由于观察到已有产品或规划产品重叠就认为存在能力重叠。实际上，合并双方可能会辩称，合并根本就不是横向的，而且由于固有的不确定性，关于未来产品可能重叠的证据也许是模糊不清的。

在支配型在位企业收购潜在竞争对手的案件中，最清晰的损害理论是，收购将消除在位企业面临的威胁，使之得以保护在市场中的现有租金。这种情况可能会损害消费者，原因在于消费者直接损失了目标企业提供的创新产品，同时在位企业的竞争压力降低。换句话说，这种类型的收购不仅会导致市场失去破坏性的进入者，还会对在位企业的创新激励产生连锁效应，因为合并后的未来销售额会无可争议地减少。[40]

在实践中，发展这种损害理论的主要挑战往往是证据。由于没有具体的规划产品重叠，也许很难证明被收购企业可能在可预见的未来"窃取"在位企业的业务。类似地，如果缺乏在位企业和目标企业在已有产品和规划产品上相竞争的证据，就很难找到合适的替代性证据来证明能力重叠。这个困难可能在全新且快速发展的数字市场中尤为突出。在这些市场中，难以准确地确定哪些能力是成为有效的创新者和竞争者必需的，而且其他未合并的公司可能也会为了未来的销售展开可信的竞争。

脸书在 2012 年对照片墙（Instagram）的收购很好地说明了这些问题。[41]在合并时，脸书将照片墙形容为一个补充：脸书发布文本，而照片墙处理图片。[42]事实上，现在脸书上使用的图片比以前更多。事后看，人们很容易想象照片墙本来会发展成为一个受欢迎的社交媒体网站，并与脸书展开实质性的直接竞争。然而，这种预测的不确定性很高。在合并时，由于照片墙缺乏过去的业绩和收入，将它归类为具有威胁性的取代者，在证据上面临挑战。从合并被批准到现在，已经过去好几年了，我们永远也无法知道照片墙如果没有被合并会如何发展。

另一个启发性的案例就是沃尔玛 2016 年对 Jet. com 的收购。Jet. com 是少数几个有能力与亚马逊竞争的在线零售网站之一，后来被沃尔玛收购。我们可以观察沃尔玛在收购 Jet. com 后做了什么，但我们无法观察两家企业没有合并时，Jet. com 原本会做什么。换句话说：在收购之时，Jet. com 主要是沃尔玛实体店的线上补充，从而使沃尔玛能够提供与亚马逊竞争的创新零售服务，还是说 Jet. com 主要是沃尔玛的竞争对手？无论在过去还是现在，关于零售业发展方向的不确定性都是巨大的，而 Jet. com 在未来几年与亚马逊或沃尔玛竞争的独立能力同样是未知的。

当提出这类交易时，使用滑动尺度（sliding scale）可以帮助处理固有的不确定性。比较上述两个例子，如果脸书在社交媒体上的市场势力比沃尔玛在零售上的市场势力更强或者更持久，那么社交媒体行业的破坏可能性即使很小，对消费者也会更有价值，因为比起相同可能性的破坏性创新在零售业的作用，社交媒体行业的破坏将产生更多的创新和产品市场竞争。

在面对不确定性时，一个合适的方法是采用错误成本方法（如前文的讨论）研究合并对预期消费者福利的影响。执法不力的成本是在位企业市场势力的程度和持续时间的函数，即因失去来自目标企业的竞争而损失的价值。如果在位企业存在竞争者，或者存在比目标企业更好的潜在竞争者，那么潜在竞争来源的损失可能就是有限的。然而，如果"市场中的竞争"是有限的，而且主要或唯一的竞争是"为了获得市场的竞争"，那么损失潜在挑战者可能会极大地损害消费者，从而增加执法不力的成本。

还有另外两种有用的方法可用来评估对新生竞争对手的收购。

第一种方法是分析决定收购价格的因素，以深入了解支配型在位企业到底是与目标企业共享垄断租金，还是与目标企业共享预期协同效应的价值。[43]第二种方法是审查支配型在位企业以前的收购行为，以确定该企业到底是有收购潜在竞争对手的模式，还是有通过类似收购获得巨大协同效应的历史记录。

过度执法的成本取决于是否存在合并专有的效率。当一家在位企业收购一家小型目标企业时，可能的合并专有效率包括两家企业科技能力的协同效应，比如将大企业的技能和协议应用到被收购企业的产品上，或者改善两种产品合作的能力。协同效应可以增加目标企业的产品成功上市的可能性，或者提高其上市的速度。一家支配型企业或许能够证明，它在此前的类似收购中成功地获得过这种效率。

这些交易中的一个重要问题是，对合并专有效率的评估到底是与目标企业仍然是独立竞争对手时的情况相比较，还是与目标企业被另一家利润不受其威胁的（较大）企业收购时的情况相比较。基于替代交易的审查类似于目前针对"失败企业"的审查，否则将不适用。[44]即使在许多情况下反垄断当局很难确定具体的"其他情况下的"收购以实现更严厉的执法，这种更严格的审查也将使天平向更严厉的执法倾斜。[45]

在处理支配型在位企业对小公司的收购时，另一个要考虑的因素是，被收购后的前景能否为小企业开展创新提供重要的事前激励，也就是所谓的"并购式投资"（investment for buyout）。虽然阻止支配型在位企业的所有收购行为的过严政策可能产生不利影响，但是如果合并执法政策着重于保护竞争过程，而且确实忽视了对"并购式进入"（entry for buyout）的一般影响，那么这种合并执法政策将推动真正的创新，原因至少有三个。第一，这种政策会阻止风险资本和其他资本推进从一开始就是为反竞争收购而设计的类似项目，并将鼓励更多有益于社会的创新。[46]第二，这种政策将随着时间推移削弱在位企业的市场势力，从而增强在互补品供给方面进行创新的激励。第三，在合并之后，如果在位企业直接关闭或减少对竞争性创新的投资，此时"并购式投资"的收益最终也不会惠及消费者，那就没有权衡可言。[47]对在位企业针对小企业的反竞争收购采取更强硬的立场，将与保护破坏性市场进入者免遭排他行为影响的政策一起发挥作用（这是我们的下一个话题），并通过增加未来销售的可竞争性来提高进入者的预期利润，从而促进创新。

4. 支配型企业在创新行业的排他行为

现在我们转向创新产业中的支配型企业，讨论对其商业行为的反垄断处理。我们不会讨论企业是不是占据支配地位的问题，而只是关注其行为。我们的注意力集中于支配型企业通过排除实际竞争对手或者潜在竞争对手从而有可能阻碍创新的商业行为。我们特别关注的是，在动态的创新市场中，支配型企业采用了反竞争的商业行为，以排除令其讨厌的新兴企业或潜在进入者，它们都是常见的破坏性市场主体。如果这些行为阻止了新型和改进型产品及服务的出现或成功，消费者就会受到损害。在支配型企业向消费者免费提供产品或服务的市场中，这些新型和改进型产品与服务是消费者剩余的重要来源，这在数字市场中很常见。

当一家支配型企业拒绝将其产品卖给与其竞争对手交易的消费者时，就是排他行为的一个典型例子。例如，在大约70年前的美国俄亥俄州洛兰市，支配型地方报企面临一种激动人心的颠覆性技术，即地方广播电台的竞争，这家报企拒绝接受那些在地方广播电台投放广告的人在报纸投放广告。最高法院判决这种行为违反了《谢尔曼法案》第 2 条。[48]

我们使用广义的"排他行为"这一术语，既包括阻碍竞争对手进入（或诱导其退出）的行为，也包括削弱竞争对手实际竞争能力的行为。[49]例如，排他行为可以增加竞争对手的成本，降低其产品质量，或者妨碍其获得重要的投入品或消费者。

美国联邦贸易委员会最近对高通公司提起了诉讼，该案提供了一个可能损害创新的排他行为的例子。[50]联邦贸易委员会宣称，高通公司的某些商业行为提高了高通公司竞争对手销售调制解调器芯片的成本，从而降低了竞争对手投资研发新一代调制解调器芯片的激励。联邦贸易委员会由此认为，高通公司通过提高竞争对手的成本损害了竞争，巩固了高通的支配地位。尽管高通在现代芯片上的一些竞争对手，尤其是英特尔，投入了大量研发资金以开发新型和改进型现代芯片，但联邦贸易委员会还是做出了上述指控。正如下文强调的，对经济影响的评估需要将实际结果与一个适当的反事实结果进行比较，而该结果反映了在没有被指控的行为时（不确定的）研发、投资、价格和市场进入路径。2019年 5 月，负责审理联邦贸易委员会案件的法官做出判决，高通的行为违反了反垄断法。

4.1　建立适当的反事实

联邦贸易委员会起诉高通的案例说明，反垄断案件涉及可能损害创新的商业行为时，有一个常见特征，就是从经验上确定这些行为如何影响产业发展可能很困难，尤其是如果法院要寻求没有反竞争行为时会产生何种创新的确凿证据。

要了解问题的本质，首先考虑这样一个例子，即一家公司销售一种专利药，向一家仿制药企业支付一大笔钱，使之同意在一段时间内不向市场提供该药品的仿制药。在这类"付费推迟"案例中，通常有大量证据表明，仿制药的进入会导致药品价格大幅下跌。利用这些证据，可以量化仿制药延迟进入市场对消费者造成的损害。的确，在仿制药实际延迟进入的情况下，可以相当准确地估计仿制药延迟进入对消费者造成的损害。

与此形成鲜明对比的是，现在考虑如下情形：一家支配型在位企业阻碍了竞争对手对研发的投资，或者阻碍了竞争对手开发或推出新产品。在这种案例下，通常不可能量化对客户造成的损害。的确，由于新产品开发及其市场接受情况固有的不确定性，通常不可能知道，本来会开发出什么样的新产品和创新产品，会在什么时候推出这些产品，或者这些产品会有多受欢迎。

所有这些都意味着，认定一家支配型企业的行为损害了创新并因此违反了反垄断法所需的大量证据是竞争政策的一个关键因素。一套更坚定明确的反垄断制度会发现，当受到质疑的行为阻碍竞争对手的创新激励或能力，因而扰乱了竞争过程时，就会出现违规行为。这是合理的，因为经济学家明白，当某项活动（如研发投资）的激励减弱时，就可以预见追求利润最大化的企业会减少这项活动。因此，如果有令人信服的证据表明开发新产品的激励减弱了，那就可以有把握地得出创新将会减少的结论。更谨慎的反垄断政策会要求证据，以证明由于支配型企业那些受到质疑的行为，竞争对手实际上减少了对特定项目的研发，以及由于某些特定产品没有开发出来，研发的减少损害了消费者。在许多动态市场中，要证明这些因素几乎是不可能的。如果举证责任设置过高，那么在动态和创新的行业中，反垄断执法就会效率低下。

创新政策与经济发展

这些行业的第二个主要问题是与长期技术趋势的影响相关的逻辑谬误。在降低成本和提高质量方面，高科技市场有着强大的长期趋势（质量可以是速度或内存容量这样的产品属性）。被告有时将这些市场改进（更便宜和更快速的产品）作为证据，证明没有出现排他行为。然而，正确的问题是，在没有排他行为的情况下，速度是否会提高得更快，价格是否会下降得更多。一个行业经历了技术进步，随着时间推移，产品不断改进且产量不断增加，如果这个事实与排他行为的存在不一致，那么，如果不放弃高科技行业的反垄断执法，就会严重阻碍该行业。

联邦贸易委员会起诉高通公司的案例很好地说明了这种政策权衡。联邦贸易委员会提交的证据显示，即使智能手机制造商生产和销售的智能手机含有非高通的调制解调器芯片，高通受质疑的行为也使之能够从智能手机制造商那里获得不合理的高额专利使用费。[51]联邦贸易委员会解释说，这些过高的专利使用费实际上增加了高通竞争对手的成本，从而阻碍了它们进行必要的研发投资，以开发新型和改进型现代芯片。这个结论来自产品开发的最基本的经济学原理：如果一家企业考虑投资开发一种新产品，但是预期自己的销售量和利润率都会减少，那么不可避免地，它开发新产品的激励就会降低。作为回应，高通辩称，联邦贸易委员会没有证明，具体的调制解调器芯片供应商退出市场或削减研发投入的原因就是高通受质疑的行为。要求政府执法机构提供这类证据，以作为确立违法行为的先决条件，将大大削弱反垄断执法在动态的创新产业中的作用。[52]

反垄断执法者、经济学家和法院早就认识到，即使存在反竞争的垄断或其他有害行为，价格也会下降且产品可以改进。1998年美国司法部起诉微软的垄断案就是一个突出的例子。微软的

Windows 操作系统在与英特尔兼容的个人电脑操作系统市场上占据垄断地位。[53]微软推出了创新产品，该产品的基础是前几代软件，其中包括 Windows 95，它提供的用户界面"受到了消费者前所未有的欢迎"。[54]但是，这些革新虽然对消费者很有价值，但并未排除反竞争行为的危害。政府声称，微软通过消除 Netscape 和 Java 带来的竞争威胁，非法地维持其操作系统的垄断地位，对此微软也没有成功地进行辩护。[55]

另一个例子是，在 20 世纪 90 年代和 21 世纪头 10 年，动态和创新的高科技市场出现了多次价格操纵事件。液晶显示器（用于个人电脑显示器和电视）和动态随机存取存储器的供应商均承认非法组成卡特尔，旨在使价格高于竞争水平。[56]高科技市场显然也不能幸免于反竞争行为。

这些产品——Windows 操作系统、液晶显示器和动态随机存取存储器——都是个人计算机的部件。相应地，认为这一时期个人计算机价格的下跌可以证明计算机部件市场不存在反竞争行为，是违背事实的。根据美国劳工统计局经质量调整后的价格指数，个人计算机和相关周边设备的价格在 1990 年至 2010 年迅速且越来越快地下降，年均降幅为 20.4%。[57]在与个人计算机有关的反竞争行为的后期（1995 年以后），个人计算机价格的下降速度实际上比手机和其他高科技产品价格的下降速度还要快。在任何情况下，不管价格下降速度如何，对于评估相关投入品市场中的垄断、合谋和其他反竞争行为造成的损害，这些信息都没什么用。原因在于，损害取决于投入品市场中没有反竞争行为时本来会发生什么。要做到这一点，需要与适当的反事实进行比较。事实上，由于个人计算机投入品市场存在大量反竞争行为的证据，价格或质量不受影响的结论是不成立的。

正是因为在动态的创新产业中，很难从经验上确定特定商业行为的影响，所以我们通过探索旨在保护竞争过程的反垄断规则来构建分析。这种选择带来了明显的优势：它不必推测反事实情况下的特定发明，同时又可利用经济学理论预测激励和能力变化的影响。总之，我们正在探索反垄断规则，以允许支配型企业通过提供更低的价格和改进后的产品进行竞争，但禁止它们在不向客户提供直接利益的情况下，从事排除破坏性竞争对手的做法。这是美国反垄断法的标准，防止垄断行为就是保护竞争的过程。

我们将分析分为两个主要部分：排除对支配型企业在其核心市场的地位构成威胁的竞争对手，以及排除试图在邻近市场竞争的竞争对手。20年前起诉微软的案件说明了这两种事实模式，以及美国和欧盟的法律手段在一些方面如何不同。美国司法部起诉微软案的焦点是司法部的主张，即微软采取了各种做法，以捍卫它在个人计算机操作系统领域的垄断地位。欧盟委员会指控微软的案件主要基于如下主张：微软试图将其在个人计算机操作系统方面的垄断权力扩大到邻近市场，即媒体播放器和用于工作组服务器的操作系统。

4.2 捍卫支配地位

在讨论具体的商业行为之前，更一般地考虑创新市场中支配型企业的反垄断行为是有指导意义的。西格尔和温斯顿（Segal and Whinston，2007）提出了一种最基本的潜在政策权衡。他们指出，更严格的反垄断政策将以在位企业的利益为代价，增加新进入者的利润。他们随后提出的问题是这种利润转移如何影响创新？其关键点就是，今天的成功进入者可以成长为明天的支配型在位者。事实上，在他们的基本模型中，这是不可避免的，因为今天的进入者超越了在位企业，与之交换地位而成为明天的在位企业。西格尔和温斯顿在这个模型中，通过改变排除进入者的能力，给出了我们在上文描述的反事实分析。他们指出，"恰恰是在更严格的反垄断执法提高了一项创新在其寿命期内的预期增量贴现利润的时候"（第1707页），促进了创新。同样，甘斯（Gans，2011）认为"静态"分析往往可以给出关于创新的正确答案。

支配型企业可以通过多种方式排除威胁其市场势力的竞争对手。这些方式包括捆绑（如美国微软案）、专卖、忠诚度回扣和最惠国条款（MFN）。[58]在平台市场，旨在阻碍市场一方多归属的行为可能是一种特别有效的排他性策略。多归属是一种鼓励创新竞争的策略，因为它提高了可竞争性：在多个平台上操作的消费者可以更容易地将市场份额转移到更具创新的产品上。因此，与传统的专卖安排类似，支配型企业阻碍市场一方多归属的政策可能会对创新产生不利影响。例如，想象一下，如果优步禁止旗下的司机为另一个平台驾驶，会发生什么。由于优步的规模大于来福车，优步的规定可能会导致大多数司机只选择优步一家。这将减少来福车可以使用的司机数量，并很可能增加用户在来福车平台上的等待时间，从而降低来福车对消费者的吸引力。从短期看，可竞争性将会下降，因为更多的消费者可能只选择优步，从而来福车平台的创新对消费者来说将不那么明显。此外，如果来福车退出某些地区，优步在这些市场中面临的价格和创新上的竞争压力就会减少。

即使颠覆性的进入者（目前）在效率上低于支配型企业，排除颠覆性的进入者也必定会损害竞争过程。事实上，在受制于显著的规模经济（例如，由于网络效应和/或干中学）的行业，这种模式往往是常态。有些颠覆者最初的效率低于支配型企业，但仍然能够对在位企业构成严重的竞争威胁，因为它们有吸引消费者的对抗性特征，或者它们的效率会随着经验和规模的积累而提高。不管进入者目前的效率水平如何，竞争过程要求他们不应当被实际上的非竞争行为压制，这其中也包括如果没有对竞争者的排他性影响就没有经济意义上的非竞争行为。

在这一领域，有一些最困难和最重要的问题与被控排除新生竞争对手的商业行为有关。由于新生竞争者的成功是高度不确定的，所以只有在它们的成功能带来巨大的竞争价值时，将它们排除出市场才会对预期消费者福利产生很大影响。当在位企业拥有巨大而持久的市场势力时，上述情况最有可能出现。如果消费者的选择有限，那么第二选择实际出现的概率即使很小，对他们来说也是非常宝贵的。这一观察结果表明，可以使用滑动尺度来评估受质疑的商业行为对竞争的影响：在位企业的市场势力越大且越持久，进入者证明自己应免受排他行为影响所需的成功概率就越低。基本上，这一原则与我们在讨论涉及不确定性的规划产品合并以及支配型企业的潜在挑战者时提出的原则相同（见第3.1.3节和第3.3节）。

基于微软的案件，美国的判例在这一点上是站得住脚的。在政府的诉由中，主题之一便是，Netscape 利用 Java 中间软件对微软的 Windows 垄断构成了威胁。[59]但是这种威胁还没有发展到可以直接替代 Windows 的地步。在这一关键意义上，Netscape 和 Java 虚拟机为 Windows 提供了补充，然而对 Windows 而言只是"新生的"竞争。在这种情况下，上诉法院的结论是，这类竞争受到《谢尔曼法案》的保护，而微软违反了《谢尔曼法案》的第 2 条。[60]

4.3 支配地位的扩展

我们现在要关注的是，支配型企业将其控制权扩展至邻近市场，利用其支配地位带来的势力削弱或消灭这些市场中的独立竞争对手。这种类型的排他行为令人担忧，既是出于相邻市场竞争的考虑，也是因为相邻市场的强大竞争对手往往是核心市场最有效的实际和潜在进入者。

有许多关于损害的经济学理论可以支持对市场势力从基本市场延伸至相邻市场的担忧。例如，卡尔顿和沃尔德曼（Carlton and Waldman，2002年，第4部分）表明，支配型企业可以将其市场势力"转移"到一个新兴市场，方法就是将其主要产品与一种互补产品捆绑在一起，该互补产品就可以作为进入新兴市场的跳板。维克斯（Vickers，2010）讨论了许多关于损害的其他理论，这些理论都与将知识产权从一级市场扩展到二级市场有关。其中一个理论与"前置"效应（front-loading effect）相关，西格尔和温斯顿（2007）对此有过研究。其他理论适用的情形是，在位企业从事"基础"创新，而竞争对手可能从事"后续"创新。[61] 在这种情况下，如果成功的后续创新者会威胁在位企业在其主要市场上的地位，那么支配型企业就有激励为基础创新的许可设置条件以阻碍后续创新。事实上，即使后续创新者拥有可以加速创新的独特资产，对被取代的恐惧也可能导致在位企业干脆拒绝授权给后续创新者。在这种情形下，相关的理论取决于将创新（或进入）与邻近市场联系起来的机制以及支配型企业在一级市场保护当前市场势力的激励。[62] 在相邻市场中，网络效应的存在可以使支配型企业的排他性策略特别有效，因为被网络排除在外可以直接降低竞争产品的吸引力（可以参见 Carlton and Waldman，2002；Katz，2018）。

当前，欧洲关于拒绝知识产权许可的判例涵盖了支配型企业利用其市场势力向邻近市场施加影响的情形。这类判决力求保留一级市场的创新激励，又不过度扭曲竞争对手从事创新和/或进入相邻市场的激励。在实践中，这意味着在某些"例外情况下"，支配型企业有责任将知识产权许可给竞争对手，其中包括了如下情形：获得知识产权对二级市场的有效竞争不可或缺，而且拒绝给予许可会阻碍消费者需求的新产品的出现。[63]美国反垄断法并没有朝这个方向发展。

欧洲有关拒绝交易的法律被适用于影响深远的微软滥用市场支配地位一案。[64]根据欧盟委员会的陈述，微软将其在个人计算机操作系统方面的市场势力扩展到了相关的工作组服务器操作系统市场。欧盟委员会认定，为了实现该目的，微软降低了工作组服务器操作系统的竞争供应商获得的互操作性信息（interoperability information）的质量。其结果是，在很短的时间内，微软在该市场的地位显著提高。虽然，在法律上，欧盟委员会的判决依据的是欧洲关于拒绝交易的流行判例，即 IMS Health 案和 Magill 案，但它也讨论了微软有什么激励采取"防御性杠杆"（defensive leveraging）以保护它在个人计算机操作系统中的市场势力。[65]欧盟对微软案要求的救济措施是，微软有义务以非歧视性的合理条件向竞争对手披露特定的互操作性信息。[66]

需要注意的是，在美国没有可以比较的垄断扩展案例。[67]这可能反映了美国与欧盟对可以将垄断势力延伸至邻近市场的单边行为有不同处理，而这种不同尤其体现在，欧盟要求提供开放的接口以及公平对待相邻市场的竞争对手。[68]

限制支配地位扩展的一个常见建议是，要求支配型企业在相邻市场中为竞争对手提供非歧视性的进入条件。当支配型企业干脆拒绝让竞争对手与其优势产品交互连接或交互操作时，就会出现歧视性进入的极端情况。通过反垄断执法强制推行竞争对手的非歧视性进入，可能需要解决几个棘手的问题，包括关于"合理"接入费的经济问题，以及关于兼容性和接口设计的技术问题。如果核心产品或邻近产品由于技术进步而迅速变化，那么这些问题就特别具有挑战性。事实上，在受监管的行业，特别是在电信行业，主要负责处理这些进入问题的是专业部门的监管者，而不是竞争监管当局。

尤其是考虑到公众对数字平台的社会作用有强烈兴趣，当今最紧迫的问题是，对于为一个庞大的经济生态系统提供基础的平台，应当对其所有者适用什么样的政策。这是一种与以前有所不同的新情况：如何保护和促进一个可能与其他平台竞争的专有平台上的内容或应用程序之间的竞争。如果一种互补品或互补服务的供应商因在专有平台上处于不利地位而面临重大损害，那么该平台的所有者就可能拥有巨大的经济势力。消费者是否受损取决于以下三个方面：平台所有者的政策是否会增加平台对于用户的总价值，互补品的替代品之间的竞争性质，以及离开平台的能力（这是平台之间实际竞争程度的函数）。在这一领域的一个难题是，如何处理为了获取更多租金而试图减少互补品租金的平台。我们可以推断，随着时间的推移，租金份额的这种变化将影响平台和互补品的创新回报，从而影响创新的数量。[69]

美国司法部和联邦贸易委员会可能会发现，对这种情况的干预尤其困难，因为美国法院反对给交易施加任何义务，而且它们尊重财产权。然而，甚至在 Trinko 案之后的 Aspen Ski 和柯达的案件中，改变自愿达成的交易仍可能承担反垄断责任。然而，目前的美国最高法院是否会支持这一责任理论，仍然是一个悬而未决的问题。这很可能是未来几年最重要的反垄断问题之一。对于在专有数字平台上运营的企业，如果法院在美国解释反垄断法时，主张只提供很少的保护，或者根本不提供保护，那么许多这样的企业可能会发现自己处于非常弱势的地位，而且它们可能会与消费者联手，要么争取修改美国反垄断法，要么争取对大型数字平台实施某种形式的监管。[70] 当时的美国总统候选人伊丽莎白·沃伦已经提议对大型数字平台进行拆分和监管。[71]

附录 A　单边价格与创新效应的相互作用

创新对手之间的合并会产生单边价格效应（与现有产品和创新产品有关）和单边创新效应。[72] 单独来看，这些效应都有可能削弱当前和未来的竞争并给客户带来损害。针对创新对手之间合并的反垄断审查自然会力争发现两种效应对消费者福利的综合影响。

我们认为，单边价格效应（基于降价的偷生意效应内部化）和单边创新效应（基于创新的偷生意效应内部化）通常都会削弱竞争并损害消费者，这一点具有重要意义。[73] 因为这意味着并购执法官员可采用以下（可反驳的）经济假设作为简单的规则，即在创新者数量有限的特定领域中，两方合并会导致偷生意效应内部化，这很可能会削弱创新并推高价格，二者的共同作用将给消费者带来损害。

近期的理论研究更深入地探讨了单边价格效应和单边创新效应之间的相互作用。合并使得价格和创新转移效应内部化，进而降低预期消费者剩余的情况尚未完全被视为理论问题。而这种合并势必降低创新激励的一系列情况也未被完全视为理论问题。在不完全竞争的博弈模型和价格歧视模型中，经常存在一些模棱两可的地方，因此决策者必须以经验发现和理论文献中最可靠的部分为指导。理论文献会更加有用，因其直接聚焦于合并如何影响创新激励，而通过经验来开展这方面的研究则存在一定困难。

为了了解单边价格效应与单边创新效应如何相互作用，假设公司 A 与公司 B 合并，合并使得基于价格的转移效应内部化，从而使合并后的实体能够提高产品 A 的价格从而增加利润。在没有协同效应的情况下，这会提高产品 A 的价格/成本利润，从而提高适用于产品 B 的创新转移比率。这又意味着合并将进一步降低合并后企业开展研发投资改进产品 B 的激励。通过以上方式，单边价格效应和单边创新效应相互作用并相互强化，对消费者不利。

相反，如果由于价格竞争减弱导致该产品的增量利润提高，则企业开发新产品的激励就会加大。理论上的关键问题是，我们是否能够有效地辨别此类情况，即创新对利润的间接提高作用非常大，即便是在考虑了创新转移效应对创新产生的合并后"税收"效应，合并也会增加创新激励的净效果。另外就算发生这种情况，那么在什么环境下合并实际上会使消费者受益，而不仅仅是使合并后的公司受益？

如果想要对单边价格效应和单边创新效应的相互作用进行更完整的分析，则问题可能会变得相当复杂，其结果取决于具体模型的运用。根据迄今为止开发的理论模型，我们认为正文中阐明的原则是普遍适用的，只要基于合并对消费者的总体影响开展评估，则考虑这些相互作用通常都会印证对单边创新效应的担忧。

最近的许多理论模型都考虑了简单的序列寡头垄断模型，在这种情况下，企业首先投资于创新，继而凭借其创新努力的（可观察到的）结果进行价格竞争。创新和产品市场竞争的序列寡头垄断模型之所以具有吸引力，是因为价格在创新努力开花结果之后确定的假设是现实的，尤其是在存在研发竞争和随机产品创新竞争的重要情况下。上述模型还可以让人们直接了解内生创新模型中合并对消费者的影响。但是在这些论文中很难获得一般性的分析解决方案，因此研究人员不得不诉诸数值模拟，而这往往会带来关于合适的参数值的问题。

在上述情况下获得的研究结果表明，单边价格效应和单边创新效应不仅分别对消费者有损害，将两者放在一起研究考察时的结果也是有害的。特别是费德里科等人（Federico et al.，2018）的研究考虑了一个随机产品创新的序列寡头垄断模型，在该模型中有多个创新竞争对手提供差异化产品。他们考察了需求的多种函数形式（线性、对数和固定替代需求弹性），根据一系列参数对两个创新竞争对手之间的合并影响进行了数值模拟。模拟结果表明，在没有协同效应的情况下，合并通常会降低创新激励，推高价格并损害消费者。[74]

莫塔和塔伦蒂诺（Motta and Tarantino，2018）的研究也得出了类似的定性结论，他们在具有线性需求的确定性过程创新的序列寡头模型（Shubik-Levitan）中，以及产品差异化的 Salop 循环模型（Salop circular model）中对合并进行了模拟。类似的结果还出现在代表性消费者的顺序模型中（Chen and Schwarz，2013，附录 B[75]；Cunningham et al.，2019，附录 A；López and Vives，2019[76]）。格林斯坦和拉米（Greenstein and Ramey，1998）还发现，与垂直产品差异模型（如 Shaked Sutton）中（受保护）的垄断相比，双头垄断的环境会带来更大的创新激励。[77]

在同时考虑创新和定价的模型中还可以获得更多分析结果。例如莫塔和塔伦蒂诺（2018）运用聚合博弈理论（aggregative game theory）表明，在多个标准需求系统满足不相关替代方案独立性的模型（例如 logit 需求系统）中，合并减少了产量、新产品的开发投资以及消费者福利。[78]从定性的角度而言，这与代表性消费者的序列模型的结果一致。[79]

但是我们还可以构建这样一种经济模型，在该模型中，由于单边价格效应较强，合并可以提高创新激励（甚至是在没有协同作用的情况下）。有学者（Chen and Schwartz, 2013）构造了霍特林（Hotelling）竞争模型，在该模型中开发新的（高级）产品可使垄断者实现更准确的价格歧视，从而获得更高的利润。[80]该模型证明，虽然偷生意效应在从双头垄断向独占垄断的转变过程中内部化，但与之相比单边价格效应的影响有可能更大。不过在他们的例子中，合并仍会减少竞争并损害消费者，因此根据美国和欧盟采用的标准，这种合并是不合法的。[81]

总而言之，有关单边价格效应和单边创新效应之间相互作用的最新理论研究支持以下这一广泛的经济学原则，即在缺乏效率的情况下，即便是同时考虑上述两种效应，其结果也依然是合并可能损害消费者。根据有关单边效应的一般原则，在一个进入门槛较高的市场中，如果走在创新道路上为数不多的大企业中的两家合并在一起，则对消费者的最终伤害可能更大。

附录 B　涉及创新的部分反垄断案例

B1 涉及规划产品的合并

美国案例

美国联邦贸易委员会通常会在制药和医疗领域涉及规划产品的合并中发现竞争问题。

1. Thoratec 收购 Heartware 的案例

一个著名的案例是 2009 年被美国联邦贸易委员会阻止的 Thoratec 和 Heartware 之间的合并。[82]该合并涉及左心室辅助装置

（LVAD）市场。LVAD 是一项维持终末期心力衰竭患者生命的技术。当时 Thoratec 是该市场的在位企业，其 LVAD 是唯一被美国食品药品监督管理局批准用于商业销售的此类设备。美国联邦贸易委员会发现 Heartware 被定位为下一个可以获得美国食品药品监督管理局批准的生产类似产品的公司，该公司的 LVA 具有更加新颖的功能。因此 Heartware 是 Thoratec 市场地位的主要挑战者，预计其进入市场后将会获得原本属于 Thoratec 的很大一部分市场份额。美国联邦贸易委员会还声称，合并双方之间的"创新竞争"已经迫使 Thoratec 对旗下产品进行创新。美国联邦贸易委员会发现，如果双方合并，则消费者将失去未来双方竞争所带来的好处，例如较低的价格以及更强大的产品功能。美国联邦贸易委员会还能够根据对 Heartware 产品未来市场份额的预测，判定该合并将会大大提高未来的集中度（相对于不开展合并交易的情况而言），因此根据美国的法律和美国《横向合并指南》可以判定，上述合并不合法。

2. Mallinckrodt 案例

在 Mallinckrodt 案中，美国联邦贸易委员会发现一家名为 Questcor 的公司（现在为 Mallinckrodt 所有）涉及反竞争性垄断（即其行为有助于维持其垄断力量）。[83]该公司受到关注的行为一是介入了竞争药品（Synacthen）的竞标过程，二是其在 2013 年获得了该药在美国的独家许可。上述行为将独立的 Synacthen 带来的竞争威胁扼杀于萌芽之中。

Questcor 是 Acthar 的所有者，Acthar 是唯一一种在美国出售的用于治疗婴儿痉挛和其他适应症的促肾上腺皮质激素（ACTH）产品。美国联邦贸易委员会在诉状中提供了关于 Questcor 拥有强大市场力量的直接证据。例如 Achtar 过去曾多次大幅涨价（涨幅约为 1 000% 或更高），并且该业务利润十分可观（Mallinckrodt 在 2015 年以略低于 60 亿美元的价格收购了 Questcor，其中绝大部分价值归功于 Acthar）。

Synacthen 是一种合成促肾上腺皮质激素药物，具有与 Acthar 相似的生物学活性和药理作用。在 Questcor 实施反竞争性垄断行为时，Synacthen 已经在多个国家（例如加拿大和欧洲）获得批准并销售，但尚未获得美国食品药品监督管理局的商业化批准。美国联邦贸易委员会发现，Synacthen 对 Questcor 旗下促肾上腺皮质激素药物的垄断构成了新的竞争威胁，尽管像 Synacthen 这样的临床试验前药物是否能获得批准还是个未知数。

2011 年末，Synacthen 的所有者决定放弃该产品的专有权，以期获得美国监管部门批准并将其商业化。美国联邦贸易委员会发现，Questcor 在相对较晚的阶段（2013 年中）介入了该专有权的竞标过程，并且最终成功击败了其他三个竞标者，获得了在美国开发、营销和出售 Synacthen 的独家许可。美国联邦贸易委员会还发现，Questcor 参与竞标是一种防御之举，旨在保护其在美国对促肾上腺皮质激素药物的垄断地位。通过获得 Synacthen 的独家许可，Questcor 阻止了其他竞标者计划开发竞争性药物、挑战 Questcor 对促肾上腺皮质激素药物垄断的企图，从而削弱了竞争。[84]此案很好地说明了"垄断者先下手为强"（monopoly preemption）的效应，这一效应表明，具有强大市场势力的公司可能会有特别强烈的动机来购买（并关闭）威胁其市场主导地位的规划产品。[85]

欧盟委员会案例

欧盟委员会最近介入了多个涉及规划产品重叠的案例。[86]这些案例通常与医药或医疗设备企业的合并有关，这些行业的临床开发过程往往都经过精心的组织安排。

近期介入规划产品与现有产品重叠的实例包括美敦力与柯惠医疗，以及辉瑞与赫升瑞的合并案例。[87]美敦力与柯惠医疗合并案涉及的问题与治疗血管疾病的药物涂层球囊有关。柯惠医疗有一款产品正处于后期开发中，有望与美敦力现有的一款类似产品一较高下。根据欧盟委员会的评估，当时相关市场中只有一个可靠的其他竞争对手。因此如果这笔合并交易实现，则将使该市场上独立公司的数量从三个减少到两个，同时还会消除柯惠医疗创新产品带来的竞争。该交易最终还是获得了批准，但条件是要出售上述存在重叠问题的规划产品。

在辉瑞与赫升瑞的合并案中，欧盟委员会担心辉瑞的英夫利昔单抗生物类似药（infliximab biosimilar drug）（处于第三阶段临床试验）与赫升瑞的现有产品（也是一种英夫利昔单抗生物类似药）存在重叠的问题。欧盟委员会的评估表明，当时在开发类似产品方面只有一个其他的竞争对手。该交易最后获得通过，条件是剥离辉瑞的规划产品。

欧盟委员会还在近期涉及规划产品与规划产品重叠的合并交易中发现了问题，涉及开发过程第一阶段和第二阶段的产品。

在诺华与葛兰素史克的肿瘤业务合并案中，欧盟委员会发现了与癌症创新疗法（所谓的靶向疗法）有关的问题。[88]该问题涉及用于治疗多种癌症的两种特定蛋白抑制剂（B-Raf 和 MEK 抑制剂）。欧盟委员会发现，在治疗皮肤癌方面只有三家公司拥有的一款现有产品和一款处于后期开发阶段（第三阶段）的产品，在治疗卵巢癌方面也只有三家公司平起平坐。在上述两类癌症涉及的三家公司中，葛兰素史克和诺华均在其列。由此带来的竞争方面的担忧是，由于葛兰素史克的药物更接近市场，二者合并或将降低诺华对旗下产品进行开发和商业化的动力。

此外，葛兰素史克和诺华都在积极开展使用 B-Raf 和 MEK 抑制剂治疗其他癌症（例如肺癌和结肠直肠癌）的临床研究。这两家合并公司都拥有处于早期开发阶段（第一阶段和第二阶段临床试验）的针对上述更多癌症的疗法。在基于 B-Raf 和 MEK 抑制剂的仅有的三个竞争性临床研究计划中，就有上述两家公司的两个计划。人们担心的是，在合并之后诺华会对其研究计划进行"合理化"（rationalize），并优先考虑葛兰素史克的同样适用于上述更多癌症的 B-Raf 和 MEK 抑制剂。其结果是，针对癌症的创新靶向疗法的整体开发工作将受到不利影响。

诺华和葛兰素史克案的补救措施是，将诺华获得许可的 MEK 抑制剂剥离给 Array（该药物的最终所有者，诺华拥有该药物的独家许可），并将其 B-Raf 抑制剂也剥离给 Array。补救措施还包括对 Array 给予过渡支持，使其能够完成 B-Raf 和 MEK 抑制剂组合治疗皮肤癌的第三阶段临床研究。影响上述补救方案设计的因素是 B-Raf 和 MEK 抑制剂需要组合在一起，这对治疗皮肤癌尤其有必要（因为两种药物之间有互补性）。

规划产品与规划产品重叠的另一个案例是欧盟委员会对强生和 Actelion[89] 合并案的干预。该案中的规划产品重叠涉及治疗失眠的产品。合并双方均有处于第二阶段临床试验的产品。欧盟委员会的分析表明，合并双方的产品基于一种新的作用机制（即促食欲素拮抗剂），而当时正在开发的其他促食欲素拮抗剂非常有限。因此合并会导致进入失眠市场的促食欲素拮抗剂产品数量更有可能减少。

规划产品重叠问题不仅限于制药和医疗设备市场。例如在通用电气和阿尔斯通的合并案中，欧盟委员会对重型燃气轮机（HDGT）市场中的规划产品问题给予了特别关注。[90] 这一关注源于人们对"超大型"燃气轮机市场的担忧（320兆瓦以上）。在合并之际，通用电气已经开始对其超大型涡轮机进行商业化，而阿尔斯通的产品还在后期开发阶段（GT36技术）。欧盟委员会的评估是，合并之后通用电气将会终止阿尔斯通在重型燃气轮机方面的研发工作，包括停止对GT36技术的开发和商业化。在该案中欧盟委员会的关注点不仅限于GT36技术，还与阿尔斯通作为市场中创新者的角色有关。因此补救方案还涉及一系列广泛的研发资产，包括阿尔斯通的重型燃气轮机技术、现有升级和未来升级的规划技术、阿尔斯通大量的研发工程师以及两个重型燃气轮机的测试设施。因此该案例还反映了基础创新能力重叠的情况（第二类案例，我们后文将提到）。

B2 涉及创新能力重叠的合并

美国案例

美国竞争管理机构近期介入多起涉及创新能力的备受关注的案件。[①]这些案件的最终结果要么是放弃合并，要么是拿出剥离资产的方案，照原样补齐拥有必要创新资产的独立公司的损失。

1. 尼尔森（Nielsen）和 Arbitron 合并案

美国联邦贸易委员会2013年的尼尔森和 Arbitron 合并案涉及受众评价调查服务［audience measurement（rating）services］[②]领域。美国联邦贸易委员会担心，合并双方在传统的电视和广播受众评价调查方面均具有强大实力，最有条件进入跨平台受众评价调查服务的新市场。美国联邦贸易委员会的评估是，只有这两家公司经营着大规模的具有人口统计学代表性的数据（包括个人层面的人口统计学数据）。当时双方均已开始开发跨平台的创新受众评价方案。令人担心的是，如果两家公司合并则会对消费者不利，原本最有实力在未来跨平台受众评价服务市场取得成功的两家公司将不会直接竞争。在该案例中，美国联邦贸易委员会实际上并未指控合并后创新的减少，而只是指出了合并将减少创新产品未来竞争的事实。该合并交易已经获得批准，条件是剥离资产并提供许可，从而弥补 Arbitron 在参与跨平台受众评价服务方面的影响。

2. 应用材料（Applied Materials）和东京电子（Tokyo Electron）合并案

应用材料和东京电子的案例涉及全球最大的两个半导体芯片制造工具提供商。美国司法部的调查表明，应用材料和东京电子属于最有能力开发并生产先进的用于大批量生产半导体制造工具的公司。合并双方在具体工具产品上存在重叠，同时规划产品与现有产品也存在部分重叠。但是美国司法部并没有就此止步，因其担心这些重叠仅说明双方总体竞争动态中的某一方面。正如美国司法部的经济学家在关于该合并的一篇文章中所说，"从更广泛的角度看，美国司法部相关部门发现，这些明确发现的工具之间目前存在重叠，反映出更广阔的开发方面的竞争，例如淀积和蚀刻半导体新工具的开发。凭借各自强大的能力，应用材料和东京电子很有优势（即使不是唯一的优势）开发新技术并设计大批量生产工具，以解决该行业中高价值的淀积和蚀刻问题"（Hill et al.，2015，第 433 页）。因此这种担忧直接涉及创新能力重叠问题。从合并方独特的资产、经验和历史业绩来看，合并方通常是两个最佳的（或三个最佳的）开发合作伙伴，如此才能满足领先的半导体制造商的需求。因此合并将会消除与所选未来开发合作伙伴之间的竞争（其竞争产品之间的竞争除外）。司法部发现"拟议的补救办法无法弥补合并所消除的竞争，特别是在下一代半导体设备的开发方面，因此应用材料和东京电子最终放弃了合并"。[93]

3. 拜耳（Bayer）和孟山都（Monsanto）合并案

美国司法部审查了拜耳与孟山都的合并案，并于 2018 年在剥离相关资产的条件下批准了该合并。[94]美国司法部发现，合并双方都是高度创新的公司，二者相互推动改进自身的产品和技术，并且两家公司还争相成功开发了新产品。[95]美国司法部担心合并会抑制多个领域当前的竞争以及动态竞争，这些领域包括多种重要农作物（棉花、大豆和油菜）的转基因种子和性状。美国司法部还担心在某些类型的除草剂和杂草管理系统领域（非选择性除草剂与耐除草剂种子组合）中，当前和未来的竞争可能会消失。[96]美国司法部指控称，该交易不仅损害多个现有市场的价格竞争，而且对创新也有损害。[97]美国司法部还发现，除了参与合并的公司之外，未来只有两家相互竞争的公司能够为农民提供综合解决方案（例如，种子、性状和农药的组合，以及数字农业技术）。

该案的补救措施是将一揽子综合资产出售给第三方（巴斯夫）。这些资产包括许多与创新有关的要素，包括知识产权、研究能力和规划项目。剥离这些要素的目的是让巴斯夫获得所有必要的相关资产，以替补拜耳在转基因种子和特性方面留下的创新成果。[98]上述一揽子计划还包括拜耳在除草剂方面的一些补充资产，包括具体的规划项目。巴斯夫在农业领域业务广泛，但缺乏种子和性状业务（也就是说如果没有上述补救方案，该公司缺乏必要的研发能力），因此被确定为资产剥离计划的合适买家。

欧盟委员会也研究了拜耳与孟山都之间的合并。[99]其担忧与美国司法部相似，包括性状、除草剂和杂草管理系统方面的创新担忧。欧盟委员会发现，合并双方是上述创新领域不分伯仲的竞争对手，而合并将导致拜耳在性状和杂草管理领域不再是孟山都主导地位的主要挑战者。根据对性状专利数据的详细分析，欧盟委员会发现合并双方在多个具体领域都是重要的不相上下的竞争对手（这一分析与欧盟委员会对陶氏和杜邦合并案进行的分析相似，请参见后文讨论）。和美国司法部一样，欧盟委员会在将大量资产（包括研发能力）剥离给巴斯夫的前提下，批准了合并。

4. 哈利伯顿（Halliburton）和贝克休斯（Baker Hughes）合并案

哈利伯顿公司和贝克休斯公司如果合并，则油田服务领域全球三大公司中的两家将合二为一。2016 年 4 月美国司法部发起诉讼欲阻止这一合并，随后当事方于 2016 年 5 月放弃了合并。[⑩]在针对合并的诉状中，美国司法部不仅列出了 23 个不同市场中的产品市场关注点，还表达了更广泛的反竞争担忧，即二者合并有可能导致动态竞争减少。美国司法部发现，参与合并的公司（连同主要竞争对手斯伦贝谢公司）在推动该行业技术创新和提高质量方面存在激烈的竞争，特别是在争取大型全球客户的复杂招标中。证据表明，上述前三位公司在市场上存在"持久的创新领导力"，这主要得益于这些公司的全球规模和业务范围（这使其能够从研发投资中获得更高的回报，并能利用各产品线之间的协同效应，此外还能够有更多机会获得新的技术经验）。[⑩]

作为对创新担忧的总结，美国司法部的起诉书指出：

> 哈利伯顿和贝克休斯不断相互推动，为勘探与生产公司开发最先进的技术。这两家公司都参与了竞争性研究工作，争相将它们所谓的"改变游戏规则"或"破坏性"新技术推向市场，或是在可溶性压裂塞、钻井自动化和集成重复压裂

等领域超越彼此的现有技术。上述两家公司表示，它们计划在拟议的收购完成之后免去重叠研究项目的支出。此次收购将结束哈利伯顿和贝克休斯在关键新兴技术之间的竞争。

因此，消除哈利伯顿公司与贝克休斯公司之间的竞争将带来更深远的反竞争性影响，其程度将超过市场份额和赫芬达尔-赫希曼指数（Herfindahl-Hirschman Index，简称HHI）所表明的影响。这些反竞争性影响可能包括价格上涨、服务水平下降、创新程度降低等形式的单边影响，同时还包括剩余竞争者之间更强的合作。（第69至70段）

合并引起的创新担忧直接影响了补救措施的方案设计。美国司法部拒绝接受合并参与方提出的一揽子补救方案，因为该方案不包括独立的业务，实际上是由两家合并公司的资产东拼西凑而成（实际上代表了技术的"最差"组合），并且在某些方面缺乏全球规模。[102]因此美国司法部担心拟议的资产剥离方案不能完全替代贝克休斯的能力和动态竞争地位。[103]

欧盟委员会案例

与美国机构一样，欧盟委员会也研究了多起具有创新竞争能力的公司的合并。最近的案例包括拜耳与孟山都的合并案（在之前关于美国的案例中已经讨论）、通用电气与阿尔斯通的合并案（在之前关于具体规划产品重叠的合并案中已有讨论）、西部数据（Western Digital）与日立（Hitachi）的合并案、德国交易所（Deutsche Boerse）与泛欧交易所（Euronext）的合并案，以及陶氏化学（Dow）和杜邦的合并案（我们接下来将回顾这些案例）。

1. 西部数据和日立合并案

西部数据和日立的合并使三大领先的硬盘驱动器（HDD）供应商中的两家走到了一起。[@]这个市场的特点是不断进行创新以增加 HDD 的存储容量，从而导致每 GB（吉字节）的价格下降。尽管欧盟委员会在此案中没有提出具体的创新担忧（主要关注 HDD 市场 3.5 英寸产品价格的单边影响），但创新问题在效率评估和补救方案的设计中起着重要作用。[@]关于合并可带来成本效益的说法并未被欧盟委员会接受，部分原因是欧盟委员会担心合并会降低未来成本下降的传递效应。这实际上就是一种对创新的担忧，因为欧盟委员会担心的问题反映了如下事实，即未来竞争的减少将使消费者失去未来（过程）创新的好处。欧盟委员会也没有接受固定成本下降将导致未来更大创新的说法，因为对于这种情况为何会产生有利于竞争的效应，缺乏一致的经济学解释。西部数据和日立的合并案已获通过，条件是剥离制造 3.5 英寸 HDD 的生产资产，包括生产设施、知识产权的转让或许可，以及人事（包括研发人员）转移。剥离这些资产要有先决条件，欧盟委员会必须批准将上述资产出售给合适的买家。这一过程要遵循特定的购买者标准，目的是确保购买者"作为硬盘驱动器行业中的研发创新者具有公认的专业知识和持续的过往记录，最好是在相关市场的相邻市场中也具有公认的专业知识"（欧盟委员会裁决，第 1 086段）。上述购买者资格标准背后的依据是要确保打造一个独立的市场参与者，该参与者应在未来的 HDD（尤其是 3.5 英寸 HDD）市场中具有创新并保持竞争力的必要能力。上述资产最终由东芝（Toshiba）（东芝在部分相关的硬盘市场中占有一席之地，但在3.5 英寸硬盘市场是空白）购买。

2. 德意志交易所和纽约泛欧交易所（NYSE Euronext）合并案

2012 年欧盟委员会禁止德意志交易所与纽约泛欧交易所合并。[106]欧盟委员会担心合并会在交易所买卖的欧洲金融衍生品中造成准垄断。欧盟委员会特别担心的一点是，合并双方在推出新产品、技术创新、工艺创新和市场设计方面属于不相上下的竞争者。欧盟委员会的分析表明，衍生品交易所之间的竞争是一种"赢者通吃"的动态过程（或者说是以争夺市场为目标的竞争），每个交易所都试图推出新的合约和想法以吸引并保持流动性。[107]人们发现，这种动态的竞争过程是激励创新的重要动力。欧盟委员会开展的竞争评估表明，合并双方在推出新合约和改进版合约的层面进行竞争，其创新动力至少部分受到实际或潜在的竞争威胁驱动。欧盟委员会特别指出，即便（合并后）某一创新能够以同样及时的方式和同样适合于客户需求的形式进入市场，但在新产品酝酿期间合并仍会削弱价格竞争，并导致在后续的潜在竞争中失去定价约束。[108]欧盟委员会还发现，德意志交易所与泛欧交易所之间的竞争在技术、流程和市场设计这些上游层面也存在。因此，合并将削弱合并企业在技术、流程和市场设计方面的创新动力，导致客户在衍生品市场获得的创新减少。[109]

德意志交易所和泛欧交易所的合并之所以引人注目，是因为在德意志交易所就欧盟委员会禁止合并的裁决进行上诉后，该案已诉至法院。[110]德意志交易所在上诉中称，欧盟委员会认为合并双方通过创新竞争的方式相互制约，这一结论显然是不正确的。对于该主张，法院审查了欧盟委员会关于德意志交易所与泛欧交易所合并会削弱创新竞争的推论和证据（涉及新产品的推出以及技术、流程和市场设计方面的竞争），彻底驳回了德意志交易所的主张。[111]此外法院还驳回了德意志交易所提出的其他请求，维持了欧盟委员会禁止合并的裁决。

3. 陶氏和杜邦合并案

陶氏化学和杜邦公司的合并将使庄稼保护领域的两大全球巨头走到一起。[112]欧盟委员会担心，该合并不仅会消除现有产品的产品市场竞争，还会消除未来产品的创新竞争。之所以担心创新问题是因为合并双方在规划产品和发现目标方面存在重叠，并且陶氏化学和杜邦公司作为某些创新领域的创新者，其地位十分重要（这从历史专利数据分析中可见一斑），此外也有证据表明合并后的实体会抑制研发投资（基于企业合并后的整合计划）。[113]欧盟委员会之所以担心创新问题还因为考虑到农作物保护行业的一些普遍特征，包括：研发方面存在巨大的进入壁垒，例如从实际情况看，发现和开发新化学产品的成本很高，估计接近3亿美元，时间超过10年；市场集中度较高，除了合并公司之外，全球研发方面的竞争对手只剩三家；并购前独占性较高（由于强大的知识产权保护和有效的策略，企业可在专利到期后维持现有产品的盈利能力，从而导致现有产品在很长一段时间内都能实现较高的利润率）。欧盟委员会在裁决中还详细说明了经济文献对于评估合并中创新问题的意义（考虑到这一行业的具体情况）。[114]

陶氏化学与杜邦的合并最终获批，条件是对于欧盟委员会存在担心的市场，杜邦需要剥离在这些市场上的产品（特别是杜邦的杀虫剂和阔叶除草剂），此外杜邦还要剥离在庄稼保护领域的全球研发部门。上述方案仅涉及杜邦的资产（而不是两家合并公司的资产搭配在一起剥离），这样便保留了研发和研究工作与下游产品组合之间的现有互补性，避免出现最差的担忧结果。被剥离的资产中包含综合性研发资产，这样不但可以维护被剥离产品组合的长期生存能力，还可以复制一个类似于杜邦的角色，即在庄稼保护方面拥有强大创新能力的独立的竞争对手。[115]

B3 涉及排他行为的案例，这种排他性可能会阻碍进入市场和创新

1. 美国运通（American Express）的案例

美国运通的商业模式要求商家不得歧视美国运通卡，例如对使用其他（更便宜）卡的持卡人提供折扣、优惠券或其他好处。这些非歧视性规定实际上相当于一种最惠国待遇，该规定禁止零售商将业务转介到可为该零售商带来更佳价值定位的卡上。例如，假设一个新进入企业希望投资开发一种新的费用更低的一般用途卡。在该案例中，新卡采取低成本策略；它对商家的收费非常低，因此商家希望使用该卡。但是由于其对商家的收费较低，因此无法获得足够的资金来回馈消费者。商家虽然想用该卡，但是由于受到美国运通（还有现在的维萨卡和万事达卡）的非歧视性规则的限制，无法通过奖励来引导消费者使用该卡。相反，如果向客户提供积分奖励，则客户会有激励使用费用尽可能高的卡。在没有最惠国待遇条款的情况下，一张卡可以凭借其价值主张来赢得客户。而在存在最惠国待遇条款的情况下，如果该卡无法通过收取更低的费用来吸引商户业务，则其创新收入将低于没有最惠国待遇条款的情况。相比之下，如果一张卡向商家收取更高费用，并且提供的优惠超过美国运通卡（例如大通蓝宝石卡），则该卡打入市场会更容易，因其目的不在于吸引商家，而在于吸引最终消费者。在美国，美国运通的合同被最高法院裁定为合法，但是在欧洲很多类似的最惠国待遇合同是不被允许的。这种环境下的竞争执法对创新具有直接影响。允许最惠国待遇显然有利于某些类型的创新（高成本），但不利于其他类型的创新（低成本）。⑩

2. 辉瑞起诉强生案

美国和欧盟之间在生物仿制药这一重要领域的创新截然不同。美国市场上生物仿制药寥寥无几，而欧盟则有近 30 种在售。生物仿制药是创新生物药品的复制品，由此引发了原研药（innovator product）激烈的价格竞争，这与（化学）仿制药的情况非常相似。但是生物仿制药与原研药并不完全相同，因此不能由药剂师来替换原研药，如果要替换必须由医生开具处方，这就会产生转换成本。由于生物制剂和生物仿制药的标准都比较复杂，因此无论是在美国还是在欧盟，生物仿制药的监管审批成本都比典型的小分子仿制药要高得多。欧洲国家药品采购竞争的激烈程度远远超过美国，这或许是生物仿制药迅速得到应用以及欧洲消费者享受到大幅降价的原因之一。而在美国生物仿制药入市缓慢的一个原因或许是美国竞争法执行不力。[⑰]辉瑞公司（生物仿制药的生产商）针对强生公司（强生公司是 Remicade 的原研厂家）提起的诉讼称，强生旗下 Remicade 的销售组织方式导致生物仿制药无法成功进入市场。[⑱]强生销售合同的争议在于，根据忠诚度回扣的要求，医院对此类治疗药物（所有生物仿制药加原研药）的几乎所有需求都得从强生购买，如此才能根据 Remicade 的总购买规模获得强生的折扣。"上述方案的核心特征之一在于这属于排他性合同，该合同阻碍辉瑞获得大量消费者。其特征还包括反竞争性的捆绑政策和以折扣相挟（coercive rebate）的政策，这些政策既是为了阻碍保险公司报销，也是为了阻止医院和诊所购买价格更低的 Inflectra 或 Remicade 的其他生物仿制药。"[⑲]如果医院不遵守排挤 Inflectra 的规定，则医院必须按标价购买 Remicade，从而无法获得大量的折扣。如果一些患者使用现有产品情况稳定，那么医院或医生可能也不想让所有患者都转用生物仿制药 Inflectra。但是生物仿制药还是可以与现有产品竞争新患者。忠诚度回扣或排他性合同（如前所述）可以通过设置门槛和折扣从而在"黏性"客户上做文章，由于这些门槛和折扣的存在，客户想要从新进入企业手中购买药品需要付出高昂的成本。因此新进入企业无法吸引需求（Remicade 的生物仿制药总共仅占7%的市场份额）。[120]由于预见到这些策略，新进入企业可能会理性地选择不进入该市场。这种排他性措施可能会降低生物仿制药的投资和研发水平。在这样一个新兴的行业，从干中学和规模经济或许都很重要，这些因素将会影响美国未来的医疗保健成本。

第五章　创新政策实验

阿尔伯特·布拉沃–比奥斯卡

1. 引言

　　创新政策的主要目的是支持有关新技术、新产品、新工艺或新商业模式的实验，并使其加速扩散到整个经济和社会中。然而矛盾的是，创新政策本身的可实验性并不强。政策制定者投入大量资金资助了不少科学实验和商业实验，但是很少拿自身的计划和活动做实验，至少没有以系统的方式进行实验。

　　我们是否充分利用了这笔投资？这笔资金是否还有更有效的

* Albert Bravo-Biosca，英国国家科学、技术和艺术基金会高级经济学家，并在巴塞罗那经济学院（Barcelona School of Economics）任教。作者非常感谢美国国民经济研究局及英国国家科学、技术和艺术基金会创新增长实验室（IGL）的合作伙伴提供的资金支持。本文建立在作者之前与创新增长实验室其他同事合作研究的基础上，特别是 Teo Firpo、James Phipps 和 Lou-Davina Stouffs，作者感谢上述同事为本文做出的贡献。此外作者还要感谢以下人士的建议：编辑 Josh Lerner 和 Scott Stern，Mike Andrews、Hugo Cuello、Eszter Czibor、Chris Haley、Anna Hopkins、Paula Kivimaa、Kjell Håkan Närfelt、Simone Vannuccini、NBER 创新政策和经济 2019 年会议与会者以及 SPRU Freeman Friday Seminar 的与会者。关于致谢、研究支持来源，以及作者重大财务关系披露方面的信息（如有），请参阅 https://www.nber.org/chapters/c14262.ack. Correspondence；地址：Nesta, 58 Victoria Embankment, London EC4Y 0DS, United Kingdom；电子邮件：abravobiosca@nesta.org.uk。

使用方式？我们怎样才能知道答案？如果我们想要成功应对未来面临的经济挑战，这些都是需要解决的问题。然而从很多方面看，我们仍处于未知领域，原因至少有三。

首先，想要洞察创新系统比较困难。创新系统是很复杂的系统，而不是简单的线性生产函数。参与者、机构和政策以多种方式相互作用，不确定性很高。由于存在先前未必了解的相互依存关系，改变政策手段可能会带来意想不到的后果，因此做出预测以及分配资金是一项具有挑战性的工作，人们需要花费一定时间来了解创新系统如何运作。

其次，创新系统也在与时俱进，一些人认为创新系统的发展速度比过去更快。一些趋势正在重新塑造创新系统，包括全球价值链的崛起、知识生产扩大到 OECD 国家之外呈现全球化之势、不断增加的知识负担（Jones，2009）、新的通用技术（general purpose technologies，如人工智能和数字化）、市场集中度的提高以及初创企业与在位企业之间不断变化的动态关系。在不断变化的环境中，一度发挥过作用的旧解决方案未必能起作用。在上述趋势中，有不少趋势也带来了前所未有的新挑战，例如气候变化或工作转型等，这需要富有想象力的解决方案。与此同时，新兴技术或可为决策者提供新的探索机会，例如，人工智能会如何改变创新和创新政策？不过目前，我们还不清楚如何最好地利用新兴技术（Cockburn et al.，2018）。

最后，我们目前处于未知领域是因为我们缺乏指导政策决策所需的大量证据。几年前英国国家科学、技术和艺术基金会资助曼彻斯特大学推出《创新政策有效性证据汇编》（Compendium of Evidence on the Effectiveness of Innovation Policy）（Edler et al.，2016）。虽然最后的评估充满了真知灼见，但也有些地方令人感到失望。许多政策领域的证据寥寥无几，还有一些领域的证据质量很差，而具有可靠因果证据的政策通常只有很小的影响或者几乎可以忽略不计。

最近，伦敦经济学院的地方经济增长推动中心（What Works Centre for Local Economic Growth）研究了近 15 000 项关于地方经济政策的评估和证据，对其使用的方法论及得到的结果给出了评价。[①]尽管这些并不全是政策影响评估，但该中心发现仅有 361 项研究（占总数的 2.4%）采用了可靠的反事实假设方法，并提供了强有力的因果证据（图 5.1）。[②]其他关于政策影响的大多数评估虽然也包含有用的见解，但不够严谨，无法说服不同意评估结论的人改变想法。换言之，此类政策评估在相关性上具有启发意义，但没有提供有力的证据来证明其评估的政策方案已经（或未曾）引起结果的改变。研究还发现，在"可靠的"影响评估中，只有四分之一可以证明政策对就业产生了积极影响（或者说占 0.6%）。

这并不是说我们应该期望或渴望所有的创新政策和计划（program）达到"最高"的证据标准。很多相关问题无法通过反事实评估法给出答案，许多重要的影响也无法轻易量化。如果所有的评估都可以提供无可辩驳的因果证据，则意味着我们将无法解决许多重要的政策挑战。不过因果推断对很多问题来说是可行且有用的。在此类政策领域，在提高证据的数量和质量方面无疑还有较大的空间，同时还可以确保所得证据既有用又会被使用。

简言之，创新政策的制定者面临一个复杂且不断发展的系统，而关于如何能最有效地影响这一系统的证据则非常有限。问题在于我们如何着手才能在重重迷雾中找到方向，从而就可能的答案获得些许启发。一种选择是加强实验，即探索各种想法，通过小

创新政策与经济发展

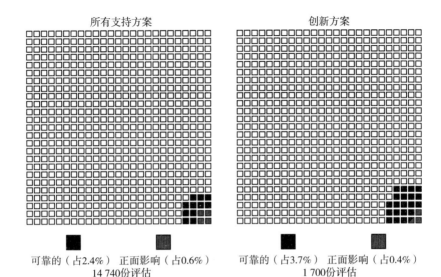

图 5.1　现有证据的基础扎实程度如何? 现有评估的可靠程度

资料来源: 上图基于对约 15 000 份评估和证据的系统性分析, 该研究由伦敦经济学院的地方经济增长推动中心主持。"可靠的"是指按照马里兰科学方法评分法(Maryland Scientific Methods Scale, SMS), 影响评估得分在 3 分或 3 分以上, "正面影响"仅指对就业的正面影响。

规模实验找到其中最有前途的想法, 研究哪些想法可能更加行之有效, 然后再将它扩展到更大范围。

为此我们必须颠覆当前的政策判定模式。在当前的模式中, 尽管存在各种未知数, 但政府往往表现得胸有成竹, 而不承认自己没有答案。政府会在没有事先进行小规模实验的情况下就推出新政策, 自以为选择了最优方案并希望该方案能发挥作用。

其他方法是否会产生更大的影响? 其他方法是否也可以在使用更少资源的情况下成功实现目标? 哪种政策方案 (通常是细节决定成败) 将是最有效的? 由于公共机构一般会尽力将政治优先事项放在一个较短的政策周期中, 诸如此类的问题通常得不到答案。这最终会导致政策效果不佳（甚至可能适得其反），并有可能将有限的资源浪费在不起作用的政策方案上。

英国提供了一个有趣的例子，说明政策制定者如何采用实验性更强的方法。英国商业、能源和产业战略部（BEIS）希望鼓励小型企业在从数字技术到管理技能的多个领域寻求外部建议。该部启动了增长券计划（Growth Vouchers program），该计划耗资4 000万美元，向小型企业提供了可在商业提供商市场中使用的价值不超过2 500美元的优惠券。整个计划并没有从单一的政策方案开始，而是被视为一种政策实验。在该计划中，开展了多项随机实验，不仅测试了优惠券本身的影响，而且测试了不同的交付方式（包括利用不同的信息吸引申请者、使用不同的诊断工具指导申请人选择相关的政府支持等）。在创新增长实验室2016年的会议上，一位与会者向领导该计划的资深公务员询问，如果该计划不起作用怎么办。对方的回答很明确："我们将省下很多钱。"如果没有评估，那么无效的政策可能会无限期地实施，而更有效果的干预政策却失去了应有的资源。

本章阐述了实验性方法为何有助于提高创新政策的有效性，如何让政策制定者更倾向于采用实验方法，以及在这一过程中，为了帮助政策制定者，我们在创新增长实验室所做的工作。

创新增长实验室由英国国家科学、技术和艺术基金会携同考夫曼基金会于2014年在美国成立。创新增长实验室是一种全球合作关系，它将政府、基金会和研究人员召集在一起，就推动创新、创业和经济增长的不同方法进行测试。我们的共同愿景是通过实验和证据使创新和增长政策更具影响力。

本章结构如下。第2节将讨论实验的意义。第3节着重于特定类型的政策实验和随机对照实验，以及为何、何时和如何运用它们。第 4 节总结了创新政策随机实验中得到的一些证据。第 5 节解决创新政策实验中的障碍，第 6 节为总结。

2. 开展实验的意义是什么?

2.1 实验的定义

实验一词通常有多种不同的使用方式，因此阐明实验的真正意义是什么非常有用。简而言之，实验就是测试。更具体地说，《剑桥英语词典》将实验定义为"为了了解某事或发现某事是否有效或是否真实而进行的测试"。

这一定义体现了政策实验的关键特征：了解（learning）。人们为了了解情况而有目的地开展政策实验。政策实验具有结构清晰的"了解策略"，该策略是事前确定的而不是事后想到的，而后政策实验会生成新的信息、证据或数据。因此，如果政策实验没有辅以必要的了解情况的体系和过程，那么"尝试新事物"的政府试点就算不上是政策实验。政策实验包含一份有明确限制或检查点的时间表，其中有一个评估结果，以及是否继续实验、调整实验、扩大实验规模抑或中止该实验的相关决定。

理想情况下政策实验应从小规模开始，不要超出能够回答问题或验证被测假设所需的规模。只要可行且得当，实验可以有某种形式的对照组，但这不是前提条件（尽管拥有一个对照组可以使人们更容易了解情况）。最后，将实验得到的知识加以整理是很好的做法，这样可以实现知识共享、复制和积累。

实验的定义可宽可窄。之所以说实验的定义非常广泛，是因为该定义力图体现从设计到经济学等诸多不同学科使用的各种实验方法。这一定义又是狭义的，因为它不包括无意的或自然的实验。这类实验不是特意用来测试某些问题的，因此了解情况并不属于优先事项，但是这样的实验仍然创造了追溯性地了解情况的机会，并可以通过观察数据加以利用。例如：在超额申请的计划中，政府采用抽签法作为一种低成本的分配机制（Cornet et al.，2006）；对于地理边界或官僚主义流程造成不连续性的情况，可以采用计量经济学的方法加以利用（Criscuolo et al.，2019）；当联邦系统为不同地区创造机会使用不同的政策工具来应对相似的挑战时，我们可以在之后将这些政策工具视为平行实验，并可以采用定量和定性的方法进行分析（Ansell and Bartenberger，2016）。

开展实验是政策实验方法的核心，但实验过程涉及其他重要步骤。首先要理解问题，创造性地探索那些并非显而易见的想法，并拿出可以检验的假设和潜在解决方案。得到实验结果并不意味着实验的结束。相反，成功地接受了实验文化的政府不仅会开展实验，而且还会确保在决策过程中运用已掌握的知识和证据，在不断重复和实验的同时推广成功经验。

2.2 一种（非常）简单的政策实验分类

我们可以根据不同环境和不同目标开展政策实验。表 5.1 试图区分一些普通类型的实验及其潜在目的。这些实验可以分为两类：专注于探索和发现的实验（理解世界如何运转）以及以评估为框架的实验（找出起作用的因素）。

在第一类实验中，机制实验可用于检验诸多假设，这些假设涉及待解决的问题、行为的潜在驱动因素或正在考虑的解决方案。科学实验就是最好的例子：科学家提出一种理论，据此做出一系列假设并开展实验对其进行检验，然后根据结果来支持或反驳这一基础理论。这一类型的政策实验同科学实验背后的道理是相通

表 5.1　政策实验类型

	机制实验	探索性实验	优化实验	评估实验
主要目的	探索和发现		评估：起作用的因素是什么？	
测试对象	假设	潜力	过程	影响
	测试相关假设，涉及待解决的问题、所观察到的行为的潜在驱动因素或机制，或正在考虑的解决方案	测试新解决方案的可行性和潜力，探索意料之中和意料之外的后果，而不是寻求结论性答案	测试过程变化（或大或小）以优化干预过程（不看计划结果，而看投入和产出）	测试干预对结果的影响，或比较不同干预（或版本）的有效性，以找到起作用的因素、时间以及起作用的对象
了解情况的方法	随机对照实验（RCT）、快速循环测试、A/B 测试、混合方法、人种学研究、以人为本的设计、原型设计、其他定性和定量方法			
共同特征	1. 了解情况是重中之重：产生新的信息、证据或数据 2. 有目的地测试或实验一个既定的想法或假设 3. 有一个结构：一个允许人们了解情况的系统性过程 4. 从一开始就设定时间框架来评估结果并做出决定			

的。这类政策实验的主要目的不是为了了解某种具体的干预是否有效，而是为了检验该理论提出的机制或者作为其基础的假设是否成立（在这种情况下，"理论"可以指对人们的行为或企业的行为建立模型的一种经济理论，也可以指某一具体政策方案变化的相关理论）。

此外，实验也可以用来探索新干预措施的可行性和潜力：该措施是否可以实施？可能会出现什么类型的结果？人们或企业对此有何反应？这些探索性的实验旨在回答"在假设情况下会如何"的问题（Ansell and Bartenberger，2016），探索意料之中和意料之外的结果，而不是寻求结论性的答案。在高度不确定性的以及现有知识比较有限的情况下，此类实验会非常有用，但其潜在用途不限于此。这类实验通常需要建立原型，不断重复并调整其设计，以学会如何通过试错来改进实验。

第二类政策实验的重点是评估，但评估有两个不同的角度：一个是影响评估，主要评估干预措施对结果的最终影响；一个是过程优化实验，主要衡量过程变化的中间影响。

影响评估是最常见的政策实验类型之一，可用于评估单个政策方案、测试方案微调的影响或是比较两个或多个不同方案的影响。影响评估型实验想要回答的关键问题是：什么政策有效、何时有效以及对谁有效。因此影响评估型政策实验总是希望能衡量政策制定者力图实现的效果。

在落实政策方案的过程中，运用实验来优化过程将变得越来越常见（也更容易），这些实验并不是要衡量政策方案的最终目标是否实现，而是要改善政策方案实施过程中的步骤。这类实验的基本假设是优化将使政策方案更加有效、更加有影响力，但是这一假设尚未真正经过测试。一个常见的例子是 A/B 测试，主要是对推动更多参与者申请参加某一政府计划的方法进行测试。这类实验有很多是"不知不觉"发生的，渗透在日常操作中，因此通常也没有对这些实验中的发现进行整理。

以上四种实验并不是互相排斥的。例如，某些实验可能会尝试同时测试一种理论和一种干预措施（求证哪些因素起作用以及为何起作用），或者使用过程优化实验（例如 A/B 测试）来测试某些理论机制。

在另一些情况下，这几类实验还可以依次进行：首先从原型开始，然后进行全面的影响评估，最后完善这一过程中的政策干预测试问题。从哪里着手最终取决于我们已有的认知。我们是否知道预期的结果？抑或我们真的不知道实验可能会发生什么样的结果？对于解决方案的潜在效力我们是否已有现成的证据，或者我们真的不知道该解决方案是否可行？

为了给出这四种政策实验如何相互补充的具体示例，我们可以想象一个大型的科学实验室，该实验室希望鼓励研究小组之间不时互动以增加跨学科的合作。一系列鼓励办法中可能包括中央咖啡机、每周的实验室酒会以及每年的研究总结会（research retreats）等。您可能先问"在假设情况下会怎么样"的问题：如果我们在实验室中间放置一台漂亮的一次性咖啡机，然后仔细观察研究人员使用咖啡机时的行为，会发生什么？来自不同团队的研究人员之间是否有更多的非正式互动？他们讨论的是研究项目还是昨晚的足球比赛？研究人员是否会越来越喜欢喝咖啡？不喝咖啡的人会怎样呢？

如果干预措施看起来很有希望，您可能会问这样做是否真的有效。例如，随机在一组楼层中添加咖啡机，跟踪了解有咖啡机的楼层中不同团队的研究人员之间接下来是否开展了更多的电子邮件对话或会议，评估这些对话或会议是否促成了新的研究合作，并估算是否存在溢出效应以及不喝咖啡的人是否也会从中受益。

您还可以考虑如何优化流程。如果咖啡机准备咖啡的速度较慢，从而带来更多的互动时间，研究人员之间是否会产生更多对话？如果咖啡机周围有桌子和凳子，谈话是否更有成效？咖啡机的最佳数量是多少，应放在什么位置？随机选择两位研究人员向他们发送咖啡电子邮件提醒是否会提高二者开展对话的可能性？[③]咖啡是免费还是需要付费，是否会有所不同？

最后，对于您要解决的问题也可以使用咖啡机实验来测试关于该问题的一些假设。例如，实验室内部的关系网是如何形成的？

跨学科合作的主要障碍到底在哪里？是因为不了解彼此的工作，还是因为与自己领域以外的研究人员没有人脉关系，抑或利益和/或激励机制不匹配？

上述举例展示了即便相对简单的实验也可以探索的一些问题。在考虑不同类型的实验时需要考虑的最后一个问题是，我们如何通过这些实验了解情况。我们可以使用多种方法了解情况，包括随机对照实验、A/B测试、快速循环测试、人种学研究、以人为本的设计或混合方法（还有其他许多定性和定量方法）。重要的是，了解情况的方法同表5.1中列出的四种实验之间并不存在一一对应的关系，因此我们一定不要做这样的搭配。例如与人种学研究一样，我们可以使用随机实验来检验假设、过程和影响。在某些情况下，评估生态系统层面的干预措施的唯一可行方法或许是精心组织的案例研究。通常，要得到最有力的因果证据可以采用混合方法，即将定量和定性方法结合在一起（而不是二者择其一，这是一种错误的割裂）。最终，方法的选择取决于要回答的问题和实验的背景，这决定了哪种方法是可行和可取的。

2.3 创新政策中的实验

创新政策本身可被视为一个持续学习和发现的过程，这一过程涉及新技术、创新系统内部运作以及试图影响该系统的计划和政策的有效性（Bakhshi et al.，2011）。

表5.1中的四种实验在这一过程中发挥了作用。如前面的例子所示，即便是考虑很简单的干预措施（例如咖啡机），也可以开展一系列实验。显然，创新政策制定者拥有的工具远不限于上述例子中所示（并且也更具影响力），这说明实际上有多少错失的实验机会。

创新实验可用于了解不同类型的创新过程或创新方法如何发挥作用（Boudreau and Lakhani，2016），这反过来又可以产生有用的见解，从而影响新计划和新政策的设计。其次，创新实验也可以用于评估政策计划，以测试计划是否有效以及如何改进。最后，实验可以围绕特定的政策挑战进行，并可用于探索有助于化解这些挑战的解决方案。因此，创新政策实验不仅可以用于创新机构和创新部门，而且可以经常用于应对行业挑战的其他政府部门（例如智能出行实验室）。

之所以要开展创新政策实验还因为创新政策制定者试图影响的系统具有复杂性、不断变化的动态环境（新的挑战和机遇不时出现）以及较高的不确定性（就政策手段及潜在相互影响、政策性项目的投资回报或未来的情况等因素而言）。

为了应对这一挑战，政策制定者必须意识到他们并没有全部答案，这一点很重要。设计支持创新的新计划或新政策涉及大量决策和选择。如果参照过去的经验或文献，或者进行复杂的预测，这其中的很多问题无法得到可靠的答案。一种做法（最常见的一种方法）是尝试猜测最佳答案，并在假设该答案正确的基础上行事。不过更有效的做法是，就不同的答案进行测试，从而找出可能正确的那个答案，并且要在设计和推出政策计划的时候就这样做（而不是在多年后进行事后影响评估时才这样做，或者完全不做）。

在实践中加强政策实验通常需要做到哪几点？第一，在制定新的政策计划时更多地运用设计方法，例如澳大利亚工业部（Australian Department of Industry）或波兰企业发展局（PARP），这两个政府部门都建立了内部的政策设计实验室（分别为 BizLab 和 InnoLab）。第二，在制定新的试点计划时明确将它作为实验。例如，瑞典国家创新机构（Vinnova）启动了一项实验计划，将创客空间设置在医院内，以提高医疗卫生领域以用户为主导的创新（Svensson，2017）。第三，更多地利用随机实验，因为在创新政策方面随机实验的利用尤其不足。尽管我们也越来越多地探索其他实验方法，并且这些方法也有助于制定更具影响力的政策，但采用随机实验已经成为创新增长实验室与政府合作的重点。

以下各部分着重于随机实验，但其中讨论的大部分内容也适用于其他实验方法。我们描述了为何以及何时开展随机实验是有用的、我们可以从中学到什么，以及在创新增长实验室中我们如何与政策制定者合作，帮助他们克服限制随机实验使用的障碍。

3. 创新政策中的随机实验

3.1 什么是随机实验？为何随机实验有用？

随机对照实验的中心思想是随机分配被测试的对象。具体来说，将参与者随机分配到不同的组中，通过比较两组的行为和结果来评估干预的影响。采取随机方法将参与者分配到每个组中可以避免潜在的选择偏差。其结果是，不同的组原则上是可比较的，并且组与组之间的差异是实施干预的结果（只要样本量足够大，就可以使噪声的影响最小）。因此，随机实验可以准确估计（政策）计划的因果影响。

通过这种方法，随机实验解决了公共政策评估中的一个常见难点。一般情况下，对创新、创业和小企业政策计划的评估只能很好地回答以下问题：该计划的参与者在干预前和干预后的表现如何？这种评估通常无法为以下这一更重要的问题提供令人信服的答案：该政策计划产生了哪些额外价值？或者换句话说，接受干预的公司绩效提高是该计划本身的结果，还是因为选择（或被选中）参加该计划的公司具有某些未被观察到的特征？要回答这个问题，就需要充分了解参与者在不参与该计划时的表现，如果没有可靠的对照组提供反事实的表现，则很难知道答案。随机实验通过创建两个真正可比较的组来实现这一点，这两个组仅通过随机过程（随机分配）区别开来。相反，许多其他评估方法则无法构建可靠的反事实情景。因此，这些评估只能说服那些已经倾向于同意其评估结果的人，而不能说服那些持有其他观点的人。

有可靠的反事实情景的高质量评估一般比较有说服力，足以改变人们对某一具体计划带来何种影响的看法，因此更有可能影响人们所做的政策选择，从而实现更好的决策。在政府和政治优先事项发生变化时，这样的评估还有助于保护成功计划的未来投资不受影响。因此，尽管随机实验与其他方法一样自有其用途和局限性，但随机实验通常被称为评估的"黄金标准"。④想要从现有的观测数据中识别出可靠的反事实情景并生成可靠的证据还可以采用其他方法。因此，决定使用哪种方法取决于政策计划的特点以及实施该计划的环境。混合方法（结合定量和定性方法）虽然未必总是可行，但通常可以提供最有见地和最有力的答案。正如我们在本节稍后讨论的那样，有一些重要问题采用反事实评估法也无法得到解决，因此还需要其他方法。

随机实验法已在医疗健康领域得到广泛使用，一般用来测试新药物和医疗程序（medical procedure）的有效性。随机实验法还在其他几个政策领域也得到了广泛使用，如发展、教育或社会政策。例如，麻省理工学院的阿卜杜勒·拉蒂夫·贾米尔贫困行动实验室（Abdul Latif Jameel Poverty Action Lab, J-PAL）已在超过75个地区进行了900多次有关减贫干预措施的随机实验，并在这一过程中与贫困行动创新（IPA）一起大幅改变了发展领域。总部位于英国的教育捐赠基金会（Education Endowment Foundation）正在开展 130 多项随机实验，涉及 1 000 多所学校和 900 000 名学生，该实验主要是为了测试改善教育成果的不同方法。法国政府管理着一个针对年轻人的实验基金，该基金通过自下而上的方法来识别旨在改善青年成果（来源于全国各地的机构）的创新干预措施，小规模实施这些干预措施并对它们进行严格评估，以确定这些措施是否奏效，之后再决定是否应扩大规模。

相比之下，尽管研究界频繁呼吁更多地采用随机实验进行测试，但采用随机实验测试创新、创业和小企业计划的还是不多，特别是在发达经济体中（例如 Azoulay，2012；Boudreau and Lakhani，2016）。在评估工具包里可采用的不同方法中，随机实验在上述领域的使用率特别低，因此证据的质量也不过硬。不过这种状况已经开始改变。创新增长实验室维护着一个与创新、创业和企业增长有关的随机实验在线存储库，该数据库描述了每个实验并总结了其关键结果和政策含义。[⑤]最近一次统计显示，该数据库总共包含 130 次实验，包括已完成和正在开展的实验，其中大约一半是在过去六年中开展的。

影响评估是随机实验在创新政策中的应用之一，但是如表 5.1 所述，其潜在用途不限于此。随机实验还可以用来测试创新理论和行为的潜在驱动机制，并优化干预过程。不过，随机实验通常不适合探索性实验，对于探索性实验，采取诸如原型设计等其他方法更加合适。因此，接下来的讨论集中在图 5.2 总结的随机实验的三种用途上：理解机制、优化流程和评估影响。

为了具体说明随机实验在创新政策中的不同运用方式，我们可以考虑美国小企业创新研究计划，该计划在提供研发资助的同时也开展商用之前的采购，它已在许多国家实施。对此开展评估

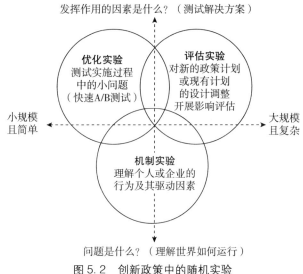

发挥作用的因素是什么？（测试解决方案）

优化实验
测试实施过程
中的小问题
（快速A/B测试）

评估实验
对新的政策计划
或现有计划
的设计调整
开展影响评估

小规模
且简单

大规模
且复杂

机制实验
理解个人或企业的
行为及其驱动因素

问题是什么？（理解世界如何运行）

图 5.2 创新政策中的随机实验

实验也可采用随机实验法，以测试在提供资助之外再给予商业化建议对创新效果的影响。开展一系列优化实验可以探索政策实施过程中的问题，例如采用随机实验法来测试不同的消息传递策略，以鼓励更多的少数群体申请参与计划。最后，机制实验可以利用小企业创新研究计划来检验与创新公司的财务约束相关的假说。[6]

3.2　随机实验能够或不能够解决的创新政策问题

与其他领域相比，就创新政策问题开展随机实验更有难度，原因如下。首先，创新政策的结果并不是一直都那么容易衡量。创新可能是个比较"模糊的"概念，现有的创新标准都是不完整的代理指标（从专利到高科技初创公司）。相比之下，在随机实验运用更广泛的其他领域，例如医疗卫生（如存活率或经质量调整的生命年限）、教育（如考试分数），或发展（如收入或贫困率），衡量政策结果往往容易得多。

这种挑战不仅存在于随机实验中，而且在创新政策的所有评估方法中都很常见。但实验是评估人员前期的工作重点，因此规划（planning）、决策和分析设计的大部分工作都放在干预措施启动之前进行，这一点与观察性研究不同。这种方法有其优点，但也意味着实验一旦开始，就很难更改任何参数。因此，重要的是找到正确的衡量方式，以反映干预措施希望影响的特定结果，最好是能使用详细的逻辑模型或变化理论。例如，一项干预措施可能旨在改善中小企业与大学之间的合作。如果只进行简单的度量（例如协作数量），则可能会遗漏干预措施带来的更深刻的变化（例如更高的互动频率或更大规模/更长时间的项目）。由于基线调查（baseline survey）只能进行一次，所以如果提出的问题不当，则有可能破坏整个项目。

第二个挑战是，相比其他领域，创新政策的结果需要更长时间才能显现。创新通常是一个漫长的过程，创新政策发挥作用的渠道需要较长时间才能影响可观察到的结果。因此，当随机实验得出结果时，这些结果可能已经没有多大用处，特别是在该政策不再施行或已经发生实质性变化的情况下（尽管历史上创新政策的变化发展非常缓慢，甚至当今的很多政策与几十年前几乎如出一辙）。为了更及时地获得结果，有效的办法是识别中间结果（intermediate outcome），这些结果在实验过程中往往出现较早。根据计划的变化理论和现有的经验证据，中间结果可以预测最终结果的变化（并且与追踪长期影响的系统并行）。[7]

第三，创新成果可能具有很强的偏向性。大多数创新项目都会失败，特别是当这些项目比较激进而非渐进时。极其成功的例子很罕见，但通常是很多公共政策的目标（例如"独角兽"或"畅销药"）。随机实验可以很好地对平均表现进行比较，但是需要更大的样本才能以一定的统计置信度确定分布的尾部所受的影响。如果政策制定者想要衡量尾部影响，那么随机实验可能不是最合适的方法（利用包括全部企业在内的历史观察数据可能更好，即便这样做可能更难以证明因果关系）。[8]另一种办法是根据政策计划的变化理论和现有证据来确定偏向性较低的中间结果（例如增加风险投资就是一个中间结果，这与企业成为独角兽具有正相关性）。如果政策不影响中间结果，那就不太可能（即便不是不可能）影响最终结果。相反，如果政策对中间结果有积极影响，那么最终结果得到改善的可能性也会更高。

第四，创新生态系统环境复杂，内含可见或不可见的联系及相互作用，这提高了准确预测政策影响的难度。环境和历史的路径依赖特别重要，因此即使随机实验具有较高的内部有效性（internal validity），人们也需要仔细评估外部有效性（external validity），以确保实验结果是有用的，以及对实验的投资也是合理的。[9]只要有可能，在不同的环境下测试相似的干预措施就是有用的，这有助于了解实验结果在什么情况下可以一般化，在什么情况下不可以一般化。同样，实验的结束并不意味着情况了解的终点。如果决定扩大（政策）计划的规模，则应同时开展评估，因为在非常特定的环境下有效的小规模政策方案在大规模实施的截然不同的环境下，未必有效（Al-Ubaydli et al.，2019）。

最后，许多创新政策难题涉及多方面因素，在解决方案方面也是如此。最简单的随机实验只处理二元选择，对实验组与对照组进行比较。尽管随机实验可以对多个实验组进行比较，但是可以一次同时测试的选项数量有限。在事先了解有限，并且背景、干预潜力和/或可能的结果存在较高不确定性的情况下，有效的做法是在开展随机实验之前进行更多的探索性实验、构建原型、反复试错，从而缩小选择范围并确定最有希望的实验方案。一个例外情况是，当开展随机实验的成本非常低，并且实验结果数据几乎立即可得时（例如在 A/B 在线实验中），连续测试多个二元选择，并最终解决多因素问题，或许是有可能的。

前面提到的问题都不是无法克服的。解决这些问题的难易程度取决于所要考虑的政策和实验的目的（即影响评估、过程优化或机制实验）。在某些情况下，必要的折中可能导致随机实验并不可行或实验效果并不理想，而在另一些情况下，采用随机实验则可带来更大的价值。

可选择的创新政策十分广泛，包括直接支持创新者、企业家或企业的计划（例如创业培训、研发补助、科学资助或技术转让计划），旨在改善生态系统功能的计划（例如风险投资计划或基础设施），以及影响框架条件的更广泛的政策集合（例如法规和税收政策）。

政府干预的根本原因也有所不同。创新政策可以围绕使命（例如气候变化）、系统失灵（例如缺少参与者和关联性）或市场失灵（例如外部性）来制定。但是这不会影响实验的可行性和可取性。最终重要的不是政府干预的根本原因，而是政策工具的性质以及围绕该政策提出的问题，如表 5.2 所示。

从影响评估的角度看，随机实验可用来评估针对某一人群（可以随机分为不同的组）的政策和计划，例如创业计划和企业扶持计划等。随机对照实验需要确定每组参与者将要接受的干预。[10] 此外，（在理想情况下）随机实验还要求有排除参与者自行选择加入某一特定组或接受干预的可能的情形。[11] 实验的目的可能

表5.2 随机实验在创新政策中的潜在应用

	机制实验	优化实验	评估实验
框架条件（例如税收和法规）	中	中	低 低（总体）
生态系统（例如集群、基础设施）	中	中	中（工具）
有针对性的计划（例如补助、建议）	高	高	高

是估计某一政策计划的影响（比较实验组和对照组的结果），也可能是比较同一政策计划两种不同版本的影响，从而不一定要有对照组（例如一些机构经常将现有政策计划与正在考虑推出的修改版计划进行比较）。例如在推行针对中小企业的创新资助计划时，开展实验不仅可以测试该计划的影响，而且可以测试增加管理培训是否会使资助更加有效。

相反，想要通过随机实验来评估一个生态系统或国家级政策干预措施的总体影响则不太可能。[12]此外，随机对照实验也不能用于对公共投资的优先排序，例如对公共投资的不同任务、研究领域、主旨或大型基础设施进行优先排序。但是，很多生态系统层面的政策是由一系列工具或活动组成的，仍然可以通过随机实验进行评估。

例如，集群政策（cluster policy）的总体影响无法通过随机实验进行评估（除非您能够随机选择要在何处建立新的集群，而这种情况基本上是不可能的）。但是集群政策的实施通常包括一系列有针对性的计划，对这些计划开展随机实验是可行的评估方法。虽然随机实验无法体现集群政策的全部影响，但由于集群干预并不是各部分的简单加总（工具之间的互补和相互作用是关键要素之一），因此仍有助于人们理解政策的影响。通常来说，没有什么可以阻止某一组织机构使用多种方法来了解政策的效果，因此从这个意义上说，随机实验可以作为更大的评估策略的一部分。

当实验的主要动机不是评估某一政策，而是测试优化政策实施过程的方法时，实验的用武之地就会大增。过程优化实验可用于改善国家政策、生态系统层面的干预措施和有针对性的支持计划。过程优化实验既可以降低政策实施的成本，又可以提高政策的效果。[13]另一个优点是，过程优化实验的结果通常是立竿见影的，因此可以不断迭代并影响当下的方案选择。就我们从事该领域工作的这些年而言，我们还没有看到哪一项政策干预措施（即便是系统层面的干预措施）不得益于在政策实施过程中嵌入的某些随机实验。

例如，尽管人们不可能随机分配研发税收抵免[14]，但随机实验仍可以用来优化这一政策方案的落实方式。提供如何申请抵免的个性化建议是否可以提高（抵免的）领受率？有没有办法减少不合格申请的数量？让人们更多地了解这一政策方案是否会促使企业加大对研发的投入？以上这些问题都是可以测试的。此外，对影响创新的监管制度也可以开展类似的测试。[15]另一个例子是关于某一生态系统中的基础设施投资（例如科学园或孵化器）：如何增加基础设施的使用？如何最大程度地为租户提供共同入驻（co-location）的好处？如何运用网络和/或创造新的机会以方便不同参与者之间开展合作？以上这些都不过是随机实验可以帮助解决的问题。

在有针对性的政策支持计划中，优化实验也有无数大显身手的机会。在着手实验之际，一个有用的做法是：绘制参与者在整个支持计划中的体验轨迹，说明每个阶段的问题和选项，然后确定其中哪些更有可能提供有影响力的见解，对此应当优先进行测试。例如当英国政府的旗舰商业指导计划未能招募到足够的导师时，英国商业、能源和产业战略部开展了"助推"实验，尝试使用不同的语言来提高招募率，从而使招募到的导师增加了 800 名，并实现了原本无法实现的政策目标（令参与团队感到惊讶的是，引用亚当·斯密关于志愿服务优点的语录发挥了最大的影响力）。

科学和创新资助也是优化实验大有用武之地的领域。政府通过竞争性的经费申请来分配大量资金，但很少就如何开展这项工作的过程进行实验。我们是否有办法减轻开展这项工作的负担？我们是否可以鼓励更多妇女和少数族裔参加申请，从而使这一过程更具包容性？评审过程是否有不利于新提议或颠覆性提议的倾向？哪些偏见会影响资助决定？我们如何防止这些偏见？以上问题有很多可以通过影子实验（shadow experiment）来解决，我们可以设立不影响实际资助决定的并行的影子审核流程。[16]其他的问题也可以通过成熟的实验来解决。

随机实验可以完全不依赖理论，也可以建立在现有理论的基础上，还可以尝试检验实际理论和由此得出的假设（机制实验）。尽管开展后一类实验的难度可能更大，但这类实验有助于人们了解创新过程实际上是如何进行的，因此往往可以带来收益更大的实验结果。这种了解方式通常与环境背景的关系没有那么大，因此适用于更广泛的不同环境。影响评估会告诉您某种因素是否有效，而机制实验则有可能告诉您某种因素为什么有效或无效，并证明或反驳有关个人和企业行为的假设。通过挖掘行为背后的潜在驱动因素，机制实验可以提供一定的见解，为设计不同类型的政策提供参考。影响评估和机制实验并不是相互排斥的，最好的随机实验通常力求将两者结合起来：不仅要测算干预措施的影响，还要了解导致潜在行为的原因。

我们可以在现场（"现实世界"）、实验室（通常在大学环境中，以本科生为对象），或者"混合"环境中［例如在线平台或使用影子过程（shadow processes）］开展机制实验。机制实验可以围绕特定的创新政策展开，其目的是为了了解个人和公司如何以及为何对创新政策做出（或不做出）反应。机制实验还可以检查创新过程的管理（无论是在公共组织还是私人组织中），这反过来也可以影响创新政策的制定。

布德罗和拉哈尼（Boudreau and Lakhani, 2016）在本系列丛书之前的一卷中总结了他们在哈佛大学创新科学实验室（Laboratory for Innovation Science）进行的开创性工作，该实验室的前身为众创实验室（Crowd Innovation Lab）和美国国家航空航天局锦标赛实验室（NASA Tournament Lab）。例如他们在多个项目中采用随机实验来了解如何最好地设计创新锦标赛和创新竞赛，他们测试了竞争和开放对创新者努力程度、引导方式和最终结果的影响（以及这些影响如何与参与者的技能相互作用，以及要解决的难题的复杂性）。最近他们开展的实验旨在探索创新过程的其他阶段，包括科学合作的形成和同行评议过程。这方面的最新例子还有布德罗等人（Boudreau et al., 2016）和特普利茨基等人（Teplitskiy et. al, 2019）的实验。布德罗等人（2016）发现，评估人员对于与自己专业领域较近的研究计划和具有高度新颖性的研究计划会给予较低的评分。而特普利茨基等人（2019）的研究则证明了女性评估人员比男性评估人员更容易受到小组其他成员观点的影响。

4. 我们从创新政策的随机实验中可以了解到什么

要从创新政策领域正在开展的政策实验中得出明确的结论还为时过早。许多实验仍在进行之中，一些实验仅有初步结果，而另一些实验虽有结果但尚未在不同背景下运用。但是从这些实验中总结出一些新的经验教训仍然是有用的，因为这些实验解决了我们面临的一些关键政策问题。本部分并不是要历数这一领域的所有实验（如想要全面了解，请参阅由创新增长实验室维护的在线实验资料库）。[17] 相反，本部分描述了部分示例，这些示例说明如何使用随机实验来解决政策相关问题，它们对创新政策的定义是非常广泛的。其中许多实验都曾经获得过创新增长实验室补贴计划的资助，和/或由创新增长实验室研究网络（IGL Research Network）的人员进行了研究，该网络汇集了 85 位以上来自全球该领域的研究人员。

这里讨论的大多数实验都是评估实验，旨在回答某一政策计划是否有效，不过也有一些实验是机制实验，主要测试行为背后的潜在驱动因素。这里的讨论不涉及优化实验，优化实验的重点在过程而不是结果，并且人们也很少对其加以整理。[18]

4.1　我们如何获得更多且更好的想法？

如果没有新想法，或者没有对旧想法创造性的重新结合，就没有创新。但是，我们如何才能保证新想法源源不断地产生并发展壮大呢？作为一个社会，我们是否创造了一种能够激发奇思妙想的环境？遗憾的是，无论是学校、大学还是企业，证据都表明我们错过了许多潜在的创新者及其想法。

4.1.1　更多地接触创新

在一篇极具影响力的论文中，贝尔等人（Bell et al. , 2019）的研究显示，如果你不是来自高收入家庭的顶尖学生，那么你成为发明家或申请专利的机会就非常低。他们还发现，在一个有许多发明家的地区长大是可能成为发明家的一个重要指征。他们认为，年轻时很少接触创新是出现这一现象的重要原因。他们得出的结论是，我们错失了整整几代发明家及其出色的想法，这就是所谓的"错失的爱因斯坦"。这种错失既不利于经济增长，还会加剧收入不平等。

虽然有多项政策计划旨在解决上述问题，但其中很少有计划经过严格评估（Gabriel et al.，2018）。在世界银行牵头下，创新增长实验室正在开展一项新的实验以测试一种在线干预措施，该措施可使拉丁美洲 19 000 多名儿童接触到科学、技术、工程和数学（STEM）以及创业精神。莫伯格和约根森（Moberg and Jørgensen，2017）在此前于丹麦开展的实验中发现，针对九年级学生的简单在线创业课程可以提高他们的自我效能感和追求创业生涯的意愿。以上只是可以尝试的诸多方法中的两种，这些方法可以尽早培养创新和创业精神，并解决这一重要的政策挑战。

4.1.2　鼓励更多的人参与

对于在自然状态下可能不会将自身定位为发明创造者的个人或群体，采取鼓励措施是提高创新包容性并激发创新新源泉的另一种办法，但这是否能够带来回报？创新增长实验室的两项实验表明答案是肯定的。这两项实验都是以创新竞赛为基础的，只不过实验环境并不相同。第一项实验是在美国一所大学的工程和计算机科学专业的学生中进行的（Graff Zevin and Lyons，2018），第二项实验是在荷兰的大型跨国大学中进行的（Weitzel et al.，2019）。

尽管实验环境和研究的问题略有不同，但其中的两个发现出奇地相似。首先，两项研究均表明，使用信息推送和/或小额财务激励有可能鼓励人们向创新竞赛提交创意。其次，最重要的一点是，积极选择参加创新竞赛的人和需要鼓励才会参与竞赛的人提交的想法，在平均质量上并没有本质的区别。换言之，鼓励更多的人参与竞赛可以带来更多的创意而不会降低创意的质量，在这一过程中只需稍作调整就足以实现这一点。如果我们不这样做，而仅仅依靠人们自发参与，那就会错失有价值的想法。

在荷兰开展的实验还考虑了其他一些做法，这些做法可能会影响人们提交的想法的质量，例如展示先前内部创新竞赛中的成功项目，以此拓宽参与者的视野。但事实表明，在这一实验中接触以前的项目会适得其反，这非但不会提高人们的创造力，反而会使之降低。那么是否存在可以提高人们创造力的简单方法？这是创新增长实验室在英国开展的另一项实验正在探讨的问题。在本例中，实验研究了是否可以通过习惯养成来训练创造力。

鼓励更多人参与创新创业的另一种方法是利用榜样的力量。贝克托德和罗森达尔·胡伯（Bechtold and Rosendahl Huber, 2018）进行了一项实验，发现将女性作为榜样可以成为促进女性创业的有效途径。即便对真实的企业家来说，女性榜样的力量看上去也依然存在，正如早前在智利开展的一项实验所示，与较昂贵的咨询服务相比，依靠榜样的力量是增加收入的一种经济有效的方式（Lafortune and Tessada, 2015）。

4.1.3　促进合作

合作在任一创新过程中的重要性都与日俱增。发明家的浪漫想法和闪现的灵感，如今通常被视为一种"神话"。取而代之的是，大多数科学家都认为，不同的专业技术、知识和背景相结合才有利于解决复杂的挑战，因此团队变得越来越重要（Wuchty et al., 2007; Jones, 2009）。

但是我们几乎没有证据表明，在大学和企业内部以及大学与企业之间鼓励合作的最佳方式是什么。例如，研究人员在现实中的相互接近对促进合作有多重要？

从零散的证据看，距离很重要。很多新的科学实验室都建基于如下假设：将不同领域的研究人员置于同一屋檐下可以促进跨学科研究并打开新的研究通道。为了验证这一假设是否真的成立，创新增长实验室在东欧开展了一项实验，该实验将研究小组随机安排在一栋临时性的研究大楼内，并跟踪研究现实中彼此接近的研究人员合作的可能性是否更高。

哈佛医学院近期开展的一项实验表明，近距离接触虽然重要，但还不够。具体而言，布德罗等人（2017）的实验发现，即使科学合作者位于同一机构，也存在影响科学合作者之间配对的巨大搜索成本。该实验还展示了低成本的简单干预如何催生原本不会出现的新合作。具体而言就是安排一个90分钟的有组织的信息共享活动，将同一所医学院的科学家聚在一起，互相讨论他们的想法。这使得两个研究人员共同申请资助的可能性提高了75%。以上两项实验都是将科学方法应用于科学政策的为数不多的例子。

研究人员与企业之间的合作也是新想法的源泉。不过在这一领域，人们也形成了一个压倒性的共识，即我们错失了许多机会。创新增长实验室的多个实验已经在研究解决这一问题的不同方法，并计划开展更多的研究。近年流行的一种政策工具是创新券（innovation voucher），其目的是推动中小企业与大学及其他知识提供机构开展合作，具体做法是相关机构提供小额代金券（通常为5 000~15 000美元），鼓励中小企业向大学和其他知识提供机构购买研究服务。荷兰政府开展的一项实验发现，创新券可以有效促进中小企业与大学建立新的合作关系（Cornet et al., 2006）。尽管这一政策计划最初并不是作为一种机制实验而设计的，但它提供了关于基础机制的有益见解。[19]具体而言，该实验发现，一旦补贴停止，这些新的合作就不会继续进行，这表明中小企业与大学之间合作的主要障碍并不是缺乏信息或联系（即该政策背后的基本假设），而是有更根本的原因。创新增长实验室目前正在同英国国家创新机构——创新英国（Innovate UK）开展一项实验，预计将会给出更多有关该问题的启示。

4.2 我们如何支持创业者和企业采用新想法？

好的想法如果不付诸实践、进行拓展并广泛采用，就形同虚设。因此政府出台了一系列支持这一过程的计划和政策，包括创业培训方案、加速器和其他的初创公司支持计划、创新拨款、中小企业融资计划、业务支持或技术采用计划等。[20]这些政策计划虽然涉及大量预算，但其中多数计划的影响尚不清楚。此外，我们也不知道如果更改这些计划的设计方案，其有效性是会提高还是会降低。越来越多的实验正在努力给出部分答案。

4.2.1 创业者培训和支持初创企业

创业已经变得越来越流行，如今大学、私人机构和政府提供的创业培训如雨后春笋般出现便体现了这一点。目前尚不清楚哪种培训最能满足创业者的需求以及他们真正的需求是什么。

世界银行近期在西非开展的一项实验试图弄清这两个问题（Campos et al.，2017），该实验包含了针对小微创业者的个人主动培训计划，教导人们拥有积极主动的心态并聚焦于创业行为。[21]该实验表明，这种培训或许比传授正式的商业技能（例如营销或财务管理）有效得多。具体而言，这一基于心理学的培训使企业利润增长30%，并在一年内就收回了培训本身的成本（相比之下，传统的商业培训仅使企业利润增长11%，在统计学上不显著）。这种效果对于女性掌管的企业则更大。该实验除了证明上述特定培训计划的影响之外，还就一个更大的问题给出了一定的启示，即创业者究竟是"天生的"还是"被造就的"。具体而言，该实验证明了创业者的部分特点并非完全与生俱来，而是可以通过教育培训获得，并且这些特点影响了创业表现。

创新增长实验室的多项实验还将考察一些类似的问题。一项将在牙买加开展的实验将对传统商业技能的培训与个人主动性和毅力的培训进行比较（Ubfal et al.，2019）。而在意大利开展的另一项实验则教导创业者进行更多尝试，具体而言是教导企业家使用基于假设的实验来评价其商业构想的可行性，并评估其策略的效果。试点研究结果表明，上述培训对创业效果有积极影响（Camuffo et al.，2019），目前该实验正就这一干预措施在意大利和英国对更大的样本进行测试。如之前一些案例所示，这些实验不仅测试了某一具体培训课程单元的影响，而且提供了有利证据，支持创业理论将创业视为一种有组织的发现过程（例如精益创业法）。

这种安排可以是创业者自行实施的（如前所述），也可以是他人针对创业者实施的。人们通常认为，追求独立和不想为别人打工是创业者决定自己创办企业的原因，但是创新增长实验室另一项实验的初步发现表明，这种独立会对他们不利（Leatherbee，2019）。该实验在拉丁美洲的一个大型加速器计划中开展。在该实验中，所有创业者都会参加每月一次的会议，但实验组的所有人都要按要求反思他们在上次会议上承诺的任务是否成功，并分享他们计划在下次会议之前开展的任务。初步结果表明，上述额外安排的问责环节有助于提高创业效果。

问责制很重要，但不附加任何条件的反馈也可以发挥作用，哪怕这种反馈很简单。政府机构通常不愿就其审查的提案分享详细的反馈意见，因为它们担心这样会带来大量投诉。那么如果不共享反馈，我们是否会失败？一项实验表明，向智利创业计划（Startup Chile）中的初创企业提供政府遴选过程中收集的反馈信息，既增加了外部筹款，又提高了存活概率（Wagner，2017）。创新增长实验室的一个合作方目前尝试在其计划中也开展类似实验，以判断到底是否值得分享它在审查资助申请过程中收集的详细反馈信息。

4.2.2 促进中小企业的创新和生产

要扭转生产率放缓的趋势，就要让更多的中小企业开展创新和/或采用新的技术与生产方式（Andrews et al.，2016），但如何最好地实现这一目标仍是一个悬而未决的问题。

一系列有针对性的干预措施都有可能提高企业的生产率，其中一些措施属于"猛药"，而另外一些措施则属于四两拨千斤。近期的实验表明这两类措施都可以发挥作用。布卢姆等人（2013）对 17 家经营不善的印度纺织公司开展了一项实验。在实验中，这些公司均获得了有关改善管理实践的定制建议，但在几个月的实验期中，只有针对实验组的计划进一步获得了资深管理顾问的支持，以帮助这些企业落实上述建议。这种顾问支持在企业采纳上述管理实践建议方面发挥了巨大作用，导致绩效提高幅度大增。虽然干预的成本并不低，但是生产率的提升远远抵消了这一成本。作者还在之后几年进行了跟踪研究，发现上述很多影响依然存在（Bloom et al.，2018）。另一个最近的例子是，一项针对更大样本的实验也发现，干预措施对就业、生产率和资产回报率产生了重大影响（Bruhn et al.，2018）。该实验在一年多的时间内针对墨西哥 432 家中小型企业提供了强度没有那么高的咨询服务。除了评估各自干预措施的影响之外，上述两个实验都证明了管理资本（managerial capital）的重要性，同时也引发了对更大问题的思考：政府是否应向追求利润最大化的企业提供公共资助，以鼓励它们采用能够增加企业利润的做法和技术？向企业提供关于企业本身的信息是否足够〔即让其知晓"未知的未知"（unknown unknowns）〕？还是说企业需要更多的强力支持去做可能对它们有利的事？如果是这样，为什么要给予支持？在什么情况下这样做？上述两项实验都表明，即使不要求所给的信息能完全回答"为什么"的问题，这些信息也是不够的。由英国政府的商业基础计划（Business Basics）资助的一系列有关管理和技术采用的实验，有望为上述重要问题提供更多的启示。

关于另一类干预措施也有证据表明，力度较轻的干预可以奏效。近期在中国开展的一项实验采用了一种简单的低成本干预措施，即让小企业每月一次以小组形式聚会，时间持续一年。实验证明，该措施提高了企业的销售额和利润（Cai and Szeidl，2018）。其效果远大于成本高出很多的干预措施（公司的销售额增长了8%），因此这一方案得到了扩展，并且类似的方案也将在英国进行测试。作为研究的一部分，研究人员还测试了带来上述影响的具体渠道，发现上述聚会促进了企业之间的同行学习，并改善了供应商与客户之间的匹配关系（如果小组中有表现更佳的同行，那么聚会对企业的上述影响将会更大）。

还有一些干预计划则直接为中小企业提供少量或大量资金，而不是非现金支持。例如英国国家科学、技术和艺术基金会的创意信贷（Creative Credits）实验成功地使用了小额代金券来鼓励中小企业与创意提供方更紧密地合作，只是这些新关系并没有长期持续下去（Bakhshi et al.，2013）。[22]如前所述，很多其他代金券计划都基于类似的逻辑，而这些计划的最终影响是什么，我们依然不清楚。

尽管小额代金券计划很受欢迎，但是分配给大型研发和创新拨款的资金预算还是要多得多。此类大额拨款究竟是取代了企业原本在任何情况下都会开展的既有投资，还是主要带来了新的业务活动？在世界银行牵头下，创新增长实验室在拉丁美洲开展的一项实验试图回答这个问题。随机分配高达 25 万美元的创新拨款不会是很受欢迎的政策决定，因此那些所有评审都给予很高评分的资助申请将会获得拨款，而那些大家评分都不高的资助申请则不会通过。至于不同评审人之间存在分歧的资助申请将被随机分配，其影响将被跟踪。这其中隐含但未经检验的假设是，对于得分最高的资助申请而言，这样做性价比更高，尽管这些申请很可能就是公司或投资者在任何情况下都会资助的项目。

拉丁美洲的这项实验还试图了解，在决定支持哪些公司方面谁做得更好。如前所述，这是一个范围更大的问题，即我们应该采用什么样的选择流程来分配公共研究和创新资金。该领域开展实验的条件已经成熟，创新增长实验室正在计划与一些合作伙伴开展更多工作。

5. 克服政策实验的障碍

5.1 开展实验的障碍

尽管开展实验颇有益处，但政策机构通常很难接受实验（Breckon，2015）。一系列实际或意识到的障碍都会减缓随机实验在创新政策制定中的运用。很多障碍在其他类型的证明过程中也很常见，并且同一些循证（evidence-based）政策制定中的挑战有关。其他障碍则与随机实验的使用有关。[23]

为了理解政策机构并帮助指导创新增长实验室的未来工作，我们在 2016 年对该领域的政策制定者开展了一次小型调查。[24]我们具体地询问了证据使用和随机实验中的主要障碍。

证据使用中的一些最常见障碍来自政治方面，与政策周期或竞争性的政治优先事项有关，例如在强有力的证据出现之前做出决策的压力。强有力的证据不足也是经常提及的一个障碍，此外还有对证据的需求不强。政策制定者通常认为他们的观点（或预感）是正确的，他们并不认为自己需要更好的证据来证明其计划的影响。

当被问及随机实验相关的障碍时，受访者对调查中提出的大多数潜在障碍的评价为非常重要或重要，这充分表明了在强化政策实验过程中需要克服的挑战具有多面性。

阻碍使用随机实验的障碍可分为不同类型。最常提到的障碍是政策机构担心公众对随机方式的反应以及政策机构对负面结果的担忧。其他障碍则与缺乏了解有关，例如对随机实验价值的认识有限（尤其是在高级官员中）或开展实验的技能不足。相关的障碍还有预算限制以及缺乏适当的组织流程和架构。最后，认为随机实验不可行或不及时的看法也限制了随机实验的采用（尽管如前一部分所述，这些看法未必符合事实）。

化解三个常见的关于随机实验的误解大有助益，因为政策制定者经常将这些误解作为不采用随机实验的理由。第一个误解是随机实验"太昂贵"。虽然大型临床试验的成本之高众所皆知，但是众多案例表明以低得多的成本开展实验也是可行的。通常一项实验中花钱最多的是计划本身，而这部分被认为是组织机构在任何情况下都要承担的费用。数据收集也需要大量资源，具体取决于需要哪些数据，这对任何类型的评估来说都是如此，而不论评估采用哪种方法。如今其他可用替代数据来源越来越多地降低了对昂贵调查的需求，这大大降低了数据成本（即便调查依然有必要，这取决于人们关注什么）。行政类数据源的可用性也变得越来越高：政府越来越愿意开放或共享其行政数据；解决隐私和数据保护问题的新的数据收集和存储方法正在出现；数据清洗和数据匹配方面的投资也在增加。此外，"大数据"的出现也使人们可以跟踪数字足迹产生的一些潜在结果，例如通过网络抓取的方式。

除了计划和数据收集成本之外，开展随机实验的实际成本相对较低。与较传统的方法相比，随机实验具有较高的前期设计分析成本，但也因此获得了一定的优势。安排一项实验要求组织机构从一开始就认真研究数据，花费时间了解政策计划真正要解决的问题，开发逻辑模型或变化理论，从而真正理清产生影响的渠道和政策计划的基本假设，并从一开始就部署监控系统。实验采用的架构安排甚至对实验本身也是有益的，因为它可以使政策计划设计得更好，执行起来更加严谨。此外，许多学术研究人员也愿意与政策制定者合作，他们愿意基本免费进行随机实验的设计和分析，因为如果实验顺利实施，并能够很好地解决该领域中引人注目的研究问题，那么他们就可以轻松地在顶级学术期刊上发表研究成果。[25]最后，在创新政策领域中有许多未被发掘的、能以较低成本开展实验的机会，这些实验的结果可以抵消实验本身的成本（可以在表明政策计划无效的情况下节省成本，或是通过简单的调整来大幅度提高其有效性）。

第二个误解是："如果不向某些参与者提供支持，从道理上说不过去。"与开展实验的机构相比，这一批评观点在不参与实验的机构中更为盛行。对于不同的道德含义以及如何解决这些问题，上述机构的理解略有不同。的确，对随机实验中涉及的道德影响应认真对待，并且要具体情况具体分析。上述批评观点背后隐含着一个假设：在实验中，一些干预措施的潜在接受者有可能被拒绝，而这些干预措施给他们带来的是益处而非害处。不过，关于这一点不能被认为是理所当然的。[26]在不知道干预措施是有益还是有害的情况下推出干预措施是有风险的，对于这种风险应防患于未然。这就是为什么事情越是难办（例如测试新的挽救生命的药品），实验越会被广泛接受的原因。

即使某些干预措施产生"弊端"的可能性极低，我们仍然有"道德方面的"理由支持（而不是反对）开展实验。将纳税人的钱花在无效的政策计划上将使更有效的政策计划得不到经费，因此开展实验有助于搞清楚我们是否正在充分利用有限的公共资源。而且在很多情况下，随机实验并不要求对照组完全不接受任何干预，通常同一计划的不同版本也可能会相互抵触，所有参与者都会在一定程度上受到某种形式的干预。或者，当政策计划因预算或能力限制而逐步推出时（而不是同时向所有人推出），推出的顺序也可以是随机的。在这种情况下，没有人会被拒于该计划之外，并且那些需要等待的人可能因为接受了更加完善、更加有效的干预而最终受益。

第三个相关的误解是"随机选择参与者是不公平的"。人们担心，不符合标准的申请者可能会从一项政策计划中受益，而原本应当从中受益最多的人却没有受益。经常出现的情况是，预算不足以满足所有合格申请者的需求，因此问题在于，分配有限资金的最合适方法是什么？在某些情况下，与其他常用制度（例如先到先得标准或某些项目计划的评分系统）相比，随机分配可能

创新政策与经济发展

是一种更公平、更有效的选择申请者的方法。

在选择过程中通常有一个隐含但未经检验的假设，即得分最高的项目是应当被选中的项目。但是在某些情况下，高分项目计划有可能是额外情况（additionality）极少的项目（即原本不会获得政府资助，却获得了政府资助的项目），因为这些项目计划无论如何都有可能获得私营部门资助。此外，评分有可能受到一些因素的干扰，从评分中受益的可能是写得最好的提案，而不是最有前途的项目。例如有证据表明，传统的提案评分系统（例如用于科学资助计划的评分系统）可以有效地过滤出较差的提案，但并不总能找到最佳提案（Graves，2011；Boudreau et al.，2016）。尽管从政治上看，为随机分配高成本的干预措施提供理由或许要难于为随机分配低成本的干预措施提供理由，但开展随机分配的根本理由并不取决于干预的大小（只要样本量足够大）。最后，随机分配还可以根据政策机构的标准用不同的方式设计。例如，随机实验无须为不符合要求的申请人提供资金，因为这些人在进行随机分配之前就已经被筛除。类似的还有，排名最高的申请可能会直接获得资助，而随机分配则在排名相似的中等位次的申请中做出选择，例如麦肯齐（McKenzie，2017）在测试商业计划竞争对高增长型创业的影响时，便是这样做的。

关于政策实验中道德和公平问题的讨论经常会同时涉及以下两种担忧：一种是担心道德问题，另一种是担心计划的接受者和更广大公众会强烈反对。迈耶等人（Meyer et al.，2019）的研究表明，人们往往不会反对那些普遍实施的未经测试的政策或干预措施，却不赞成通过随机实验来确定其中哪些政策或干预措施更优。尽管如此，一些参与政策实验的政府已经证明，将相关人士强烈反对的风险降至最低还是有可能的，通常可以采用认真沟通的策略来证明实验的价值，并得到主要利益相关者的支持。

5.2 创新增长实验室如何努力推动政策实验

在日常创新决策的过程中，限制开展政策实验的障碍是根深蒂固的，因此改变现状并不是一朝一夕就可以完成的。世界各地的经济部门和创新机构需要时间来接受实验文化。具体而言，需要采取很多措施，包括：提高人们对政策实验的价值和可行性的认识；发现政府内部具有先见之明的支持者；帮助他们开展初次实验，通常是小型实验，而这又会使他们更容易形成内部共识来开展更大更具影响力的实验；对实验得到的证据加以运用，并将成功的政策项目推而广之；持之以恒地进行以上改变直至形成一种常态，成为制度化的政策流程、工具和预算。

我们力图通过自己的工作同时解决阻碍政策实验的各种障碍，这些工作包括：提高认识、发展技能、提供资金[27]、向政府提供咨询、传播知识、创建开放的资源、连接网络并促进同行相互学习。

尽管距离实验的全部影响开始显现以及实验成为"常态"还有很长的路要走，但我们已经开始看到一些进展。在创新增长实验室启动之初，经合组织国家中很少有创新政策制定者认真考虑过在创新方面开展政策实验。每当遇到这种想法时，它们的回应通常是不屑一顾的："这做不了（或不应该做）。"

此后我们很幸运地与世界上一些领先的创新机构和部门成为合作伙伴。[28]其结果是，今天在10个经合组织国家中，有15个以上的政府机构已经启动或正在积极考虑开展创新领域的政策实验，并且有几个机构正在挖掘自身开展实验的能力。我们已经支持了逾55项实验，在26个国家和地区都拥有创新增长实验室合作伙伴或项目，还与 25 个以上的组织展开合作以帮助它们接受实验文化。此外我们已经开始着手建立一个全球性的社区，将共同承担这一工作的政策制定者和研究人员召集在一起，我们的活动、能力建设平台和在线资源已经吸引了来自近 50 个国家的数千名政策制定者。

我们还看到，实验基金使政策实验方法的制度化迈出了第一步。有关政策性支持计划的新构想不仅出现在政府部门，而且在创新生态系统中也比比皆是。因此一个重要的问题是政府要有什么样的机制才能识别这些构想，继而区分哪些政策计划的构想应推而广之，哪些属于初衷良好但实则无效。设立实验基金是解决办法之一。实验基金可以为测试创新支持计划提供资金以获得严格的评估。换言之，实验基金是一种机制，用来识别、测试和支持最有前途的支持计划，设立这类基金的通常是与企业密切相关的组织机构，而不仅仅是那些责无旁贷的机构。

如前所述，以往在政策领域曾设立过实验基金，例如教育领域［通过英国的教育捐赠基金会］和青年计划［例如法国的青年实验基金（Fonds d'Expérimentation pour la Jeunesse）］。基于前人的经验，创新增长实验室制定了蓝图，阐明为什么以及如何在创新和增长政策领域设立实验基金，如今我们正就实验基金的设计和落实问题与政府开展合作。

欧盟委员会和英国政府近期都采纳了实验基金的想法。欧盟委员会已率先发出资助欧洲创新部门开展政策实验的呼吁。在英国，作为新产业战略的一部分，政府已设立了商业基础计划。[29]政府将与创新增长实验室合作开展商业基础计划，该计划将资助一系列实验项目，以测试鼓励中小企业采用技术和管理实践的创新方式。例如，有一个试点项目便是测试如下问题：如何使零售和酒店业的中小型企业采用其他行业的企业已经使用的人工智能技术。

5.3 实验之路上的一些经验

通过参与，我们对于如何在政策制定者启动实验时为其提供最佳支持，也吸取了一些经验教训。当我们想要提高相关机构的实验意识时，如果缺乏相关实例，关于实验的想法就会显得有些抽象，因此如果有简单的实例和经验，就可能发挥巨大的作用。如果拿出其他政府的经验作为实例，并且这些经验与相关人士的工作和面临的挑战密切相关，那么这不仅可以鼓舞他们，还可以为他们提供一定的"保护"，使他们有信心向不愿接受实验的高级管理人员或部长提出一条不同的路径。

实验的组织方式也很重要。相比之下，政策制定者更愿意接受的做法是，使用随机实验来测试提高其政策计划有效性的各种方法，而不是让局外人独立评估其计划以发现该计划是否奏效（可惜这一提议的可能性要高得多）。

获得初级和高级政策制定者的认可是必要条件，这要求研究人员想要测试的对象与政策制定者真正关心的问题相契合。这意味着实验要建立在政策制定者和政策计划管理人员的已有想法、面临的问题以及他们创造的机会之上。这其中的妥协通常在所难免，所以有用的做法是切记哪些目标是可以实现的，哪些目标是不能实现的，此外还要尽力理解并解决政策制定者的担忧（而不是搞教条主义）。通过会议和专门的研讨会与政策机构的人员进行面对面交流通常效果最好。

政策实验的范围不限于随机实验，政策制定者在整个政策周期中都应当保持实验思维，如此才能实现最佳效果。具体而言，政策制定者可以采用多种方式探索化解政策挑战的创新型解决方案，而不仅仅是专注于随机实验。换句话说，政策制定者应该避免"拿着锤子找钉子"，而是最好在政策干预已经有蓝本后，在合适的阶段才使用随机实验（尽管在高压的政策周期中这可能难以实现）。

要推动一个机构开展第一次随机实验并不容易。比较好的做法是采用循序渐进的方法，确定阻力最小的路径，并拓展一系列机会。根据我们的经验，在一开始比较有用的做法是开展消息传递实验，也就是说开展行为实验，以找出哪种语言最适合实现特定目标，例如说服企业参加某个政策计划（这可能很简单，就像使用 A/B 测试来检验不同的新闻通讯格式及其具体使用的语言一样）。由于上述做法比较接近常规方式，因此实行起来通常并不引人注目，也不需要部长和/或高级领导的参与或明确批准。上述做法还有助于形成内部联盟，推动机构内部多个团队参与实验。此外，如果实验结果违反常理，或者令人惊讶，那么实验就更有意义，因为这将有助于相关人士向不情愿接受实验的同事说明，实验如何能成为一种有价值的研究方法（而且我们自己对最有效方法的期望并不总是无误的）。

多管齐下很重要，因为大多数实验机会都无法成为现实。实验的规模越大、目标越宏伟，该实验在开发和审批过程中就越有可能在某个时刻被叫停。因此采取一些防范风险的措施是有益的，我们不应只专注于对新计划（尤其是非常受欢迎的计划）进行全面的影响评估。实现上述目的的一种方法是，在将计划推广至所有参与者之前，先着眼于一些小规模的实验方案，将注意力集中在改进现有计划的测试上。这种改进有可能是计划落实方式的改变（例如，在线相较于面对面）、对内部流程的调整，或在现有方案之上添加更多计划。如果（政府）机构办事并不是非常灵活并且思想也不是十分开放，那么只有在取得各级充分认可并得到内部联盟支持的情况下，大幅度偏离常规的大规模实验才会变得可行。

政府参与实验的方式可以是开展内部实验，也可以是支持在其他地方开展与其任务相符的实验。如前所述，设立实验基金是实现上述做法的方式之一。但是还有其他一些方法，例如：在现有资助计划中明确表示欢迎随机实验，或随机实验是符合条件的；为鼓励采用实验方法的政府出资计划提供评估框架㉚；或者设立小额拨款来资助特定的实验。支持外部实验有助于政府机构接触新的想法并建立证据基础，此外还有助于政府密切观察实验如何进行，并在这一过程中逐步做好在内部开展实验的准备。

一旦有机会开展一项随机实验，重要的是要确保实验设计合理、执行顺利，从而不仅能获得可靠的答案，而且可以向更多组织机构证明实验带来的价值。创新增长实验室的实验指南和在线工具包汇集了许多关于如何在政策领域开展随机实验的经验（Edovald and Firpo，2016；IGL，2017）。㉛我们还定期向政策制定者提供建议和支持，在这一过程中为他们提供帮助。外部支持是非常有价值的，特别是考虑到许多组织机构并不了解实验方法。

6. 结论

尽管与以往相比，接受政策实验是一项重大变化，但开启实验之路仅需几个小步骤。许多人担心实验过于复杂且有可能破坏现状，他们的假设是任何实验都必然会涉及大量资金的随机分配，或者从根本上改变政策计划的运行方式。然而如本章所示，开展实验的方法多种多样，其潜在原因也很多。强化证据基础便是原因之一，不过，实验还有一个经常被忽视的好处，那就是它们能够鼓励政府机构变得更加灵活、更加富有创造力，促使政府机构不断寻找待检验的新想法而不是默认现状。

考虑到现有的实验方法种类繁多，选择适当的方法非常重要，这取决于要解决的问题、我们对潜在解决方案的了解程度、解决方案的开发阶段、干预措施将要落实的程度以及实现结果所需的时间等。通常，这些方法可以作为补充而不是替代，例如使用设计方法可以更好地制定政策计划的蓝图，而使用随机实验则可以用来测试政策计划的效果。

实验降低了总体的政策成本，因为尽管前期在了解情况和评估方面的投入略多，但实验使政策制定者在早期就能够"淘汰"无效的计划，潜在地为纳税人节省了（为无效计划）买单成本。通过不断测试政策计划落实过程中的各种调整，实验还有助于提高现有计划的影响力。针对新计划开展实验可以从一开始就改善计划的设计，因为实验可以测试不同版本的计划，或者同一个计划的不同组成部分，此外实验还有助于理解计划的各部分如何组合在一起。在决定哪些计划可以推广时，随机实验特别适合用来指导决策，因为随机实验的结果通常以可靠的定量估计的形式出现，很方便进行成本收益分析。

实验的一个经常被忽视的好处是，它们有助于降低探索新想法和新挑战过程中的风险。通过早期的小规模测试和有效性测试，实验使风险规避的政府组织可以更方便地遴选出新颖的方法，并大胆进入更具创新性的领域，而不必在此过程中投入大量资源（并因此付出声誉代价）。与其他任何创新一样，其中一些创新无疑会失败，但这些都是"有益的失败"，因为它们会产生有用的知识并防止不必要的"严重失败"。换句话说，如果我们想了解在不确定的复杂世界中怎样做才有效，那么最终还是免不了要开展小规模的可控实验。

实验只是提供良好的创新政策的要素之一。更好地利用数据也大大有利于制定更加有效的政策，前提是政府愿意向更多的研究者社区开放其内部行政数据（这些数据都是可以改善证据基础的触手可及的资源），并尽力充分发掘利用"大数据"的大量机会。最后，拥有高水准的判断力始终是必要的，因为在一个不确定的世界中，信息是不完全的，证据基础只能在一定程度上帮助我们。但是如果政府将证据基础作为优先事项，那就可以使我们走得更远。

克服我们面临的挑战不仅需要新的想法，还需要了解这些想法究竟是否奏效。在创新增长实验室，我们相信加强实验有助于政策制定者提出正确的问题，并获得更好的答案。

第六章　创新与无业之间的空间错位

爱德华·格莱泽　娜奥米·豪斯曼

1. 引言

2000—2015 年，相关机构向加利福尼亚州圣克拉拉县（Santa Clara County）居民授予了超过 14 万项专利，数量是美国其他任何县的三倍以上。在圣克拉拉县，有 40% 以上的家庭年收入超过 15 万美元，25~54 岁的群体中约有 80% 处于就业状态。而同期肯塔基州克莱县（Clay County）的居民仅获得了 2 项专利，该县只有 2% 的家庭年收入超过 15 万美元，25~54 岁的群体中只有 25% 的人处于就业状态。圣克拉拉县覆盖了硅谷的大部分地区，看上去比阿巴拉契亚地区中超尘绝世的克莱县先进几十年，并将后者远远甩在了后面。

本章的第 2 节主要评述创新中存在的巨大空间差异，以及失

＊ Edward Glaeser，哈佛大学经济学讲席教授，并任职于美国国民经济研究局；Naomi Hausman，任职于希伯来大学。关于致谢、研究支持来源以及作者重大财务关系披露方面的信息（如果有），请参阅 https：//www. nber. org/chapters/c14263. ack。

业和技术活力在地点上的空间错位。第 3 节讨论了导致创新者和普通劳动者在空间上分离的主要经济变化。如今创新建立在越来越多的现有知识基础之上，给身居研究密集型地区的创新者带来了较多收益，因为这些地方到处都是拥有相关知识的人。除了公共政策支持的医疗部门之外，创新还导致技能偏低的工人就业机会大大减少。技能偏低的美国人在服务业就业中占绝大多数，对服务的需求多来自本地以及几乎没有可行出口的较贫困地区。

针对特定地区的政策能否减少贫困地区的无业或增加其创新？50 多年来阿巴拉契亚地区一直是阿巴拉契亚地区委员会（Appalachian Regional Commission）针对具体地区进行联邦扶持的对象，但结果最多只能算是不温不火。本文第 4—6 节讨论了针对特定地区的创新政策，我们将创新过程分为教育、发明和创业这几个部分。

教育可以帮助科学家提高技能，使创业者能够了解与新技术相关的科学，并培养可以实现创业者愿景的工人。发明是产生新技术的实际过程，一般发生在私营企业和大学中。创业则将新发明转化为产品和就业。本章探索了针对特定地区因地制宜实施创新政策的缘由，从美国国立卫生研究院的研究资金到地方土地使用控制问题均有涉及。

以往区位导向型（placed based policy）政策都强调基础设施和税收补贴，前者如修建穿山公路以便结束阿巴拉契亚地区与世隔绝的状态，后者如当今的"机会区"（Opportunity Zones）计划提供的税收补贴。但是在硅谷这种创新地区取得巨大成功的影响下，一些人开始支持针对特定地区的创新政策，例如经济特区政策、针对特定地区提供联邦研究经费的政策、针对特定州给予研发税收抵免政策，具体可参见格鲁伯和约翰逊（Gruber and Johnson,

2019）的研究。采取此类空间定向型创新政策的理由是，此类政策既可以帮助创新程度较低的地区，也可促使成功的集群发展，从而增强全国范围内的长期创新。

本章的中心主题是，即使创新本身并不位于困难地区，也可以影响困难地区。贝塞斯达（Bethesda）的医学研究可以使阿巴拉契亚地区的失能工人更容易轻松地重返工作岗位。旧金山的拼车公司可以为中心城市底特律的人们增加收入。美国联邦对位于贫困地区的研究提供资助或许是帮助这些地区的方式之一，但我们似乎也有理由认为，不论研究地点在何处，针对贫困地区的问题为相关的最佳研究方案提供资金，会令这些地区受益更多。

在第 4 节中，我们从经济学角度讨论了针对特定地区的政策的经济学，以及针对特定地区的发明政策面临的困难。针对特定地区的政策有三个核心论点：（1）与地点有关的外部性意味着转移活动地点可以改善社会福利；（2）地理位置与贫困相关，因此针对特定地区的政策可以增强公平性；（3）各地条件存在差异意味着一刀切的国家政策并不是最理想的。即使城市经济学家接受了与地理位置有关的外部性（包括集聚效应和人力资本外部性）的存在，但由于无法确定外部性的确切性质，所以第一个论点的说服力不足。更多人力资本对加利福尼亚和阿巴拉契亚都有好处，但技术工人从加利福尼亚搬迁到阿巴拉契亚对整个国家来说究竟是好事还是坏事？我们对具体地区孕育发明的能力了解有限，因此并不知道人力资本或创新资金的空间再配置是否会增加发明的总量。

针对特定地区进行干预的第二条理由是不平等。帮助阿巴拉契亚地区或许可以帮助一些贫困的阿巴拉契亚人，但长期以来经济学家一直认为，直接帮助穷人比援助较贫困的地区更加有效。

如果针对特定地区的政策能直接给穷人带来相当大的好处，那么这样的政策更有可能缩小不平等。与布卢姆菲尔德山（Bloomfield Hills）的类似支出相比，美国联邦政府对密歇根州弗林特市水基础设施的支持可以促进平等。创新通常是由受过最良好教育和报酬最高的社会成员完成的。

千差万别的各地条件会使"一刀切"的国家政策失去意义，这为区位导向型政策提供了最具说服力的理由。在旧金山和西雅图等房价高昂且住房供给有限的地方，补贴新房建设的联邦政策看似可能会增加住房存量，但也会使住房市值超过生产成本。在亚特兰大或休斯敦等住房供给充裕且充满弹性的地方，有补贴的公共建筑更有可能挤占私人建筑，使住房总存量难以确定。在诸如圣路易斯或底特律等房价较低的地方，市场对有补贴新房的估价可能低于建筑成本。同样，像残疾保险等不利于就业的政策，对田纳西州东部就业的不利影响超过对马萨诸塞州东部的影响。奥斯汀、格莱泽和萨默斯（Austin、Glaeser and Summers，2018）认为，由于劳动力供给弹性不同，针对贫困地区的工资补贴政策以及社会保险改革或可带来成效，从而减少贫困地区就业受到的不利影响。

经济学家对因地制宜的政策向来持怀疑态度，这表明了他们对市场力量（例如人们从贫困地区向富裕地区的自然迁移）的乐观态度，同时也反映出他们对公共部门管理经济地理的能力持悲观看法。而如今上述这种对现状的乐观态度似乎难以为继，因为美国各地的迁移率下降了三分之一，并且区域融合也陷入停滞状态。在美国大部分地区，大面积的无业是普遍现象。对人们来说，不工作将造成个人的悲惨生活与更大的社会成本。鉴于当前的技术趋势，较大范围的经济混乱局面似乎还有可能扩散，并引起美国社会和美国政府的进一步分裂。

第 4 节还对发明政策提出了三点意见，其中涉及与研发相关的税收抵免以及由美国国立卫生研究院和美国国家科学基金会（NSF）管理的研究补贴。首先，当补贴成为同行评议和公司激励的目标时，我们没有理由认为根据简单的地区划分重新分配研究经费会使国家产生更多的新想法。其次，美国国立卫生研究院内部当前实行的因地制宜的政策与地方就业或收入之间并没有确定的联系。最后，有一些方法可以确保美国国立卫生研究院资助的研究可以在不转移到贫困地区的情况下，为帮助贫困地区做出更多贡献。例如，美国国立卫生研究院可以将重点更多地放在医疗技术上，从而使人们不再需要残疾保险。

在第 5 节我们将转向联邦教育支持措施，这些措施能够以多种方式实现空间上的针对性。联邦经费开支可以提供更多的激励，促进困难地区更好地进行本地技术转让。为贫困地区学生提供的勤工助学金可以更侧重于研究过程，以提高市场所需的技能。贫困地区的职业培训可以通过灵活的、竞争性的方式提供，时间可以是在放学后、周末和夏季，提供方可以是非传统的职业培训机构，但要根据学生所学技能对这些机构进行评估。提高本地公司 H-1B 签证的名额上限，降低州法院对竞业禁止条款的执行力度，还可以增加贫困地区的人力资本。

我们可以通过培训和吸引人才来提高贫困地区的人力资本水平。佐拉斯等人（Zolas et al., 2015）发现，最近 80% 的以研究为导向的博士离开了他们参加培训的州。生活质量和经济活力有助于留住博士并吸引其他地方的人才。

第 6 节讨论了旨在促进就业，特别是贫困地区就业的创业政策。我们讨论了如何消除在研究中心附近创业的障碍，这既包括贫困地区也包括其他地方。教育较多的地区似乎特别容易出台各种监管措施，使建房乃至创业变得困难。我们可以通过建立"创业区"来减少创业面临的监管障碍，"创业区"一般会提供一站式许可，并取消职业许可。

我们还将讨论有定向就业补贴的政策，这些补贴可以促使贫困地区创造就业，推动这些地区的社会保险改革，从而增强其就业吸引力。如果这些政策降低了高失业率地区的有效劳动成本，则这些政策还会提高创业者的创新动力，为远离成功城市的低技能人士创造生产任务。相比之下，全民基本收入（universal basic income，UBI）相当于一种收入冲击，看上去有可能降低低收入人群的工作意愿，并导致可雇用低技能人士的创新减少。第 7 节为总结。

2. 创新和无业之间的空间错位

在这一部分，我们将比较创新的地理位置和无业的地理位置。我们的核心观点是，在美国创新通常发生在与经济最差的地区相距较远的地方。

2.1 教育、发明和创业的地理特点

为了展示创新的全貌，我们将重点放在创新过程的多个方面。上游的发明一般源于通常可带来专利的技术发现。下游的创业通常涉及技术发现的落地，或是有可能带来利润的非技术性构想，例如将汉堡餐厅的特许经营模式重新应用到出售炸鸡上。这两种类型的创新依赖于人力资本，并且都与其他的地方影响因素有关。人力资本是在学校和工作中形成的，但是我们将重点放在正规的

学校教育上。

首先我们采用专利来衡量发明活动。采用这一指标的优势在于，该指标在很长的时间内都是相对稳定的，并且适用于很多知识领域，例如该指标可以让人们了解美国发明创造的总体状况。当然，专利也会遗漏一些重要发明，例如金融领域的发明，因为这些发明无法申请专利。另外，专利本身无法体现某一发明的重要性，因为多数获得专利的发明从未得到运用。因此在可能的情况下，我们通过引用加权专利（citation-weighted patent）来考虑某一发明的重要性（Trajtenberg，1990；Hall、Jaffe and Trajtenberg，2001）。

图 6.1 显示了 2000 年美国引用加权专利的地理分布情况。我们采用了较早的数据，从而使专利有足够久远且合理的被引用时长。该图表明，专利在美国国内高度集中。在东部沿海有一条从华盛顿特区向北到波士顿的巨大的专利集中带，第二条大规模专利集中带在西部沿海地区。

2015 年总共有 8 个县合计获得了 41 499 项专利，几乎占美国全部专利活动的近三分之一。在这 8 个县中，有 6 个县位于加利福尼亚州沿海，另外两个则是华盛顿州的西雅图和马萨诸塞州的坎布里奇。在 2000 年至 2015 年，进出前 8 名名单的县只有一个（西雅图进入；爱达荷州博伊西退出）。2000 年排名前 8 的县仅产生了 17 137 项专利，占美国专利活动的 20.1%。专利活动在美国境内呈集中态势，并且集中度似乎有增无减。

图 6.2 显示了 1980 年至 2015 年人均授予专利数量的增长率。在这种情况下，我们采用的指标是专利数量，而不是可以有更长时间的引用加权专利。在亚特兰大等非沿海大都市地区，专利活动的总水平显著提高。但专利增长较快的地方很多是 1980 年以来

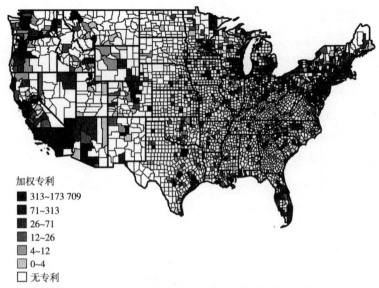

加权专利
■ 313~173 709
■ 71~313
■ 26~71
■ 12~26
■ 4~12
□ 0~4
□ 无专利

图 6.1　2000 年授予的引用加权专利的地理分布情况

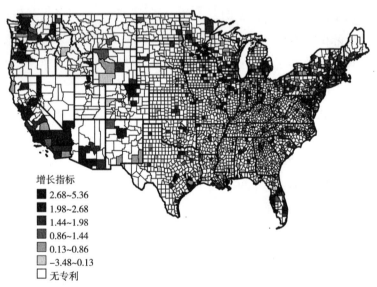

增长指标
■ 2.68~5.36
■ 1.98~2.68
■ 1.44~1.98
■ 0.86~1.44
□ 0.13~0.86
□ -3.48~0.13
□ 无专利

图 6.2　1980 年至 2015 年人均授予专利的增长指标

创新最多的沿海地区。几乎没有证据表明专利活动会自行实现空间上的平衡。

创新的第二个重要组成部分来自将新想法带入生活的创业者。高增长的创业活动或可通过风险投资来反映，这些投资集中在美国的类似地区。图6.3表明，尽管美国的大部分县在2015年左右的三年内根本没有获得任何风险投资，但加利福尼亚州和东海岸集中带地区人均每年获得的风险投资高达6 535美元。从大量关于本地知识流动的证据看，这是有道理的，此类商业活动一般都与发明共处一地，与按专利衡量的结果一致。来自大学和大型企业的新想法（产生了大部分专利）经常会在初创企业中生根发芽并得到开发（Shane, 2004；Agrawal、Catalini and Goldfarb, 2014）。从更普遍的意义上说，在这些知识密集的地方，人们可以将专利和初创企业视为大量新想法的两种体现方式。

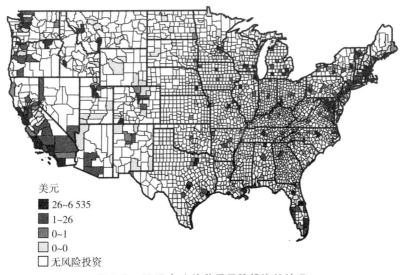

图6.3　2015年人均获得风险投资的情况

创新还与人口密度相关，我们认为人口密集可以促进本地知识流动并刺激创意产生。图 6.4 表明，2000 年各县授予的专利数量与人口密度之间存在较强的正相关关系。

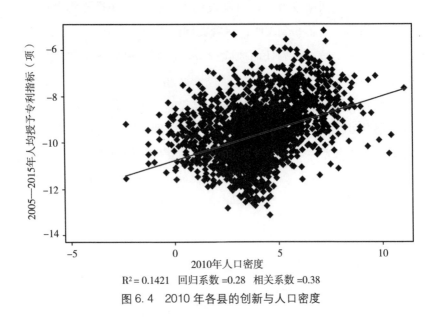

R² = 0.1421　回归系数 =0.28　相关系数 =0.38

图 6.4　2010 年各县的创新与人口密度

与图 6.2 一样，图 6.5 表明知识只会变得越来越集中。1995 年至 2015 年，人均风险投资增长最显著的地区是那些原先表现就十分强劲的创新集中带，例如在加利福尼亚州和马萨诸塞州的集群。此外，进一步观察地图还可以发现，西雅图、波特兰、普罗沃、阿尔伯克基、奥斯汀、小石城、亚特兰大、罗利、匹兹堡、安娜堡、芝加哥和麦迪逊的风险投资增长相对较高，这些地方均为城市地区，其中有很多地区都拥有顶尖的研究型大学。

总体而言，新业务活动与专利和风险投资的模式不同。图 6.6 使用了美国人口调查局的商业动态统计（Business Dynamics

创新政策与经济发展

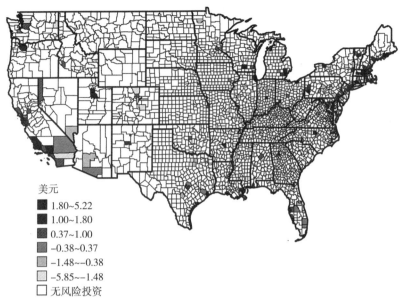

美元
■ 1.80~5.22
■ 1.00~1.80
■ 0.37~1.00
■ -0.38~0.37
■ -1.48~-0.38
□ -5.85~-1.48
□ 无风险投资

图 6.5　1995 年至 2015 年人均获得风险投资增长指标

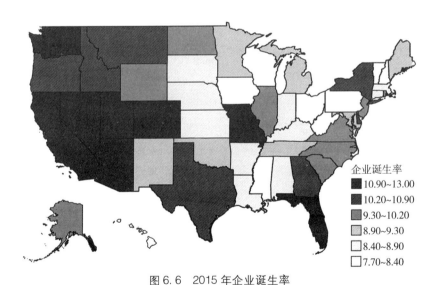

企业诞生率
■ 10.90~13.00
■ 10.20~10.90
■ 9.30~10.20
□ 8.90~9.30
□ 8.40~8.90
□ 7.70~8.40

图 6.6　2015 年企业诞生率

Statistics）中的数据来表示 2015 年企业的诞生率，该数据说明了为何一些州的经济活动总体水平高于其他州。遗憾的是，我们只能对总体商业活动使用更加粗略的州一级数据。除佛罗里达州和密苏里州等州之外，美国西部的企业诞生率较高。这一结果在一定程度上是对州和地方监管环境的一种反映。例如一些州对就业合同中竞业禁止协议的执行比较严格，其企业进入率也偏低（图 6.7a）。随着时间推移，一个州内部竞业禁止协议执法情况的变化看似也会影响企业进入率。而一些降低了竞业禁止协议执法力度的州，新生企业使得该州的新企业进入率开始上升（图 6.7b）。

以大学学历人口所占比例衡量，普通教育分布的范围远比专利和高增长创业的范围广泛，如图 6.8 所示。但是教育与发明和创业紧密相关。图 6.9 显示，2000 年有大学学历的成年人所占比例与引用加权专利数量指标之间存在正相关关系（相关系数为 0.65）。大量文献表明，创业者受过较多的教育，则更有可能在教育程度更高的地方创办公司，并且创业者及其所在地的教育程度越高，也就越成功（Acs and Armington，2004；Doms、Lewis and Robb，2010）。

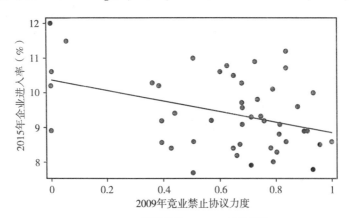

R²= 0.1431　回归系数 = −1.50　相关系数 = −0.38

图 6.7a　2015 年企业进入率和 2009 年竞业禁止协议的法律力度

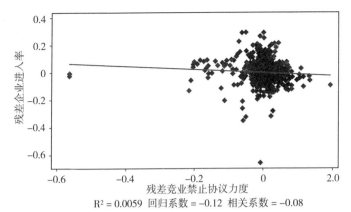

R² = 0.0059　回归系数 = -0.12　相关系数 = -0.08

图 6.7b　1991—2010 年企业进入率和竞业禁止协议的法律力度

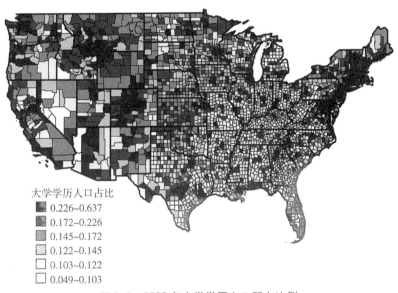

大学学历人口占比
■ 0.226~0.637
■ 0.172~0.226
▨ 0.145~0.172
▨ 0.122~0.145
□ 0.103~0.122
□ 0.049~0.103

图 6.8　2000 年大学学历人口所占比例

　　尽管专利和风险投资集中在少数沿海地区，但商业技术的采用在地理上分布得似乎更加广泛。图 6.10 显示了福尔曼等人（Forman、Goldfarb and Greenstein，2012）的数据，该数据展示

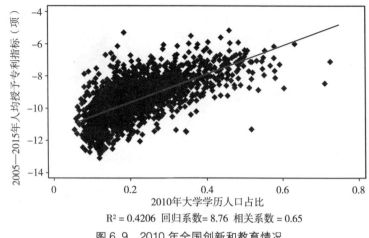

图 6.9　2010 年全国创新和教育情况

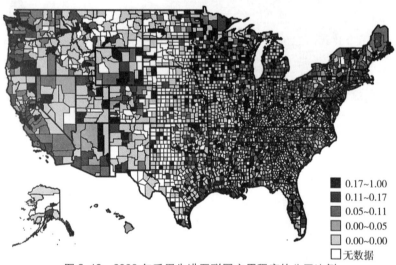

图 6.10　2000 年采用先进互联网应用程序的公司比例

了截至 2000 年的为期 5 年的大规模商业技术投资期结束时，每个县采用先进互联网应用程序的公司比例。尽管这些程序的采用存在一定的地方差异，但采用率较高的还是仅有沿海地区。

新技术看似在美国许多重要地区（不仅是城市地区）盛行，这或许是因为新技术为业务分布在各地的公司解决了复杂的物流难题。

技术进步在消费方面带来的益处更加广泛。2013—2017年度美国社区调查（American Community Survey）（图6.11）的5年平均数据显示，宽带互联网在美国全国范围内的分布相当广泛。东南部和中南部地区只有极少数地区的宽带普及率明显较低。类似的情况还有，原先在明尼阿波利斯开发的起搏器如今已令全国的患者受益，而各地十几岁的男孩都在玩北卡罗来纳州科研三角园（Research Triangle）开发的堡垒之夜（Fortnite）（2018年在美国男孩中的普及率为72.4%）。图6.1至图6.3和图6.5中的地图与图6.10和图6.11中的地图共同表明，在创新高度本地化的同时，创新带来的好处泽被天下。

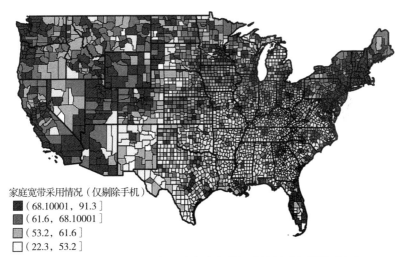

家庭宽带采用情况（仅剔除手机）
■ （68.10001，91.3]
■ （61.6，68.10001]
□ （53.2，61.6]
□ （22.3，53.2]

图6.11　2013—2017年平均家庭宽带订购情况（仅剔除手机）

但是我们在看到这些消费方面的好处时，也要参照创新带来的相关就业回报，创新带来的就业回报呈现与创新本身相似的地域差异。图 6.12a 显示，2000 年最具创新力的地区人均收入增长最快。就创新带来的就业回报而言，东部腹地的北部表现不佳，而南部似乎表现良好。图 6.12b 显示，西部中心地带在 2000 年至2010 年表现良好。就人均增速而言，南部阿巴拉契亚地区在 1980年至 2000 年似乎表现不错，但这一指标掩盖了就业方面的重要变化。这些变化包括美国一些地区长期失业的大量增加，这是下一节的主要内容。

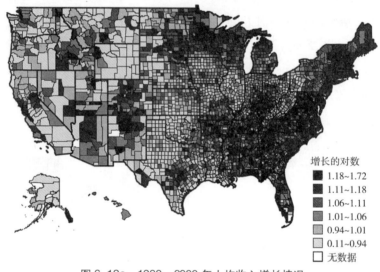

增长的对数
■ 1.18~1.72
■ 1.11~1.18
■ 1.06~1.11
■ 1.01~1.06
0.94~1.01
0.11~0.94
□ 无数据

图 6.12a　1980—2000 年人均收入增长情况

2.2　无业情况的地理分布

过去 30 年美国经济发生了巨大变化，但在空间上尚未形成均衡分布。我们将重点放在无业率（joblessness）（1 减去就业人口与总人口的比率）上，而不是失业率（unemployment）上，因为导

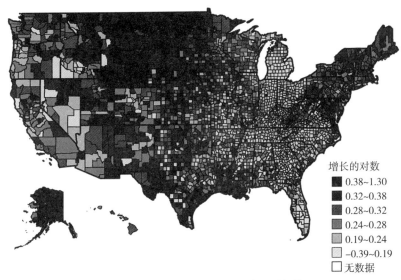

增长的对数
■ 0.38~1.30
■ 0.32~0.38
▨ 0.28~0.32
▨ 0.24~0.28
▨ 0.19~0.24
□ −0.39~0.19
□ 无数据

图6.12b　2000—2010年人均收入增长情况

致长期主要变化的是人彻底离开劳动力队伍。现有证据（Austin et al., 2018）表明，这些人并没有开心地从事家庭生产，他们感到不满并与社会脱节。

　　我们将重点放在男性无业，而非女性就业上，这是因为女性的劳动参与是一个更为复杂的话题。与同等情况的男性相比，没有正式工作的女性对自己生活表达不满的可能性要小得多。而且，在过去50年的多数时间里，女性就业率一直在上升，这与男性就业率的情况不同。

　　图6.13显示了2015年前后美国无业率的分布情况。美国部分地区的无业率经常超过25%，而其他地区的无业率则在5%以下。该地图最明显的特征是有一条从路易斯安那州和密西西比州，穿越阿巴拉契亚地区一直延伸到锈带（Rust Belt）城市的地带。我们将这一地带称为东部心脏地带，并注意到这也是美国就业和

收入增长最低、男性预期寿命下降的地区。

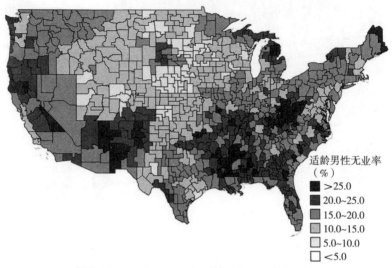

图 6. 13　2013—2017 年适龄男性无业率平均水平

东部心脏地带具有三个特征，这些特征有助于解释其特别
糟糕的就业表现。50 年前这一心脏地带的北部工业化程度过高，
此后则一直受困于男性制造业工作岗位下降。该地区以往的工
业类岗位工资较高，导致外界对正规学校教育的需求下降
（Goldin and Katz，2009），该地区以往的教育程度远低于西部心
脏地带。学校教育水平较低也是吉姆·克劳（Jim Crow）时代南
部腹地各州的特征之一。最后，该地区的政治体制落后，至少
从腐败程度的角度看是如此（Glaeser and Saks，2006；Liu and
Mikesell，2014）。

当然，制造业工作并不是唯一变得过时的工作。更普遍地说，
各种涉及死记硬背任务的"常规工作"已被计算机取代，并转移
到更廉价的劳动力来源上。图 6. 14 展示了奥托和多恩（Autor and

Dorn，2013）在研究中提供的数据，该数据显示了1980年各通勤区常规就业的比例，当时计算机尚未被广泛采用，并且尚未与中国开放贸易。1980年时东部心脏地带的常规工作就业比例特别高，这些工作很快就过时了。

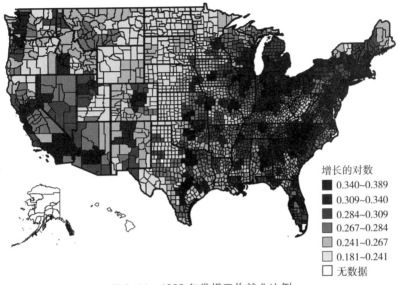

图 6.14　1980 年常规工作就业比例

资料来源：Autor and Dorn（2013）。

请注意，图 6.1 至图 6.3 和图 6.5 中的创新密集型地区在 1980 年也呈现常规工作比例较高的倾向，但是这些地区的技术水平也很高，这是因为这里拥有顶尖大学和几代教育投资。当常规工作被机器取代并被转移之后，这些地区迈向了另一个不同的方向，这些地区采用了具有更高创新能力、身怀技术技能的工人。当时常规工作就业比例较高的地区在技术进步面前出现了分化，这一点也确实得到了数据支持。为了说明这一现象，我们首先分析1980年时常规工作就业比例中的组成部分。当时常规工作就业比例与后来2015年时信息技术工人的工时比例并不相关。在图6.15a中，我们针对这一残差常规工作就业指标绘制了2015年的无业比例，并发现了很强的正相关性。大量的无工作人口成长于原先常规工作密集且后来没有专门从事创新产业的地区。

奥托和多恩（2013）认为，存在大量常规工作的地区有强烈的动机采用替代工人的计算机技术。的确，1980年的常规工作就业比例解释了2015年通勤地区IT（信息技术）工人工时比例的33%的变化。剩余67%的变化或许反映出创新、高技能、技术密集型产业的影响。如图6.15b所示，上述剩余变化与当地无业水平呈较强的负相关性。图6.16显示了专利申请与无业之间类似的负相关关系。

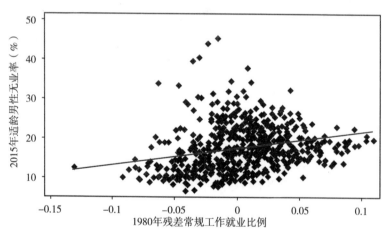

R² = 0.0668 回归系数= 40.34 相关系数= 0.26

图6.15a 2015年无业率和1980年常规工作就业比例

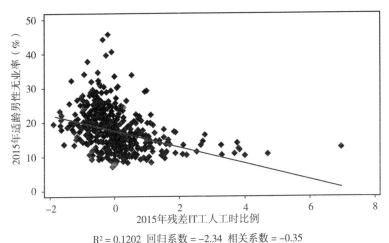

R² = 0.1202　回归系数 = −2.34　相关系数 = −0.35

图 6.15b　无业率、IT 工人工时比例和历史常规工作就业比例

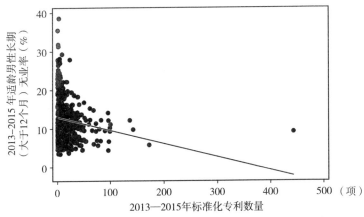

图 6.16　适龄男性长期（大于 12 个月）无业率和创新情况

　　图 6.13 中的无业情况不仅反映了图 6.1 和图 6.3 中呈现的创新情况。无业率高的地区的确创新程度较低，但是在很多地区，特别是在西部心脏地区，创新程度较低与无业率较高无关。无业

率的差异为旧的地区差异带来了新变化，加强了政策干预的理由。就业产生了可观的积极的财政外部性，因为就业工人要缴税，而未就业工人可以获得福利。庇古（Pigou，1912）认为，这种财政差额为给予工作补贴提供了理由。同样，这种财政外部性还强化重新审视可能减少无业情况的空间政策（可能包括创新政策）的必要性。

重新审视空间政策的另一个原因是，仅凭市场力量似乎并不能消除上述无业率差距。布兰查德和卡茨（Blanchard and Katz，1992）的一份比较有名的报告认为，1975 年州一级的失业率与1985 年的失业率无关，这表明经济扰动是暂时的。图 6. 17 显示了1980 年人口普查公共用途微数据区（Census Public Use Microdata Areas）的无业率与 2015 年的无业率之间的相关性。该回归中的 R^2 值高于 60%，系数大于 1，这意味着无业问题已成为许多地区的永久组成部分。

长期以来美国的经济结果在空间上也存在差异，并且从很多

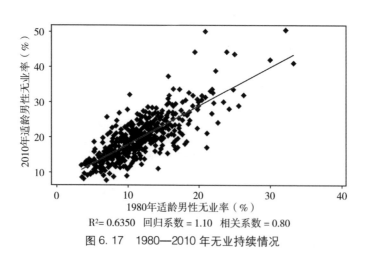

R²= 0.6350　回归系数 = 1.10　相关系数 = 0.80

图 6. 17　1980—2010 年无业持续情况

　创新政策与经济发展

方面看，这种差异已经下降。1950 年时密西西比州是最贫穷的州，当时有 18 个州的收入是该州的两倍。时至今日，密西西比州虽然仍是最贫穷的州，但是已经没有哪个州的收入是密西西比州的两倍。密西西比州已经赶上了许多州，这反映了美国各地区经济趋同的长期趋势（Barro and Sala-I-Martin，1992）。

尽管收入趋同在 1980 年以前是常态，但自 1980 年以后这种趋势看似已基本消失。贝瑞和格莱泽（Berry and Glaeser，2005）的报告表明，次州级区域趋同程度大幅下降甚至消失。加农和绍格（Ganong and Shoag，2017）的研究表明，州一级的趋同也类似地画上了句号。州收入差距（与无业率一样）日益成为长期现象。在下一节中，我们将讨论区域趋同减缓的可能原因，这有助于考虑针对地方制定的政策。

3. 为何创新与无业在空间上错位？

现在我们来探讨创新与无业长期不平衡的原因。首先，我们注意到资本和劳动力的地域流动性下降。从历史上看，要素跨越空间的流动可以改善生产率和收入在空间上的差距。其次，我们要讨论创新、技术和工作性质的变化，与这些变化相互影响的是公司选址以及高技能工人和低技能工人进行的地域选择。最后，我们提出所谓的"奥尼尔推论"（O'Neill Corollary），即从长远看"所有工作都是本地工作"。根据这一观点，我们认为全球贸易品市场将会产生以固定资本成本来降低可变劳动力成本的强大激励，这样对非技能劳动力的剩余需求将来自服务业。

我们强调几个历史事实。创新一直依赖于地理环境，原因如下：一是本地知识有助于形成新的想法，二是本地市场需要某些产品或催生某些产品，三是本地劳动力决定着生产的可能性。随着创意变得越来越复杂，人们要求的知识可能会越来越先进，与大学的联系也越来越多，并且这些知识与技术先进的行业和技能工人的关联也越来越大。如果上述需求导致人们的技能日益向创新领域集中，那么创新者将对本地市场力量和本地生产可能性做出反应，他们会逐渐把目标放在技能工人的消费偏好和劳动力供给上。

此外，信息和通信技术、贸易和运输成本的变化从根本上改变了具备生产可能性的地点。上述领域创新的结果是，生产中所用劳动力的类型和使用劳动力的地点都发生了变化。全球创意市场提高了技能地理集中的回报，在技能富集之地，本地知识的流动创造了大量的聪明才智。同时，低技能的劳动投入未必是人，也不一定非要与消费者同在一地（例如服务业的某些岗位），因此这种劳动投入可以通过采用机器或者雇用发展中国家的工人，以更低成本的方式外包。通信、运输和制度（贸易）壁垒不再保护技能水平较低的美国工人免受外国同行竞争的影响。机械化和离岸外包工作中任何余下的困难只能通过技能工人的未来创新解决。

3.1　劳动力和资本流动性下降

从 1880 年到 1980 年，美国各地区的人均收入差异稳步趋同（Barro and Sala-I-Martin，1992），部分原因在于劳动力和资本的流动。第二次世界大战后，制造业公司迁往劳动力价格更低的州，特别是这些州还颁布了工作权利法律（right-to-work laws）（Holmes，1998）。一些技术公司则迁移到阳光地带（Sun Belt）有着良好教育的地区，例如得克萨斯州的奥斯汀等，不过几乎没有技术公司转移到教育水平较低的地方，哪怕是那里的劳动力价格更低。低成本的非技能劳动力对技术公司的吸引力远小于对工业公司的吸引力。

如今劳动力和资本因为工资的地域差异而发生转移的可能性似乎大大降低。在 1992 年之前的 40 年中，各地/各县之间的转移率从未低于 6%。而在过去的 10 年中，这一比例从未超过 4%。加农和绍格（2017）的研究表明，1980 年之前穷人常常会从贫穷的地方搬到富裕的地方，但如今这一过程已经结束。贫困人口的迁徙不再有助于消除空间上的收入或就业差异。

为什么人们放缓了迁徙的步伐，特别是从贫穷的地方迁徙到富裕的地方？有一种解释强调了住房供给性质的变化（Ganong and Shoag, 2017）。在以前的时代，美国人可以轻松地搬到蕴含经济机会并且没有建房障碍的地区。轻便木质龙骨架构（Balloon-frame）的房屋在边远地区很容易建造。在 1900 年的城市中，建造公寓几乎没有任何壁垒。而如今从硅谷到纽约，在美国生产率最高的地区新建房屋极为困难，这主要是因为土地使用限制。尽管我们认为仅凭这种现象不能解释地区差异缩减的步伐为何减慢，但高昂的住房成本无疑有助于解释为什么更多的贫困人口没有转移到美国的创新中心。

消除这些建房障碍将使更多的人能够在就业方面从创新经济中分得一杯羹，但鼓励贫困地区的人们外迁也需要成本。奥斯汀等人（Austin et al., 2018）的研究报告显示，留在欠发达地区的人与离开欠发达地区的人之间存在巨大的技能鸿沟。更多的人口外迁意味着更大的"人才外流"，这可能使落后者的处境进一步恶化。正如谢长泰和莫雷蒂（Hsieh and Moretti, 2019）提出的，当前高创新地区的土地使用规定可能严重降低了美国的生产率，但改革这些法规并非易事，并且也无法解决东部心脏地带的就业不足问题。

但是，仅凭建房障碍这一点并不能解释区域差异缩减之势为何终结。美国不断发展的地理硬化症（geographic sclerosis）的确还与创新、技术和工作性质的根本变化有关，接下来我们将探讨这些变化。

3.2 创新性质的变化

在至少 250 年的时间里，创新经济摧毁了旧的工作并创造了新的岗位。工业革命初期发明的机器主要是为了让纺织不再需要人力，例如阿克莱特发明的水力纺纱机和卡特赖特发明的动力织布机。勒德分子（Luddite）* 摧毁这些机器恰恰是因为他们担心这些机器会导致对技能工人需求的减少。

但工业革命最终还是导致工厂工人的数量大幅增加，至少在欧洲和美国是如此。随着机械化的发展，商品物价出现下降，工业产品总量增加。尽管杰文斯（Jevons，1866）关注的是燃煤发动机效率的提高如何提升了煤炭的总使用量，但他的观点同样适用于他那个时代可节省劳动力的工业技术。随着 19 世纪的钟表工厂取代传统的钟表制造商，最终制造钟表的人越来越多，因为更低的价格导致全世界使用钟表的人大大增加。只要单位产出的劳动力数量的降幅小于总产出的增幅，则节省劳动力的技术就会导致劳动力需求的增加。

工业革命还创造了新产品，这些新产品产生了更多对低技能劳动力的需求。煤气灯照明、蒸汽机车和硅酸盐水泥只是工业革

---

* 勒德分子指因为机器代替了人力而失业的技术工人。——译注

命早期发明的众多新产品中的三种。批量生产的汽车或许是19世纪后期最终能够创造就业的创新。福特的自动化流水线工厂的效率远高于其替代的技术，但是较低的汽车价格最终仍有赖于大量相对廉价的劳动力。⑥

地理因素对这些早期的创新突破至关重要。创新很大程度上受当地影响，例如关于麦芽啤酒或相关工艺古法生产的知识偶然发生转移。有关阿克莱特专利的诉讼称，他是通过与约翰·凯（John Kay）的对话了解到辊纺的，约翰·凯一直与另一位发明家托马斯·海斯（Thomas Highs）一起工作。詹姆斯·瓦特的早期蒸汽机需要伯明翰的金属制造专业技术，这些专业技术已经发展了数百年。底特律的汽车生产看上去几乎是水到渠成的，因为该地区早先就专注厢车的生产和轮船发动机的制造，通用汽车公司的比利·杜兰特（Billy Durant）曾就职于厢车行业，而亨利·福特曾就职于轮船发动机制造业。

此外，创新者的所在地对就业具有长期影响。阿克莱特最大的一个纺织厂建于英格兰曼彻斯特中部，后来这个城市的规模呈爆炸式增长，成为世界"棉都"。继1908年福特在底特律生产出第一台T型车之后，底特律在几十年里一直是汽车生产的代名词。在以上两个案例中，有成千上万技能水平较低的工人来到这些工业区，操作旨在使用其劳动力的机器。

在前现代时期，长期无业是比较罕见的，创新者往往住在技能水平较低的工人附近。19世纪的创业者大多不需要来自大学的帮助（瓦特除外），但他们确实需要廉价的劳动力。创新者来自城市和农村地区。爱迪生、麦考密克和洛克菲勒等许多人都搬到了大城市，而这些城市也是低薪工人的迁徙之地。

在20世纪20年代初期，由于工会薄弱、移民到美国不受束缚，再加上几乎没有社会保障网，美国的劳动力一直相对比较便宜，因此无论工资多少，工作都比坐吃山空要强。[⑦]在大萧条之后的几十年中，较贫穷的美国人的收入经历了"大压缩"（Goldin and Margo，1992）。当时移民入境受到限制。工会的权力得到加强。具有一定规模的社会保障网意味着工人可能会对其工作有点挑剔。或许是受劳动力成本上升推动，创新者开始青睐偏向于技能的技术进步（Acemoglu，1996）。

随着资本深化取代了较昂贵的劳动力，生产的地域分布也发生了变化。在亨利·福特的早期工厂中，每名工人拥有大约 200 平方英尺的空间，堪比很多典型的城市职业拥有的空间（包括白领场所和零售业）。在更现代化的工厂中，每个工人可拥有 2 000 ~ 3 000 平方英尺的空间，这主要是因为机器在工作。由于城市是以昂贵的土地为代价提供空间上的接近性，因此工厂自然而然会迁移到城市中心以外的地方（Glaeser and Kahn，2004）。运输技术和基础设施的改善也推动了这种转变（Glaeser and Ponzetto，2010）。

创新者对雇用低技能工人的兴趣下降了，随着知识深化，创新变得比以前大为复杂。计算机和医学依赖于大型研发实验室，例如 IBM、贝尔实验室和辉瑞的实验室。大学学者成为创业者的天然伙伴，例如斯坦福大学和麻省理工学院的学者。

在亨利·福特时代，高技能发明者与低技能工人相结合可以实现巨大的规模经济。在比尔·盖茨和马克·扎克伯格时代，有本领的发明者会聘请高技能的计算机程序员。大规模的体力劳动则由机器或离岸劳动力完成。这些变化有助于解释为什么创新活动不再位于低技能工人附近，但仅凭这些变化并不能解释为什么美国的无业率急剧上升。

3.3 工作性质的变化以及 1969 年以来无业率的上升

在 1940 年至 1960 年间，美国的非农工人总数从 3 200 万增加到 5 400 万。1980 年美国非农就业人数增加到 9 000 万，2000 年增加到 1.32 亿。从 1940 年到 1980 年，工作岗位以每年 2.6% 的惊人速度增长。从 1980 年到 2000 年，就业仍然以每年 1.9% 的速度增长，表现依然相当强劲。但是自 2000 年以来，工作岗位数量每年仅增长 0.7%，这至少表明美国经济已经停止以创造大量就业机会的方式进行创新，至少在美国本土是这样。

在 20 世纪 60 年代的大部分时间里，男性的无业率徘徊在 5% 左右。而在过去 10 年的大部分时间里，男性无业率则超过 15%。亚伯拉罕和科尔尼（Abraham and Kearney，2018）得出的结论是："劳动力需求的影响因素是最重要的推动力，特别是来自中国的进口竞争加剧以及机器人进入劳动力市场。"对于受到中国进口竞争和计算机化影响的地区，奥托、多恩和汉森（Autor、Dorn and Hanson，2015）分别说明了贸易和技术带来的重大影响。如图 6.12 和图 6.13 所示，在原先高度重视制造业的地区，男性就业大幅度下降，特别是受教育程度较低的人。这一事实印证了如下观点，即贸易和技术变革削弱了男性在商品制造中的作用。

在 1969 年至 1993 年间，制造业的就业比例从 26.3% 下降至 15.1%。1979 年至 1993 年，制造业工人的绝对数量从 1 950 万的高位下降到 1 670 万。但是，在制造业从劳动力转向资本并进行裁员时，服务业的就业人数却从 1979 年的 6 490 万急剧增加到 1993 年的 8 860 万。很多人对这种变化感到不满，认为缺乏工会组织的低工资服务业岗位取代了有工会组织的工厂好工作，但是 1970 年至 2000 年服务业的这种大规模增长很难不给人留下深刻印象。

从 1980 年到 2000 年，服务业就业人数从 6 600 万增长到 1.07 亿，每年增长 2.4%。在这一增长过程中，数百万女性加入了劳动力队伍，减轻了工业就业人数下降的不利影响。奥托和多恩（2013）的研究表明，原先常规工作就业占比较高的本地劳动力市场计算机化的速度提高，低技能劳动力也重新被配置到服务岗位中，这些年里服务类岗位的工资增长高于中等技能职业。而自 2000 年以来，服务业就业每年仅增长约 1%。

1980 年之前，就业增长由劳动力供给的变化推进，最显著的是女性进入正规劳动力市场。但这几十年的工资增长速度远高于 2000 年以来的速度，这表明这一变化在很大程度上是因为市场对新式工作的需求增长放缓。一个基本的政策问题是，调整创新政策是否能提高劳动力需求的增幅，特别是对低技能水平的美国人的需求。

劳动力供给增加意味着有限的劳动力需求会导致无业问题，而不仅仅是低薪问题。在罗斯福新政之前，男性长期无业是罕见的，因为只要有工资就比坐吃山空要好。即使在 20 世纪 60 年代，男性工资分布区间的下限虽然比今天要低，但他们仍会工作。而如今，男性似乎不太愿意以极低的工资工作，因为更加慷慨的私人和公共保障网（尤其是伤残保险）使无业者比以前更容易生存。

私人保障网还使年富力强的男性不用工作也可以生存。奥斯汀等人（2018）的报告表示，失业一年以上的成年男性有三分之一与父母住在一起。而 20 世纪 60 年代时，人们的房屋小得多，父母辈也穷得多。如果失业者依靠亲朋好友的实物接济，那么他们迁移到工作机会较多地区的能力就会下降，这就是无业问题为什么会在某些地方如此顽固的原因之一。

在工业已经远去的前制造业中心，无业问题特别严重。而在服务业就业较多的大城市，无业问题则没有那么严重。确实，如果服务业岗位可为低技能美国人提供工作，那么让高技能的人和低技能的人生活在一起可以带来更高的价值，哪怕这样做的结果是工资的两极分化，如奥托和多恩（2013）的研究所示。与无业可就相比，工资两极分化的破坏性或许相对较低，因为无业可就带来的负外部性很大。

然而，创新和工作性质的变化已经导致全美国因技能不同而产生的地区隔离现象更加严重而不是减轻（Berry and Glaeser，2005）。自 20 世纪 70 年代以来，许多最伟大的创新者都依靠高技能工人，这些创新者高度集中在硅谷、西雅图和其他教育程度较高的城市。

一些创新已经影响了其他行业的生产力（例如，微软 Office、苹果和建筑等创意领域），并且在某些情况下这些创新可能还会使无技能工人和有技能工人都变得多余。当然，在很多情况下，这些进步还是极大地提高了技术工人的生产力，并促成了产业集群，例如创新开发集群。其他创新，例如谷歌和脸书，则直接向消费者提供服务，并通过广告形式将消费者的注意力卖给其他公司。这些互联网巨头之所以引人注目，是因为它们影响着数十亿人的生活，但只雇用了可从彼此邻近中受益的少量高技能工人。这些巨头几乎不需要低技能工人。

这一事实为区域趋同的减弱提供了另一个解释。作为美国薪资最高地区之一的技术中心不需要大量技能工人进行生产，因此无须搬迁到工资较低的地区。其旗下的技能员工或许希望雇用更多的服务人员，但是住房供给的限制使住房价格过高，导致向高薪地区迁移的吸引力下降。

技术创新者的地域隔离是否真的会影响其创新的性质，关于这一点并无定论。我们有足够的证据表明，在现代社会，新创意的产生需要知识扎根本地。本地消费者也可能影响新的产品创意，本地劳动力的可用性可能会影响创新者对生产可能性的看法。如果这些创新者居住在更多低技能工人附近，那么创新者是否能创造出会雇用更多这类工人的发明？创新者针对自己周围的需求提出创造性成果无疑是有案可查的。但是今天的创新者知道，他们在生产中需要的几乎所有低技能劳动都会廉价地外包给国外。因此，如果创新要增加对本地低技能工人的需求，那么就需要创造必须在本地执行的任务。

例如，优步便是一家为低技能人员提供工作的技术公司。优步诞生的部分原因是居住在旧金山的特拉维斯·卡兰尼克（Travis Kalanick）认为有必要开展一种服务，将汽车服务提供商与汽车服务用户联系起来。汽车共享服务平台 Zipcar 也有类似的创业故事。假如创新需要一些直接知识，那么科技行业在地理位置上与包含美国更大经济问题的地区相隔离则会成为一个问题。如果有钱人不搬到东部心脏地带等较贫困的地区，而这些地区的较贫困居民发现旧金山的物价太高，那么是否有可能想象通过服务业创新来减少美国的失业？

3.4 奥尼尔推论：是否所有的工作都会本地化？

并不是所有的美国创新者都主要与计算机和高技能的计算机程序员一起工作。美国的就业市场是以服务为主导的，特别是低技能人员的就业市场。美国服务经济的格局主要形成于 20 世纪 70 年代和 80 年代，当时服务行业的创新者促进了就业的大规模增加。

格莱泽和庞泽托（Glaeser and Ponzetto，2019）认为，服务业就业人数的增加是全球大规模贸易品市场的天然连带结果。如果企业可以通过支付固定资本成本来减少可变劳动力成本，那么拥有较大市场的企业将会支付这些固定成本。随着全球市场的规模扩大，生产贸易品的非技能工人将会越来越少。其结果是，对非技能劳动力的剩余需求将来自非贸易领域、本地，以及服务业。

这一推测与过去 50 年发生的事件不谋而合，在过去 50 年中，制造企业首先进行了机械化，然后创新转向了具有全球影响力的产品，因为这些产品只存在于网络世界，例如脸书。对于每一个用户，这些网络产品几乎都不需要人工。虽然在机器管理和软件编码方面仍需要为技术人员支付固定成本，但即便是这样的人工投入最终可能也会被机器取代。不过，人们看似依然喜欢从面带微笑的咖啡师那里购买咖啡，而服务业将继续雇用低技能美国人。

美国的服务业主要由四大行业类别组成：教育和卫生服务（2 300 万工人）、批发和零售贸易（2 200 万工人）、专业和商业服务（2 200 万工人）以及休闲和酒店（1 700 万工人）。[8] 在过去 20 年中，教育和卫生服务方面的就业一直稳定增长，未受商业周期影响。休闲和酒店以及专业和商业服务领域的就业都在强劲增长，但在大衰退期间大幅回落。在上述经济衰退期间，批发和零售贸易领域的就业经历了严重下滑，在过去 20 年中的总体增长微乎其微。

这种停滞与 1980 年至 2000 年期间形成了鲜明对比，1980 年至 2000 年期间，批发和零售贸易以及其他服务行业（的就业）急剧增长。医疗保健领域的扩张则是美国联邦医疗保险（Medicare）和医疗补助（Medicaid）的公共资金带来的自然结果。专业和商业服务则在日益复杂的世界中提供了外部技术专长。这些服务多在城市，技术含量相当高，与其他企业的关联则反映出企业与大学之间日益紧密的联系。

1921 年，美国庞大的快餐业诞生于堪萨斯州的白色城堡（White Castle）。白色城堡提供带有面包的汉堡和快速服务，但该餐馆并非特许经营。当时白色城堡为公司直接所有，如今也是如此。20 世纪 50 年代麦当劳从加利福尼亚州起家，通过类似的生产模式和特许经营体系实现了更大的规模，该体系借鉴了可口可乐和瑞克苏尔（Rexall）等更早期的特许经营操作。肯德基则借用了麦当劳的模式，但将其应用在区域食品加工方式上。通过借鉴和调整其他地方的思路，美国食品行业的企业家表现出在不同地区创造就业的稳定能力。

此外，快餐业的企业家还设法在公司总部创造了本地就业机会，并通过在其他地方的销售来维持这种就业机会。美国 12 家最大的快餐连锁店（按门店数量计）中有 9 家总部位于其最初成立的地点附近。麦当劳、必胜客和芭斯罗缤（Baskin-Robbins）则是三个突出的例外。多数情况下这些公司都会易手，有时甚至是反复易手，但是新的所有者还是会保持地区上的邻近，或者回归原地区，例如肯德基。

在 20 世纪 80 年代和 90 年代，随着商场扩张以及美国购买更多商品，批发和零售贸易领域急剧增长。而如今，电子商务与销售物流的改善相结合，提高了此后就业原地踏步或下降的可能性。市场依然需要熟练的人力推销员来推动高利润产品的销售，例如奢侈品和房地产，但是仅仅整理产品并在商店收银台工作的推销员数量肯定会继续下降。

医疗保健和大部分教育主要服务于本地市场，因此扩展范围有限。美国的顶级医院和大学虽然可对外输出服务，但这类机构属于这个市场高端领域中的一小部分，并且其市场高度集中在美国教育程度最高的地区。尽管医疗保健和教育行业雇用了大量美国人，并且经常会随着创新而扩展，但是这些行业总体上具有公共性质，看上去不太可能为未来在美国教育欠发达地区实现出口导向型增长提供动力基础。

相比之下，在许多人力资本丰富的城市，专业和商业服务（包括律师、广告代理、会计师和管理顾问）是主导行业，其中许多以出口为导向。尽管麦迪逊大道的出现起先是因为纽约企业的需求，但没过多久纽约的广告代理商就开始为全球企业提供服务。虽然医疗保健和教育行业在一定程度上因为有公共资金的保护，从而可以避免受到技术因素的干扰，但是专业和商业服务因为经常涉及创造性思维以及面对面的接触，所以更加难以通过机器人实现再生产。

商业和专业服务在贫困地区创造未来就业机会的可能性要小得多，因为这些服务一般都需要这些地区通常欠缺的高水平教育。在美国，在公司业务领域占主导地位的四大会计师事务所甚至都没有在美国设立总部。管理咨询行业则是纽约和波士顿占主导。建筑公司在地域上更加分散，成功的大公司分布在圣路易斯、奥马哈等城市，特别是像得克萨斯州这样建设速度较快的州。商业服务模式最终还要涉及向全球公司出售高技能劳动力，因此只有在高技能劳动力充裕的地方，这种模式才是可行的。

休闲和酒店业比较有理由成为就业增长的动力源泉，哪怕是在人力资本较低的地区。比较富裕的美国人会在他们不常住的地方把钱花在休闲上，他们也愿意花钱体验更加奢侈的需要多人服务的休闲活动。可问题是，有多少贫困地区的居民可以真正从事休闲和接待工作，这些地区中又有多少可以变成休闲胜地或当地美食的输出窗口。

工作性质的变化意味着几十年来低技能美国人大量从事服务业工作，而非制造业或其他按部就班的工作。贸易和技术方面的改进导致就业转向服务业。这种转变有助于解释为何失业与创新之间会出现空间错位，同时这种转变还导致二者之间错位的问题更难解决。制造业工人可以不住在其最终客户附近，但更多的服务业人员则需要这样做。

对低薪工人的需求将制造业公司吸引至低薪地区。但很少有技术公司会因为大量雇用高中辍学的学生而受益。技术公司的员工可能会因为廉价的服务人员而受益，但这种收益或许并不足以抵消搬迁到教育水平较低地区带来的生产率损失。

4. 空间创新政策：发明

无业与创新之间的空间错位表明，创新者认为在大量劳动力未实现充分就业的地区，创意的回报较低。这种想法反映出创新政策在地域方面面临的尴尬局面。我们应将资源用于最具创新性的地区，还是最需要通过创新来创造就业的地区？如果将美国划分为创新区和无业区，那么改善创新区是否可以帮助无业区？发明、技术和就业的地理差异激发了我们对空间创新政策（spatial innovation policy）的讨论。

在这一问题上的取舍特别棘手，因为美国似乎既有创新问题，也有就业问题。过去 10 年中的不少时间里，未就业的成年男性（25～54 岁）比例都在 15% 以上，高于 20 世纪 60 年代的 5%。戈登（Gordon，2017）发现，在上述时期美国经济增幅下降，商业活力减弱或许可以解释男性无业率上升的原因。奥肯定律

（Okun，1962）指出了过去 50 年低增长率与失业之间的联系。

我们以如下情形作为讨论的前提，即创新政策既旨在扩大知识储备，又旨在解决其他社会问题，例如美国日益严重的无业问题，特别是东部心脏地区的无业问题。如果无业问题导致税收收入减少以及社会支出增加，那就会带来财政外部性。因此无业率的均衡水平将会相当高，而减少无业现象可以增加社会福利。

我们依然将创新分解为教育、发明和创业，现在我们将转向影响发明的政策中涉及的空间因素，例如联邦研究经费。上一节的讨论表明，地理因素对创新政策十分重要，因为空间可以决定创造力的总体水平、创新者要解决的问题，以及生产最终产品的手段（投入品组合），从而影响创意的生产函数。无业与创新之间的隔离则可能导致创新者忽视无业人口中存在的机会。此外地理因素可能还会决定创新对无业和不平等等结果的影响。

本节首先将围绕区位导向型政策考察三个主要观点：异类集聚效应、再分配（以地理为"标识"）以及对社会问题的不同影响。然后，我们将在全美范围内对推广教育和创业的理由以及推广发明的理由进行比较。

4.1 区位导向型政策的逻辑

实行区位导向型政策的理由有三个（Austin et al.，2018）：空间外部性、再分配以及政策对社会问题的影响存在空间差异。空间外部性包括集聚经济（agglomeration economy）和本地人力资本的外部性，这通常意味着人们的活动从一个地方转移到另一个地方可以带来总体结果的改善。就创新政策而言，这种空间外部性或许体现为：硅谷等大规模研究中心可带来不断增加的本地规模收益，或者从加利福尼亚州引进适量的科学家到肯塔基州可产生溢出效应。

就整体经济活动而言，相关文献认为：虽然纽约市和西弗吉尼亚州的确切人口规模可能并未达到最优水平，但我们也并不清楚是否应该让人们从纽约搬迁到西弗吉尼亚州或是反向搬迁。适度采取"大推进"措施可推动某一地区持续增长，这种情况或许存在，但在当今的美国我们并不知道如何才能发现这类情况。

类似的还有如下问题：大量研究表明空间溢出效应对创新十分重要（例如，Jaffe、Trajtenberg and Henderson，1993；Belenzon and Schankerman，2013），但我们很难知道哪里是可以带来更多创新活动的最佳地点，我们也很难知道如果发明更加集中或分散，整个美国是否将更具创造力。

采取区位导向型政策的另一个理由是再分配，即某些地方可能一望便知是贫困地区，因此通过区位导向型再分配，我们可以在不破坏工作激励的情况下帮助穷人。我们还可以考虑采取保护措施，使人们免受所在地因素带来的不利经济冲击。但是，区位导向型再分配（除非是这一做法以人们的出生地为依据）也可能扭曲对地点的选择，并有可能导致接受转移支付的地区住房成本提高。而且，较低的收入可能已经被较低的物价抵消。针对区位导向型再分配，最有力的反对观点或许是，收入差异绝大部分体现在州和县的内部，而不是各州和各县之间（Austin et al. 2018）。

最能促进平等的本地投资形式是在某地方内部为当地收入较低的人提供福利或就业，但是最好的实验室一般很少雇用高中肄业生。引进顶尖科学家只会推高当地的住房成本。抗癌疗法等技术的突破很可能造福于社会上最贫困的人群，但在取得技术突破的地区，未必会使生活在该地区的穷人大大受益。要重新分配财富，政府还有许多其他更直接的工具，而不一定要将研究工作重新配置到更贫困的地区。

采取区位导向型政策的第三条理由是，在一些地方，政策干预对失业等社会问题的影响比其他地方要大。例如，我们可能想降低所有地方的犯罪率，但如果我们将相关资源用于"热点地区"，则可以提高支出的有效性。虽然失业问题可能在西雅图和阿巴拉契亚地区造成相同的财政外部性，但在后一地区，处于就业边缘的人可能要多得多。因此，如果有针对性地给阿巴拉契亚地区提供就业补贴，那么相较于对所有地区统一就业补贴，每花费1美元可使更多的人从无业转为就业。

我们将无业问题视为主要的社会问题，不过我们也认识到还有许多其他因地区而异的市场失灵问题。将无业问题视为市场失灵意味着我们反对如下观点，即无业只是消磨更多闲暇的良性决定。奥斯汀等人（2018）还量化了与工作有关的因纳税和未领取福利带来的可观的财政外部性。

奥斯汀等人（2018）讨论了无业人员和就业人员之间存在的巨大幸福感差距，以及无业、自杀和婚姻破裂之间的联系。至少在男性中，就业人员和无业人员之间的生活满意度差距远大于在职富人和在职穷人之间的生活满意度差距。如果再分配的目标是减少个人之间的幸福感差距，那么减少失业将比收入再分配更加有利于公平。

一些人认为应该对失业采取区位导向型行动，其理由强调的是美国劳动力市场之间的巨大差异。适用于西雅图的政策未必适用于西弗吉尼亚州。这一点在住房市场上是显而易见的，例如与休斯敦或底特律相比，以低收入住房税收抵免（Low Income Housing Tax Credit）来补贴波士顿的新房建设要有意义得多。奥斯汀等人（2018）认为，地方差异意味着，相对于无业率较低的地区，社会保险政策应减少对西弗吉尼亚州就业的不利影响，而且如果我们要加大就业补贴力度，则这些补贴应针对无业率较高的地区。

弹性差异论（differential elasticity argument）在国家科学基金会的拨款等定向干预措施中的重要性通常不及在就业补贴等更广泛的经济政策中的重要性。只要国家科学基金会和美国国立卫生研究院的同行评审过程能够在不同项目的基础上有的放矢，那么再采取区位导向型的政策则不会进一步提高效果。⑨

尽管如此，为了更全面地考虑发明的区位导向型问题，讨论美国的以下四类地区是有益的：（1）位于高技能地区（例如旧金山、波士顿）的十分成功的研究集群，（2）位于中等技能地区（例如明尼苏达州的罗切斯特、得克萨斯州的奥斯汀）的成功的较小研究集群，（3）在较困难地区（例如肯塔基州的列克星敦、西弗吉尼亚州的摩根敦）的成功的研究集群，以及（4）现有研究基础设施很少的不太成功的地方。

大多数陷入困境的美国地区都属于第（4）类，这些地区的研究经费面临很多障碍。例如，格鲁伯和约翰逊（2019）赞成将研究资金仅分配给技能富集的地方。如果人力资本是成功实现发明的必要条件，那么联邦研究经费在情况最差的地区将无法取得成功。创新政策向较贫穷的州倾斜将会扭曲创新政策，从中受益最大的将是这些州中最富有的居民，这些人原本就享受到较低住房成本的好处，而创新政策的这种定向性（如果有的话）将会加剧当地的不平等。人们之所以将重点放在教育以及降低贫困地区的创业障碍上，原因之一是考虑到公平问题，但发明政策对这些地方的这类需求的针对性似乎不强。

将资源从第（1）类地区重新分配到第（2）类地区必须要看

研究的生产函数（research production function）的性质。如果在中等技能地区多花 1 美元比在旧金山多花 1 美元能带来更高的生产率，那么资金的空间再分配将增加新研究的总流量。将研究资源从第（1）类地区再分配到第（3）类地区则有更强大的理由，因为即使研究质量相同，在第（3）类地区增加资金投入实际上可能会减少无业。在这种情况下，我们需要在创造就业的数量与失去的研究价值之间进行权衡。

4.2 地理因素与发明的生产函数

格鲁伯和约翰逊（2019）认为，应该对美国最困难的地区提供研发补贴，这主要通过税收规则来实现。这样的政策是有道理的：一是因为研究和开发可能会在困难地区产生更多有价值的发明；二是这样做可导致在任一发明水平上，这些地区都可以产生更多的就业机会。类似的逻辑也适用于增加困难地区的发明支出，这些发明支出来自国家科学基金会或美国国立卫生研究院。

对于区位导向型发明补贴和发明支出，为了阐明二者之间的权衡取舍，我们现在转向极为典型的国家创新政策模型。我们将某地区 j 的创新定义为 $I_j(S_j)$，其中 S_j 是联邦政府在地区 j 的支出，它可以表示直接的拨款支出或税收抵免支持。国家知识是 $I_{US} = \sum_j I_j(S_j)$。每个地区的产出 $F_j(I_j, I_{US})$ 都是地方创新和国家知识的函数，是总体福利的广义指标。我们假设国家目标函数为 $\sum_j F_j(I_j, I_{US})$。

假如政府为了实现国家总产出最大化（等于地方产出之和）而拨出固定数额的开支，则对方程求一阶导数 $I_j^{'}(S_j)$ [$\mathrm{d}F_j/\mathrm{d}I_j + \sum_j(\mathrm{d}F_j/\mathrm{d}I_{US})$]。上述方程包含三个元素：$I_j^{'}(S_j)$ 表示上述支出对知识总量的影响，不同地方受到的影响是不同的；dF_j/dI_j 表示本地知识对本地目标函数的影响，在贫困地区其值可能比较高，因为更多的人处于就业的边缘；不同地方的 $\sum_j (dF_j/dI_{US})$ 基本相同，它反映的是扩大知识储备量带来的国家收益。支出可能会特别针对某个地区，一是因为研究支出的边际回报 $I_j'(S_j)$ 的值在这样的地区特别高，二是因为在该地区创新对本地产出 dF_j/dI_j 的影响也比较大。

假如理想情况下，国家科学基金会和美国国立卫生研究院的评估小组将资金分配给某些项目，而这类项目可以带来最高水平的知识，那么不同地区的 $I_j'(S_j)$ 为常数，无须任何明确的空间政策。可以设想，这其中存在开支的动态影响，这种影响无法被美国国立卫生研究院和该模型察觉。在这种情况下，对欠发达地区增加开支以改善长期创新是比较有意义的。

但是给定美国国立卫生研究院和国家科学基金会的具体知识，上述假设必须是这些机构在没有地方针对性的情况下实现了研究产出的最优化，而有地方针对性的项目会降低所生产的知识数量。如果是在私人部门的研究中，企业可能会将研究安排在能够实现私人可用知识最大化的地方。但研发税收抵免的存在意味着私人部门的研发也有外部性，这或许反映了一些知识会扩散到其他领域的事实。为了从知识生产的角度为地方性政策提供理由，我们还需要知晓，在较贫困地区，知识溢出的影响大于发明的影响。

dF_j/dI_j 的差异反映出本地研发活动不同的溢出效应（Jaffe et al.，1993；Hausman，2018）。如果当前计划在空间上等于 $I_j'(S_j)$，那么以更高的 dF_j/dI_j 值代表的地方针对性意味着本地经济收益与全球知识生产之间的权衡。如果本地创新对本地活动的影响 dF_j/dI_j 小于知识数量对美国总体福利的影响 $\sum_j (dF_j/dI_{US})$，那么研究目的偏向于本地就业将会降低福利。如果 dF_j/dI_j 较大并且各不相同，那么研究经费的地方针对性将更具吸引力。

因此有地方针对性的发明政策取决于 dF_j/dI_j 的经验评估以及 $I_j'(S_j)$ 的情况。dF_j/dI_j 的评估还受到事实的影响，即政府并非单纯地追求 GDP 最大化。福利并不等于财富，公共政策或许有更多目标，例如减少无业和不平等。上述更多目标可能导致研究开支向如下地区倾斜：一是创新对无业影响更大的地区，二是创新可以发挥更多作用以减少收入不平等的地区。

在无业问题产生外部性的情况下，假如与硅谷相比，发明支出在肯塔基州东部更有可能减轻无业问题，那么根据庇古的公共经济学原理，针对不同地区的不同无业问题，对等地按照不同地区采取不同的税收补贴来消除失业，则可以使人们从无业转为就业中获得的人均收益放大数倍。⑩调整研发税收抵免政策需要开展更多的实证研究，不过与调整研究补助发放程序的理由相比，调整研发税收抵免政策的理由似乎更充足，因为这种调整不用大费周章，不会对现有的定向支出过程产生不利的影响。此外，研发税收抵免并不是由评审小组根据逐个项目事先给予支持，评审小组往往已经考虑了该研究更广泛的影响。

针对特定地方提供研究经费是有风险的，因为我们现有的资助模式明显是非政治性的，不受华盛顿标准的影响。正如我们将在下一节提到的，如果经费提供向受到特殊待遇的地区倾斜，则将会打开政治操纵的闸门。如果不评估创新支出带来的地方效应，我们就很难对任何新的区位导向型政策充满信心。如果放弃科学的资助决策方式，则可能导致联邦研究经费附带大量政治色彩。

4.3 地方性发明补贴的实证追踪记录

对于旨在促进创新和改善经济表现的联邦实体而言，地理因素自然十分重要。美国小企业管理局（Small Business Administration）"为1 800多个地方的新设创业公司和既有小型企业提供免费咨询和低成本培训"[⑪]，并在每个州都设有地区办事处。如此广泛的地理分布并不意味着该管理局有意让小企业迁移，甚至也不是要解决地区不平等问题，而只是为了确保每个美国创新者都可以享受到小企业管理局的服务。

美国国家科学基金会的地理因素则更加令人刮目相看，因为即使知识生产集中在少数地方，也能惠及所有美国人。然而美国国家科学基金会创设所依据的1950年法案宣称，"基金会的目标之一应当是在整个美国范围内加强科学和工程学的研究与教育，包括个人的独立研究，并避免此类研究与教育过度集中"（美国法典，2006年版增补 IV，第928页）。该法案既没有就上述目标给出相关理由，也没有提供关于"过度集中"的定义，但这一条款是美国国家科学基金会"推动竞争性研究的立项计划"（Established Program to Stimulate Competitive Research，以下简称EPSCoR）的主要依据。[⑫]

EPSCoR计划成立于1979年，最初为以下五个州提供了定向资金：阿肯色州、缅因州、蒙大拿州、南卡罗来纳州和西弗吉尼亚州。自2016年以来，25个州有资格获得EPSCoR资金。而包括美国能源部和美国国家航空航天局在内的多个其他联邦机构也采用了EPSCoR模式。美国国立卫生研究院已经设立了自己的机构发展奖（IDEA）计划，用来支持23个州的研究和教育。

根据2013年美国国家科学院（NAS）的评估，EPSCoR的最初目标是"使每个州的大学都能够竞争联邦研究资金"。⑬如果在研究的生产函数中教育投资的回报足够高，那么即使美国国家科学基金会没有提出"避免过度集中"的要求，也可以证明这一外展服务支出（outreach spending）是合理的，这样在蒙大拿州或缅因州只有少量经费的隐藏人才才会脱颖而出。另一种说法是，这种地理扩展很大程度上带有政治性，这样才能使美国国家科学基金会可以从更多的参议员中获得更广泛的支持。

美国国家科学院的报告指出，多年来 EPSCoR 一直面临着任务随其他目标变化的情况，"例如增强创新能力以促进经济发展和创业、扩大理工人员队伍的多样性"。尽管美国国会要求美国国家科学院评估 EPSCoR，但其报告指出，"由于 EPSCoR 的目标广泛且日益复杂，开发具有定量指标的严格评估体系存在困难"。因此，"委员会无法完全按照国会要求的必要严格程度来评估 EPSCoR 的有效性"。

尽管如此，上述委员会还是认为"数百万美元的资金和 5 年的努力显然不会改变一个州的研究能力"，这实质上是反驳定向支出的额外理由。委员会的结论是："EPSCoR 已经运行了三十多年，在此期间，该计划已在能力建设活动上投资了数十亿美元，然而 1977 年时获得研究经费最多的 10 个州至今仍高居榜首。"此外，"2012 年符合 EPSCoR 要求的州在联邦研究经费总额中所获经费的比例与 1979 年所获比例大致相同"。

EPSCoR 和许多相关计划尚未改写美国的创新地图。这也许意味着这些计划太小因而无法产生明显影响，或者这一过程从一开始就注定要失败。但我们以这种实证跟踪记录来推进区位导向型发明政策。EPSCoR 似乎并未产生强有力的效果，而且我们有充分的证据表明这其中可能会出于政治目的而改变该计划相关活动的地理范围。就效果而言，与转移发明地点相比，与教育和创业有关的区位导向型创新政策在减少本地失业方面的效果更显著。

4.4 研究向困难地区倾斜

研究即使不在困难地区开展，也可以对困难地区起到帮助作用。针对美国心脏地带的无业问题，一种貌似合理的应对措施是，对能够促进美国心脏地带就业的创新予以补贴，哪怕创新者本人仍留在波士顿或旧金山。如果创新在其发源地之外的地方影响很小，那么这种观点将站不住脚，不过大多数重大创新都具有全国性和全球性的影响力，甚至有一些会推动困难地区的就业。

最显而易见的便是美国的医学研究。美国的医学研究相当于一种创新机器，可产生能够改善寿命和生活质量的疗法和处方药。这一创新机器直接由美国国立卫生研究院资助。公共部门也间接为研究提供了资助，因为医疗保险和医疗补助都会为能够带来一定医疗益处的新疗法付费。与诸多欧洲的单一付款人制度不同，美国医疗保健系统提供类似开放式承诺的机制，为使用新的创新付费，这极大地刺激了企业的创造力。

如火如荼的公共研究在一定程度上使医疗保健行业成为美国许多贫困地区最大的就业集群。医疗技术数量的增加挽救了许多生命，同时也扩大了该行业的规模。美国的人口普查报告称，全美有 14% 的就业人员在医疗保健和社会援助部门工作。

在经济困难地区，这一比例要高得多，主要因为其他形式的经济活动较少。在西弗吉尼亚州，有 18% 的工作是医疗保健。在克利夫兰市，这一比例则达到约 20%。随着美国顶级医学研究中心开发出更多增进健康的疗法，医疗保健和社会援助行业的就业占比可能会继续增加。

由于医疗保险和医疗补助都有政府津贴，因此相关疗法会在缺乏其他收入来源的地区带来就业和开支。因此在许多呈下降态势的地区，医疗保健已成为主导产业。联邦医疗保健政策或医疗服务劳动密集度的未来变化，将会深刻影响美国贫困地区的经济状况。

医疗保健创新无疑在美国较弱势地区创造了大量就业机会。医护人员自我雇佣，并带来了对本地其他服务的需求。庞大的医疗部门有可能催生其他业务，而这些业务从长远看有可能带来更多与出口有关的创新，但目前我们没有证据支持这种说法。一种貌似更为合理的看法是，花在医疗创新上的医疗保健支出似乎能为处于弱势的经济体带来短期收益，但无法构成长期经济复苏的基础。最终，联邦政府慷慨解囊购买一套由其他地方发明的清晰界定的疗法，这样的制度安排可能会给困难社区带来就业而不是创业。

是否有可能激励更大范围的创新，从而鼓励美国困难地区的创业？在医疗保健创新中，有一个显而易见的办法。美国国立卫生研究院会拿出资金专门用于研究使失能者变为有就业能力者，这可能会对困难地区的经济产生重大影响。失能者项目是较大的联邦项目，主要为无业的成年男性提供帮助（Autor and Duggan，2007）。如果医疗创新能够特别有效地发挥作用，使失能成年人获得就业能力，则可降低永久失业水平，对美国困难地区尤其有利。

第二种可能性是美国国立卫生研究院可以花更多的钱研究远程医疗服务，这在医生较少的美国低人口密度地区尤其有价值。远距离提供医疗服务已经成为现实，这有可能改善贫困社区的医保质量。如果研究目标是为那些深陷困境的被隔离社区提供远程医疗卫生服务，则带来的福利可能会更高。

美国国家科学基金会还设立了可以鼓励贫困地区创新的项目。显然，这项工作可以通过该基金的工程理事会（Engineering Directorate）来完成，具体可纳入工程理事会所属的工业创新与伙伴关系部门（Division of Industrial Innovation and Partnerships）。我们怀疑，预测哪些创新会在贫困地区雇用低技能人员几乎是不可能的。因此，事后奖励可能是唯一的选择。

5. 贫困地区的人力资本

在第 2 节和第 3 节中，我们记录了教育与发明之间的正相关性，以及教育与无业之间的负相关性。这些相关性表明，经济困难地区必须改善其人力资本水平以提高发明创造能力，或者通过创业对新的发明加以利用。在本节中，我们首先讨论研究型大学与本地经济成功之间关系的文献，以及如何增强美国困难地区大学的实力。其次，我们建议可以对高中和社区大学的职业培训采取竞争性外包的方式，将创业教育纳入教育领域。

接着我们转向吸引人力资本的两种策略。第一种策略是移民政策向贫困地区倾斜，例如向位于贫困地区的公司发放更多的 H-1B 签证。第二种策略是由地方提供一些尤其能够吸引发明家和创业者的本地有利条件，例如不受非竞争条款的约束。当然，更安全的街道治安、更好的学校等更具普遍意义的有利条件也可以吸引人才，但是这种政策不在本章的讨论范围之内。

5.1 大学和本地经济成功

1894 年利兰德·斯坦福（Leland Stanford）在帕洛阿尔托（Palo Alto）建立大学时，那里还基本是一片荒地。而如今，帕洛阿尔托和斯坦福大学所在地也许已经成为世界上最具生产力的地区，而帕洛阿尔托和斯坦福大学就位于这个地区的中心。在过去40年中，马萨诸塞州的坎布里奇市已经从一个衰落的工业城镇发展成为一个蓬勃发展的创新中心，这主要归功于当地大学的影响。通常在经济比较困难的东部中心地区，大学城往往作为地区成功案例脱颖而出，例如肯塔基州的列克星敦市、俄亥俄州的哥伦布市以及印第安纳州的布卢明顿（Bloomington）。

相关经济学文献就大学的存在与本地成功之间的关系提供了令人信服的证据。大学既是新思想的教育者又是新思想的产生者（Henderson、Jaffe and Trajtenberg，1998），这些新思想在当地得到极大的传播（Jaffe et al.，1993；Belenzon and Schankerman，2013）。斯蒂芬斯-戴维多维兹（Stephens-Davidowitz，2018）发现，不仅在科学领域，而且在艺术、娱乐、商业和政治领域，具有创新意识的人大多数不是来自大城市就是来自大学城。

豪斯曼（Hausman，2018）的研究表明，当大学获得更强的商业化激励时，相关行业中的就业将大幅增长，这些行业往往与附近大学事前创新实力的关系最为密切。在与当地大学相关联的行业中，企业创新也会有所增加，这表明大学的重要性不仅体现在产生创意方面，而且体现在激励本地公司萌发和实施新创意方面。

对高等教育的早期投资看上去确实可以带来数十年或数百年的收益。莫雷蒂（Moretti，2004）的研究显示，1940年之前一座城市如果拥有赠地大学（land-grant college）则可带来可观的工资收益。[14]坎通尼和尤希曼（Cantoni and Yuchtman，2014）的研究表明，德国在1386年后成立中世纪大学对附近的经济活动产生了长期的重要影响，这可能是因为这些大学法律系的学生所研究的法律和行政制度促进了市场发展。

关于大学对经济的影响，一种解释是大学吸引并留住了聪明的工人，这些工人随后产生了人力资本的外部性。劳赫（Rauch，1993）和莫雷蒂（2004）的研究证明了本地人力资本水平与工资之间存在较强关系。本地人力资本还意味着就业、人口和收入的后续增长（Glaeser、Scheinkman and Shleifer，1995；Glaeser and Saiz，2004；Shapiro，2006）。

过去 60 年中，以大学毕业人口所占比例衡量的人力资本水平在地域上不断分化（Moretti，2004；Berry and Glaeser，2005），以至于大学赋予的初始技能优势只会随着时间推移变得越来越重要。这种分化或许是因为技能人士往往也喜欢投资于同是技能人士青睐的便利设施（Diamond，2016）。[15] 此外也可能是因为对经济适用房的供给限制不断增多（Ganong and Shoag，2017）。这种分化或许还表明，技能工人的创新方式往往也需要其他技能工人的劳动（Acemoglu，2002；Berry and Glaeser，2005）。

人力资本外部性明显地体现在研究园区中，这些研究园区使创业者能够向附近的学术创新者学习。北卡罗来纳州科研三角园或斯坦福工业园的成功似乎表明这种溢出效应是存在的。实际生活中邻近的科学家可以开展合作，例如麻省理工学院的罗伯特·兰格（Robert Langer）和马萨诸塞州眼耳科病房的史蒂芬·泽特尔斯（Steven Zeitels）合作，这种合作关系可以解决本地出现的问题，例如朱莉·安德鲁斯（Julie Andrews）做得不怎么样的喉咙手术。这种合作关系进一步证明了大学的创新影响力。

如果目标是为了减少美国困难地区的失业问题，那么可以推动大学更多地参与地方经济。假如大学是标准的营利企业，那么激励机制已经到位，但是大学尤其是公立大学还有不同的目标。

更强的商业化激励机制有可能导致大学允许其教职员工从创新中受益更多；正如拉赫和尚克曼（Lach and Schankerman，2008）的研究所示，特许激励增加了教职员工的积极性，进而提高了发明的质量。

费德、豪斯曼和霍赫伯格（Fehder、Hausman and Hochberg，2019）发现，大学创新的商业化在大城市中更为普遍。这一事实表明，附近人才的存在是技术转化过程中的重要组成部分。因此，城市和大学将来可能会变得更加互补，这可能会使农村地区的大学更加难以与之竞争。这种趋势还有可能导致大学更难将工作带到密度较低的地区。原则上，就奖励高校研究创造就业的制度而言，如果高校研究可在更偏远的地区创造就业，那么该制度还可以给高校提供更多的回报。

例如，为了鼓励在困难社区实施创新，相关部门可能会划拨部分研究经费资助致力于本地创新商业化的技术转化办公室。之后获得的更多经费则依据联邦资助的研究在商业化方面的过往业绩记录来支付。如果未来的经费多少取决于商业化水平，则大学可能会增加对高校人员的特许激励，以提高商业创新水平。

鼓励实施创新还有一个更有效的工具。一些创新可使大量低技能美国人实现就业，对于在这类创新方面有据可查的学者或实验室，可优先提供美国国立卫生研究院资金。学者或实验室必须就这些过往业绩记录提供证明。美国国家科学基金会的小组必须对这一经费需求进行评估。如果这位学者过去确实创造过就业岗位，那么她或他未来创造就业岗位的可能性或许更高。因此，对该学者给予适度的更多优先权或额外的资金则有利于创造就业。

如果大学里的学者凭借以往成功的商业化成绩为大学带来了经费收益，那么大学就有动力更加积极地从内部寻找具有商业化潜力的发现。大学从联邦拨款中获得经费的权利也可以与以往创造就业的情况挂钩，这也会为技术商业化提供更强大的激励。相较于在贫困地区的劣质研发项目上投入资金，上述以商业化为导向的政策似乎更有可能带来增长。

一定程度上将对学生的资助与学生的学习成果联系起来，可以让学生接受的培训更加有用。美国为帮助贫困地区学生上学会通过佩尔助学金（Pell Grants）等计划提供一定的联邦资助。我们可以提高这类助学金并将它与学业成果挂钩。助学金可以根据学生之后在劳动力市场中的情况进行增减。例如贫困地区的佩尔助学金可以提高三分之一，但额外的补助或许只能在毕业10年后提供，并且与该学生在毕业10年内缴纳所得税的年限成正比。

勤工俭学计划是贫困地区改革的第三个领域。对于这些地方的学生，联邦政府可以提高勤工俭学补助的上限。在一些领域勤工俭学有可能为学生毕业后带来高薪工作，对于这些领域的勤工俭学补助可以给予更多倾斜。例如，相较于在行政院长办公室工作，在科学实验室担任研究助理可能会得到更大力度的支持。

对很多人来说，在干中学比单纯学习更容易获取知识。对于来自贫困地区的学生，在研究相关的项目中与教职员工一起工作，或许是一种特别自然的了解创新经济的方式。这些项目固然要经过实验和评估，但对于向贫困地区高等院校倾斜、促进学生和教师就业及未来创业的政策，确实也要有实验的空间。

5.2 将创业纳入教育：开展学校以外的职业培训

贫困地区的很多学生没有上大学。他们是长期失业风险最大的人群。教育政策还可以采取更多措施，推动发展大学之前阶段的有用技能。一种设想是在传统的高中教育阶段传授创业技能。

在某些情况下，职业学校在美国运作得不错，但通常情况下并非如此。波士顿的职业学校麦迪逊公园高中（Madison Park High School）自创立之初就一直面临难题。原因之一在于学生及其父母不愿接受让学生在 14 岁时就踏上职业道路。而较年长的终身教师可能也缺乏从 21 世纪经济的角度出发来培养学生的必要技能。

如果教学和家庭认可问题不再是成功开展职业培训的障碍，那么接下来要考虑的就是学习时间问题。在放学后、周末和暑期，都可以对职校学生进行进一步的培养。目前根据报告显示，父母受教育程度较低的高中生每周做作业的时间少于 4.5 个小时，而每周花在屏幕前的时间超过 20 个小时，另外每周还有 12 个小时"闲逛"。[16]因此每周增加 8 个小时开展职业培训看上去并非不可能，而暑期也可以在这方面花更多的时间。

尽管多数情况下职业培训会在学校的课外时间开展，但职业培训并非一定要由学校的老师提供。像水暖和计算机编程等技能可以由专业的老师培训。在理想情况下，这些技能培训可以通过竞争的方式由不同的潜在培训机构提供，这些培训机构可能包括营利性公司、工会、非营利组织，甚至是现有的职业学校。在职业培训中采用企业模式比较有意义，因为通过企业模式可以评估学生是否已学会了该技能，并可以根据学生的技能掌握情况向培训方提供报酬。另外一层原因是，经济对特定技能的要求日新月异，因此要让紧跟市场脉搏的企业家参与其中。

对于前途未卜（这里综合父母的情况和社区的情况来定义）的所有儿童，以企业化方式向他们提供的职业培训可以由联邦政府给予资助。同样，这些课程可以是实验性的，即使这些课程成为永久课程，在课程开展过程中也仍需进行评估，因为培训费用的支付要依据培训的效果。最终，我们的目标是鼓励以企业化方式开展培训的机构提供具有市场价值的技能。

最难的任务或许是确定未来需要培训的职业。要判断一名木匠是否接受过培训或许很简单，但要判断经济中是否有足够的木匠并不是一件容易的事。办法之一是先从少数几种失业率较低且工资合理、需求量又大的职业开始，然后再根据需求和培训效果逐步增加新技能。对于这一更大的问题，如果能获得参加这些培训的儿童的长期收入和就业数据也会很有用。

另一种方法是鼓励现有公司内部的学徒培训计划。如果公司自行培训其雇用的工人，可想而知它们一定会为这些工人提供有用的技能。当然也有可能存在如下情况：这些技能对是公司专有的，换到其他工作就无法使用，因此这些工人如果被解雇或下岗，就很容易面临困境。在德国等学徒制运作良好的国家，往往会实施就业保护措施，这使得解雇工人困难重重，并带来了较长的岗位任期，不过这些保护措施当然也有可能对劳动力市场的活力产生更深远的影响。最理想的情况是，学徒计划可以为原本技能偏低和处于就业边缘的人员同时提供培训和就业，但学徒计划同时也带有复杂的监管风险。

5.3　通过区位导向型移民政策引进人力资本

2013 年密歇根州州长里克·施奈德（Rick Snyder）敦促移民改革要"欢迎来自世界各地的创新者、企业家和技能工人"，因为"这些人有助于我们的汽车、农业和旅游业等核心产业继续推动密歇根州的崛起"。[17]施奈德州长的想法"包括一项雄心勃勃的提议：要求联邦政府通过现有签证在未来五年内让 50 000 名技能移民进入底特律；支持州担保的 EB-5 投资者签证区域中心；在州政府内成立密歇根州新美国人办公室（Michigan Office for New Americans）；为全国性非营利组织全球崛起（Upwardly Global）分配州资源，以便在底特律开设办事处，帮助技能移民和难民与其专业领域中的工作衔接"（Tobocman，2014，第2页）。施奈德回应了早先大衰退期间的提议，允许要在贫困地区购买住房、提振价格的移民入驻。[18]

如果人力资本是地区成功的核心要素，那么对于人力资本水平较低的地区而言，广纳想要来到美国的全球人才看上去几乎是一个奇迹般的解决方案。克尔等人（Kerr and Kerr，2018）的研究证明了技能移民在美国创新经济中发挥的巨大作用。近年来许多政策分析师都受到施奈德的影响，呼吁针对贫困地区以某种形式增加合法移民。

这种热情与国民情绪有些矛盾。2018年11月有超过五分之一的美国人向民调机构盖洛普（Gallup）表示，移民进入是美国最大的问题。[19]然而，即使移民进入可能会压低同等工人的国民工资（Borjas，2003），但几乎没有证据表明移民压低了本地的工资（Card，1990）。移民涌入看似确实促进了本地的住房市场，底特律的房主肯定会将这一点视为加分项（Saiz，2007）。

区位导向型移民可以增加贫困地区的创业和创新，这种想法看上去十分合理，但是美国政府拥有哪些政策工具可以决定移民到美国后的居住地选择？两种可能的途径是H-1B签证和EB-5投资者计划，上述计划可以有针对性地扩展到贫困地区。

H-1B签证计划可以相当容易地扩展到这些地方。全国范围内可获得的H-1B签证数量是有限的，因此通常会以抽签的方式分配。合理的改革措施就是要打破对贫困地区雇主的限制。放宽条件可使雇主扩大其技能劳动力的队伍，并有可能为该地区的其他工人带来溢出效应。

一种很自然的担心是，增加 H-1B 签证会挤出现有工人。在贫困地区，这种担忧似乎不太可能成为现实，因为 H-1B 签证获得者通常受过相当良好的教育，而该地区一般工人的技能远远达不到该水平。在很多情况下，受过良好教育的更多 H-1B 签证持有者会带来对服务的需求，进而使本地居民中的低技能人员受益。该地区加入 H-1B 签证计划时必选的要求也会限制相关的不利方面。一些地区的公司尤其渴望增加 H-1B 签证获得者，这些地区很有可能被说服，并相信欢迎这些移民并将这些公司留在本地是很好的选择。

H-1B 签证计划的一个难点在于，由于签证与公司紧密相关，雇主对雇员具有一定程度的垄断力。这样就减少了员工的流动性和劳动力市场的流动性，进而有可能缩小知识传播的范围。使 H-1B 签证计划在贫困地区运作更加流畅的一种方法是，允许签证转移到同一地区或其他类似贫困地区的其他雇主。这样，该计划对移民以及当地以增长为导向的政治家来说相对更有吸引力，但对雇主的吸引力可能会下降。

EB-5 投资者签证计划向投资于贫困地区的移民发放签证和绿卡。[20]该计划自 20 世纪 90 年代中期开始运作，看上去不太可能带来大规模移民，这不仅是因为该计划需要大量资金，还因为容易发生变化。许多移民更愿意在美国较富裕的地区投资，并且随着时间的推移，为了增加投资者的灵活性，目标地区也已被重新界定。

如果贫困地区的主要弱点在于有形资本，那么提出投资要求或许是有益的，但是在很多这样的地区，对人力资本存在更大的需求。而且，虽然伴随着全球移民而来的还有投向美国东部心脏地带的大量资金，但全球移民供给看似还不足以合理地改变贫困地区的技能结构。

业已提出的最后一个想法是允许地方像公司一样申请移民签证。就某些方面而言，这一想法颇具吸引力，并且原则上可以使更多的技能移民流向贫困地区。然而，由于一些原因，相较于扩大 H-1B 签证，上述计划成功的可能性更小。很多参与该计划来到贫困地区的工人可能更愿意住在其他地方。因此，要确保人与地方之间的连接并不容易。即使移民会在获得绿卡之前留在当地，后来离开的可能性也会增加。

如果国民的意愿是增加移民流入，那么对于至少表现出一定意愿迁往贫困地区的人们，则有可能增加签证流量。就任何标准的计划而言，考虑从政治上支持该计划大规模扩容比较困难。而有地方针对性的 H-1B 签证计划似乎最有可能真正确保技能工人最终会进入缺乏技能的社区。

5.4 吸引人才和竞业禁止协议

目前尚不清楚技能工人和潜在企业家向贫困地区迁移带来的总体福利结果。这种迁移可能会减少贫困地区的失业问题，但同时也可能降低较成功地区的当前创造力。当地方政府将重点放在生活质量投资和良好的地方管理上时，对移民和就业创造者的竞争将是有益的。如果地方政府将太多时间花在针对大公司的税收协定上，那么竞争的效果可能不会太好。

贫困地区吸引有才能的工人的一种方法是，即使工人在其他州签订了就业合同，贫困地区也会拒绝执行雇佣合同中的竞业禁止协议。尽管合同中的竞业禁止协议条款使公司更容易信任具有专业知识的员工，但也会降低员工的流动性，从而制约了知识在创新部门的流动。如图 6.7a 和图 6.7b 所示，竞业禁止协议还可以降低创业公司中产生新想法的可能性，这表明严格执行该协议与企业进入该地区之间存在负相关关系。在美国国内，竞业禁止协议的落实已经变为因地而异。

在加利福尼亚等一些州，州法院会拒绝执行禁止未来在竞争性公司中就业的合同条款。而在马萨诸塞州等其他州，则会执行这类法律。法利克、弗莱希曼和雷比策（Fallick, Fleischman and Rebitzer, 2006）发现，严格执行竞业禁止协议与计算机制造行业的流动性降低相关。

1985 年密歇根州开始执行竞业禁止协议，这一转变看上去几乎是偶然的。马克斯等人（Marx、Strumsky and Fleming, 2009）研究了这一变化的影响，发现严格执行竞业禁止协议会降低发明人的流动性，特别是那些拥有相当特殊技能的发明人。豪斯曼（2019）研究了近 20 年所有州的情况，也发现在竞业禁止协议的执行因司法裁决而变得更加严格的州，发明人离开公司的可能性要低。这样的竞业禁止协议尤其会阻止发明人离开较大的公司。

执行竞业禁止协议确实有潜在的好处，这样做可以保护雇主，避免泄露企业专有知识，进而可以使企业雇用更多工人并更有效率地组织工作。当然，在不执行竞业禁止协议的情况下，分享商业秘密通常也会构成违法。无论如何，竞业禁止协议给予雇主一些额外的保护。从反面来说，竞业禁止协议减少了企业之间的知识流动，并使劳动力市场的流动性总体降低。[21]

如果竞业禁止协议在全国范围内执行，那么这些条款究竟是有利还是有弊则很难知道。但是，地方执法部门并不能保护公司，使其不会失去该公司的专有知识，因为工人总是可以搬到加利福尼亚州。加利福尼亚州最高法院于 1998 年在 Application Group 诉 Hunter Group 的案件中确认了这项权利。地方执法的最终结果只能是工人离开,而带来的任何正面利益均落入其他地方。

如果贫困州不打算执行竞业禁止协议,尤其是在创新领域,那么这些州或将成为吸引发明人之地,这些发明人原先的合同会迫使他们离开其他地区。如果不执行竞业禁止协议,则有可能创建一个由流动的发明家组成的本地生态系统。这种变化或许是对外部人才求贤若渴的一种象征,但不执行合同也会带来相关成本。

专利涉及更加复杂的影响创新的法律制度,专利通过有时间限制的垄断来奖励创新。就像克雷默(Kremer,1998)所说的那样,替代专利的自然方法是给予固定奖励,或者像经度奖那样奖励人们解决经度难题(longitude puzzle)(Sobel,2005)。例如俄克拉何马州的医疗补助体系就药品使用达成了固定价格协议,无论消耗的药品数量是多少,价格都是固定的。从某种意义上说,制造商将通过固定费用而不是垄断定价获得回报。

创新促进当地生产力的情况是存在的,例如处方药可使失能者重返工作岗位。在上述情况下,贫困州可以考虑在本地买断专利或支付固定费用,从而降低单位成本,减轻较高价格带来的利用不足问题。在医疗部门,这样的政策近在咫尺,在其他创新上,这套逻辑也同样适用。

还可采用另一种办法鼓励能够创造就业机会的创新,即根据就业水平来决定专利保护期。如果一项专利可解决大量低技能人员的就业问题,则可延期一年。如果一项专利带来的就业寥寥无几,则可缩短其专利保护期。我们不建议做出这样的调整,但我们建议重新思考专利政策与就业的联系。

6. 区位导向型创业政策

美国申请专利较多的地方和美国无业率较高的地方存在空间上的错位。这意味着，只有在无业水平较高的地方落实一些新创意，无业才会下降。

在本节中，我们将讨论改善贫困地区创业问题的策略。我们首先讨论引进创意促进当地就业的多种情况。优步的案例表明，当工作变得灵活并且避开了正式雇佣关系带来的法定福利时，在贫困地区创造就业会变得比较容易。

接下来我们将讨论如下问题：减少土地使用控制以及对大学附近创业者的过度监管，从而减少发明转化为就业的拦路虎。我们还将讨论更多贫困地区的创业园区，此外，还要考虑鼓励发明家和创业者向低技能工人倾斜的政策，例如就业补贴和福利改革。最后，我们将讨论国家创业政策的调整问题。

6.1 引进创新是否会影响本地创业？

发展中国家的许多创业起初都是引进的，但是创业者通常是制造商，并且一般都会在本地市场上占有一席之地。由托尔夸托·迪特拉（Torcuato DiTella）创立的阿根廷工业巨头 1923 年获得美国泵具公司（Wayne Pump Company）的许可开始生产汽油泵。迪特拉根据当地情况定制产品，然后将这一做法扩展到大范围的工业产品中。东亚的汽车公司同样借鉴了最初由西方开发的技术。

东亚模式（以丰田或现代为例）与拉丁美洲模式（以迪特拉为例）之间的主要区别在于，东亚企业家让技术适应当地的劳动力供给，而拉丁美洲人可能更专注于本地需求。至少在二战后，韩国和日本的生产商就试图以其较低成本和高技能劳动力作为比较优势来实现全球销售。拉美企业家在全球销售产品的可能性较低，而依赖本地市场的可能性更高。

这种模仿和改进也发生在美国。著名的弗朗西斯·卡伯特·洛厄尔（Francis Cabot Lowell）便是以工业刺探活动开启了美国的工业革命，他将英国的技术引入美国。赛勒斯·麦考密克则定期派人在美国四处了解机械收割机生产竞争对手的想法。在二战后的美国，由于运输成本和关税较低，企业家在本地市场上仅仅复制产品或者照搬生产技术都是不行的。

二战后的美国，服务业企业家借用了在其他地方诞生的新思想，将其与本地知识结合或是用于提供服务。例如，1916 年克拉伦斯·桑德斯（Clarence Saunders）在田纳西州的孟菲斯市开设了第一家自助服务商店，即 Piggly Wiggly 连锁店。虽然他想就这一理念申请专利，但这一创意已经广泛传播并得到了改进。14 年后迈克尔·库伦（Michael Cullen）在纽约市将自助服务与独特的食品部门及折扣价相结合，创立了金库伦（King Kullen）超市，这也许是第一家真正的连锁超市。全食超市（Whole Foods）的成功表明，在百货商店领域仍然有创新的空间，过去 20 年在加利福尼亚州、马萨诸塞州和得克萨斯州等地，百货商店领域的就业已大大增加。

肯德基模式是服务业在贫困地区创业的一种可行模式。创业者借鉴并改造了其他地方的技术，然后将其彻底卖给了当地人。其产品不断发展壮大，最终有了足以在其他地方开设分支机构的吸引力。本地企业家对外来思想加以改造使其适应本地情况，然后再对外输出服务，这提供了一种借用外来智慧在较贫困地区创造就业机会的模式。

第二种模式是，外来企业家会将新的公司带到贫困地区，新的公司将带来就业机会。从历史上看，当年一些工厂从高工资的锈带转移到成本较低且实行工作权利法律的州，也是采用了这一模式。如今制造业在美国境内搬迁已变得越来越少见，一是因为劳动力在制造成本中所占的比例大大降低，二是低工资地区通常缺乏复杂生产流程所需的高水平人力资本，三是低技能工作通常会以更低的价格外包到海外。

将服务部门的工作转移到低薪地区的情况现在更少见，因为服务提供者需要离客户比较近，并且贫困地区的客户也更少。明显例外的情况是，在气候环境富有吸引力的地区，服务供应商可以打造大型就业中心，例如佛罗里达州的奥兰多或科罗拉多州的阿斯彭。内华达州的拉斯韦加斯是最明显的例子，该市地处沙漠之中，却凭借休闲和接待方面的就业大规模扩张，成为繁华都市。和奥兰多的迪斯尼乐园一样，这座城市的最初发展几乎完全是由非本地企业家推动的。

优步是外来创新在贫困社区提供就业和服务的又一个例子。我们已经注意到有很多生活在贫困地区的司机通过优步挣钱。有时候，这些司机驾车 2 个小时到富裕城市接送乘客。而另一些时候，他们可以在离家很近的地方找到活儿。优步为富裕地区和贫困地区的用户均提供了有价值的服务。

优步模式之所以引人注意，是因为它与旧金山的大多数主要技术初创公司不同，该应用程序为技能水平较低的美国人提供了工作，而不是减少了对低技能劳动力的需求。这一汽车共享服务提供了一种创造就业的创新模式，即使纳税人不愿花钱，该服务也可以在创新诞生地之外创造就业岗位。Zappos 也在客户服务电话中大量使用非技能人员，这是其业务模式的重要组成部分。呼叫中心客户服务至少是一种可以远距离提供的服务。

优步提供了另外一种基于外来创意和创业精神以实现本地服务业就业增长的模式。优步只需极少的本地人员就可以使其平台为大家所用，即便在非常贫困的地区也是如此。通过避免与优步司机形成正式的就业关系，该公司降低了固定运营成本，同时也使工人即便在远离公司旧金山总部和优步实体办事处的地区，也能出售自己的劳动力。

优步和其他公司能够在贫困地区提供服务业机会看上去不无道理。然而，本地经济要取得长期成功则需要有某种形式的外销产业，而提供本地服务不会产生外销收入。从其他地方引进的技术创新有没有可能为贫困地区的居民提供某种方式，以帮助其将劳动力出售给较富裕地区的居民？

优步核心的在线匹配模式看上去可以产生大量的就业机会，提供从保姆到园艺等众多服务工作。减少贫困地区妨碍服务业就业的阻力可带来就业的大幅增长，却无法彻底改变这些行业，除非这些应用能实现对其他地区的外销。

优步已经为服务外销提供了一种看得见摸得着的模式。在这一模式中，远居于萨克拉门托（Sacramento）的司机可以在旧金山地区开车谋生。虽然通勤时间相当长，但是让距离居住地有 2~3 小时路程的工人为居住在东岸和西岸成功都市区的居民提供更多服务，这看上去是有可能的。例如我们可以想象一下从西弗吉尼亚州前往华盛顿特区工作的画家，或者是从远方来到洛杉矶工作的园丁。在某些情况下，服务可能是虚拟的。但在这种情况下，美国人将需要同遥远的低薪地区（例如印度）的虚拟服务提供商竞争。

优步证明了旧金山的企业家可以为西弗吉尼亚州的居民提供工作，但是我们不知道这种模式可以走多远。这种模式很可能会发展成为针对当地居民的更广泛的服务。虽然扩大这一模式看上去难度更大，但并非不可能，这样做可以使贫困地区的居民为生活在较富裕地区的人们提供服务。

医疗保健是美国许多贫困地区最大的产业部门，一般会运用到美国最具创新力的地方开发的技术。在贫困地区，人均医疗保健支出通常较高。由于其他行业规模很小，因此吸纳就业的主要是医疗保健类企业。这种格局有助于解释为什么医疗保健行业的就业人数比例与各城市人口增长之间存在较强的负相关关系（Glaeser and Shapiro，2003）。引进外来创新肯定会影响低迷的地方经济，但引进医疗保健行业的技术能否成为经济增长自我维持的引擎，这一点还不是很明朗。

如上所述，支持贫困地区服务业创新的一种可能的公共政策是减少雇用工人的成本。如果医疗保健费用由政府承担，或者免除年轻工人的工资税，那么在美国贫困地区开设一家新的快餐店就变得更加容易。服务业员工的工资通常很低，降低劳动力成本会大大降低服务业的创新难度。

我们还可以鼓励这些地区培养潜在的企业家。地方高等院校可以开设有针对性的项目，这些项目不仅可以让未来的企业家向外部创新者学习，而且可以提供本地就业机会。联邦政府可以对此类项目进行补贴，只要这些项目经过严格的评估即可，最好是采用随机对照实验进行评估。

6.2 为研究的商业化之路扫除本地障碍

如果研究经费可产生溢出效应（会随着距离而下降）

（Hausman，2018），那么经济活动面临的障碍以及在研究型大学附近建房面临的障碍将会降低联邦研究经费带来的外部收益。将研究经费再分配到贫困地区，是一种可以提高创新社会收益的潜在工具，但是研究经费没有对最富有生产力的研究人员形成支持也会带来一定的成本，这势必会在一定程度上抵消上述社会收益。还有一种办法就是要让研究型大学附近更容易产生经济活动。

对于可以将大学的研究商业化的公司，斯坦福大学和麻省理工学院等高校都有与之合作的动力。而对于面向上述公司工人提供的服务，高校赋能此类服务的动力则较弱。此外，即使一所城市的大学非常乐意看到附近有新的服务类企业雇用技能较低的人员，当地法规也有可能妨碍这种情况出现。

例如，波士顿的朗伍德医疗区（Longwood Medical Area）和坎布里奇的肯德尔广场（Kendall Square）都是坐拥大量研究中心的地方。特别是肯德尔广场见证了麻省理工学院周边创业生态系统的诞生。但是这两个区的其他企业都受到了更大的限制。旺盛的需求和有限的供给意味着肯德尔广场商业地产的价格通常每月每平方英尺要超过 40 美元。极其严格的许可环境限制了人们在此处开设餐馆和杂货店的能力。

对于研究中心附近近水楼台先得月的企业而言，这类限制既包括本地许可规定，也包括其他一些规定，这些规定阻碍当地打造更加商业化的空间。对于更大规模的人口群体，住房供给有限是更重要的限制。住房供给受到一系列规定的限制，包括最小土地面积、增长控制、历史保护和湿地保护。这些规定在研究密集型的大都市地区尤其严格，包括旧金山、圣何塞、波士顿和西雅图。虽然低技能人员与创新活动（通常由联邦政府资助）相距不远，但上述规定使低技能人员没有足够的能力来发挥这种优势。

这些问题并不仅仅出现在最成功的城市。受过教育的人更多地受到政治的影响，教育同实行更严格的土地使用控制规定相关（Glaeser and Ward，2009）。因此，为教育机构提供资金势必会导致当地建房障碍增加，这将限制其他人利用建房优势的能力。例如得克萨斯州奥斯汀的建房环境就变得比得克萨斯州其他地方要困难。

尽管在研究中心附近孕育新企业以及推动人口增长的理由看上去十分充分，但采取什么样的联邦政策才合适目前还不清楚。对于那些能够使增长和创业变得更加容易的地区，可以更多地给予联邦研究经费，但其代价将是研究的针对性效率下降。另一个选择是将研究经费与许可环境的改善联系起来，但研究人员及其学校都无法控制许可过程。

办法之一是美国小企业管理局与美国国立卫生研究院、美国国家自然科学基金共同制定政策，在创新中心附近发展企业。如果社区愿意接受这样的安排，那么可以采取的一项简单政策就是小企业管理局出资，为研究中心附近的新企业提供一站式许可中心。如上所述，实现这一点不必进行法律改革，还可以让小企业审批流程畅通无阻。

一种更有效但更难的方法是将研究经费的比例与新房建设或住宿空间相挂钩。如果这样做可以敦促大学提供更多的住宿空间，则有可能减少学生对外部社区住房的需求，降低住房成本。自然，在许可环境导致新建住房变得极为困难的情况下，则很难强加这些要求。但是对于研究工作超过某一重要门槛的大学而言，提出建房要求还是可以传达出如下信息：在获得联邦政府研究经费的机构附近提供宜居空间是十分重要的。

6.3 为贫困地区设置创业区

经济开发区和创新中心通常由州或地方政府设计，旨在吸引创新和商业并鼓励其成功。高校和企业在设计住房和安置研究人员时通常会考虑地理上的接近性。这些集群总是将精力更多地放在企业家精神上而不是发明上。

彼得·霍尔（Peter Hall）在20世纪70年代就提出了建立经济开发区的设想，他设想了锈带通过模仿管制较弱的东亚地区来再现英国式的工业化。但如今美国制造业式微，大型制造厂几乎可以肯定已经在美国贫困地区获得了税收方面的巨大优惠。而比较重要的小型服务业企业家则无法凭借自身力量谈下税收优惠政策，因此更有可能需要与其他成功的公司抱团。这些企业都是创业园区的天然目标。

在现有研究机构附近以及城市中离研究中心云集之地不太近的贫困地区中，设立此类园区最为合理。如果这些园区位于远离创新中心的低密度地区，则较难想象会成功，因为技术或服务行业的初创企业不可能孤立地取得成功。

以大学为中心的两个最著名的创业园区是斯坦福工业园区和北卡罗来纳州的科研三角园，斯坦福工业园区最初是由斯坦福大学的弗雷德里克·特曼（Frederick Terman）提出建立的。在上述两个案例中，企业云集主要是因为有大学助力，周围都是学术研究人员可以令企业大受裨益。虽然科研三角园冠以"科研"之名，但在人们看来，与其将科研三角园仅仅视为开展基础研究之地，不如将其视为研究与创业结合之地更为合适。

这些园区旨在促进学术界和企业之间的思想交流，并建立长期生态系统，为该地区带来更大的经济增长。这些园区是一种与创业有关的地方不动产形式，非常类似于成功开发的购物中心及商业摩天大楼。一种合理的说法是，其中部分集群将会成功，而其他集群将会失败，各地竞争人才的过程从根本上来说是良性的。

相比之下，彼得·霍尔最初对经济开发区的设想是将它作为一项国家经济政策，意在为表现不佳的地区带来经济活力。20 世纪 70 年代霍尔观察了台湾地区和香港地区等受管制较轻的所谓"东亚猛虎"（East Asian Tigers）的经济活力，认为类似的方法或许能对英国江河日下的工业城镇发挥作用。霍尔的愿景是撒切尔夫人的经济开发区计划的核心，到了美国这一做法则演变为赋权区（Empowerment Zones）。这些园区原本是想将税收优惠和监管放权相结合，但实际上企业园区还是倾向于专门提供税收支持。过去 18 个月中，机会园区（Opportunity Zones）就是为表现欠佳的地区提供投资税收减免的最新做法。

布索、格雷戈里和克莱恩（Busso、Gregory and Kline，2013）的研究证明了美国赋权区对就业和工资的积极影响，这意味着补贴可以创造本地化的就业机会。这种影响究竟代表着就业机会的净增加，还是就业机会发生了（地点）转移还不甚明了。尽管如此，即便企业在每个地点都雇用数量相同的工人，企业从失业率低的地区转移到失业率高的地区也可以从总体上减少无业问题。

如果园区是政策试验田，那么园区产生的知识有利于未来在全国范围内更好地制定政策。例如，彼得·霍尔最初对强监管地区内设立弱监管园区的设想就是一种完全合理的实验模型。如果该园区看上去激励了创业，特别是低收入居民的创业，那么将该园区扩展到城市地区更多的地方或许是明智的。

受硅谷等技术中心的成功事迹的影响，很多地方决策者都制定了在其辖区打造创新走廊的政策。但是对许多地区和许多工人来说，彼得·霍尔的愿景可能更有意义。政策制定者是否可以打造这样一类园区，在该园区中创业者发现招聘技能偏低的工人是有吸引力的，特别是在服务业方面。霍尔的设想是要减少税收和监管责任。布索等人（Busso et al.，2013）研究中的证据显示，定向税收补贴可以在赋权区创造就业机会，但是每份工作的高昂成本不利于这种慷慨的补贴型就业模式保持可持续性。

一个旨在鼓励服务业创业的弱监管园区是将新想法转化为低技能人员就业的一种可能模式。在很多地方，美国对低技能创新的监管要比对高技能创新的监管更为严格。至少面向互联网的初创企业是从几乎不受监管的地方起家的，一般在这些地方几乎没有监管阻止应用程序的销售，这些创新应用程序通常通过广告费产生收入。相比之下，开设一家小型本地杂货店需要面对的法规数量则很容易超过 10 项。

一种方法是在未给予财政优惠的弱监管园区开展更多的实验，因为要在更多的地方也实施此类财政优惠比较困难。长期以来经济学家都认为，许多法规在保护现有企业方面比在保护消费者方面做得更多，而且过度监管既会阻碍创新，也会妨碍创造就业。马萨诸塞州德文斯经济委员会（Devens Economic Commission）采用的一种可行模式是，单独设立一个许可实体来处理辖区内商业监管方面的所有事宜。例如对延迟问题，比较方便的做法是由单个许可实体对此负责，而不是指责十几个各自掌管一项新业务的不同机构。

监管减少的创业园区还可以激励雇用附近劳动力的创新。一般来说，无论创新是否成功，处理监管事宜都是必须支付的一项固定成本。因此，这种固定成本会阻碍边缘想法的实施。而一个弱监管园区则有可能允许人们在壁垒更少的环境下尝试上述想法。

这样的园区还会将创新者吸引到该地区，因为宽松的监管环境类似于营造了一个本地的创新实验室。

这些园区或适用于所有行业，在特别合适的集群中或许也适合创业。例如，匹兹堡或许就希望在卡内基梅隆大学和匹兹堡大学附近的社区鼓励发展那些将机器人送货和人工送货相结合的公司。除了保护工人和客户安全的法规外，为了鼓励那些既采用人工也采用机器人的企业，该地区的大多数法规都可以被削减。

这种弱监管的创业园区模式在大而密集的城市地区尤其可行。在能够吸引其他地方客户的情况下，食品服务行业的创业者或许更乐意首先在较弱势的地区开展业务，而不是在旧金山或波士顿。当地方法规变得较宽松时，该地区的本地企业家也会开始创业，因为他们一直拥有合理可行的客户基础。

弱监管园区是否真的能够让服务业企业迁往需求稀少的低密度地区，这一点还不甚明确。遗憾的是，在一个服务业就业占主导的世界中，我们很难确定在人口密度较低以及收入不足从而限制了需求的地区，人们可以做些什么。在这样的地方，唯一可行的做法或许是鼓励创造就业机会，并报以最大的希望，哪怕我们对未来的工作前景还没有清晰的认识。

6.4 区位导向型就业补贴和社保政策改革

奥斯汀等人（2018）认为，由于无业导致税收流失并可能造成更大的社会损失，因此无业问题可带来负外部性。这种外部性无处不在，但是在某些地区，工资变动引起的失业水平变化似乎要大于其他地区。特别是在以往无业率很高的地方，其无业人数会随着劳动力需求而大幅起落。这一事实表明，在上述地区，工资补贴或隐性税收变动会引起较大的无业水平变化。

上述逻辑的一个含义是，如果美国有固定数量的资源可以花在就业补贴上，那么这些补贴用在西弗吉尼亚州会比用在西雅图更加有效。劳动所得税抵免（EITC）是美国的长期就业补贴计划，但其激励对象主要是单身母亲。一种合理可行的政策选择是扩大劳动所得税抵免，使无业男性也能从中受益，但重点是要惠及无业率较高的地区。

类似的论点还有，在无业现象更普遍的地方，社会保险计划或许可以发挥更大作用来鼓励就业。诸如残疾保险、医疗补助，甚至学生帮扶计划（SNAP）提供支持（食品券）之类的政策为无业者提供了福利，但这些政策也会使人们滋生不想赚更多钱的念头。Bailey-Chetty 最佳失业保险公式权衡了缓解逆境的好处和妨碍求职的成本。如果福利变动引起的就业变化更大，则从社保计划来看应减少福利。

上述逻辑表明，在工作激励变化可以引起无业率更大变化的地区，通过不鼓励人们少工作的地方性社保改革福利也许可以促进就业。例如，伤残保险可以减少基本赔付额，但允许领取伤残保险者在仍享有福利的情况下赚取更多收入。同样，学生帮助计划的支持和住房补助券计划可以提供更低的基本发放额，但在贫困地区可以根据收入情况以更慢的速度退出。这样的社会补助改革可以使高度贫困地区基本上都能获得还算慷慨的福利待遇，也可以在平均福利水平保持不变的情况下，通过这些福利来促进就业。

这种倾向表明，尽管传统的地方性政策希望通过再分配让收入朝着贫困地区倾斜，但此处我们讨论政策只是为了说明地理空间上的差异性。美国劳动力市场和住房市场众多，搞"一刀切"的政策并非最佳选择。适用于波士顿的住房政策不太可能适用于休斯敦。同样，慷慨的社保政策在技能较低的地区比在技能较高的地区更有可能产生长期失业。

尽管这些政策从一开始就旨在减少无业率，但我们希望，如果政府能够承诺坚持上述政策，这些政策也能产生动态影响。定向就业补贴和社保改革都会导致企业在贫困地区必须支付给工人的工资下降。短期内工资下降似乎可以鼓励企业招聘，但从长远看，工资下降应会促使企业创新。

正如我们上面讨论的，19世纪的许多创新都是面向低技能工人的。20世纪末和21世纪初，创新的目标似乎是要减少对劳动力的要求或直接向消费者提供服务。尽管我们不可能完全量化20世纪中期的高工资在这一转变中所起的作用，但较低的工资将使雇用低技能劳动力的创新获得更多回报。

如果低工资地区能够生产有市场的商品，那么技术传播到低工资地区就会比较容易。但从制造经济向服务经济的转变使人们难以找到市场。接下来我们将转向这一挑战。

6.5　全民基本收入

各种各样的技术型企业家均已接受了全民基本收入的观点，对于技术导致低技能劳动力基本过时的情况，全民基本收入是一剂药方。全民基本收入支持者的基本观点是，机器人将不可避免地导致大规模的无业局面。全民基本收入可以降低这种无业问题的成本，因为人们仍然可以获得物质资源。

正如我们在全文中讨论的那样，大规模无业问题似乎更像是国家的一种政策选择，而非在所难免之事。服务业企业家曾经在很短的时间内创造了大量新的就业岗位。他们很有可能再次做到这一点。因此，任何对全民基本收入的分析不仅需要考虑它对给定无业率的影响，而且还应考虑其对总体无业率的影响。

全民基本收入使无业者在经济上变得比较宽裕，并弱化了他们从事工作的激励。此外，全民基本收入必须通过对工作征税来支付，更多的税收也可能导致劳动力供应减少。20世纪70年代的负所得税实验为穷人提供了无条件的现金转移支付，随后的评估发现，工时显著减少了"5%～25%"，"就业率下降了大约1～10个百分点"（Robins，1985，第573页）。如今这种转移支付对工作的负面影响似乎更大，因为现在似乎有更多的人处在工作与不工作的边缘。

一旦将创新纳入分析，全民基本收入的弊端和就业补贴的优势就会更加明显。如果全民基本收入导致工人期望更高的工资，那么创新则会倾向于减少低技能劳动力的作用。如果就业补贴使工人愿意接受较低的工资，那么创新者会认为那些为工人带来就业的技术存在更多的上行空间。受创新影响，从长远看，政策的短期影响（无论就业增加还是减少）都会加剧。

6.6　新的国家创业政策

实施国家创新政策有充分的理由，即知识的公共品性质。实施国家创业战略的理论依据虽然还不够明确，但是我们在创业上的花费也远远不够。美国小企业管理局2017年的预算请求为8.34亿美元。美国国家自然科学基金的预算增加了近10倍，达70亿美元。美国国立卫生研究院的预算也达到了原来的5倍。

小企业管理局的预算用于贷款担保计划、创业培训和管理人员的薪水。贷款担保计划分为与灾害有关的贷款和标准贷款。之所以设立该计划，部分原因在于信贷市场的不完善，还有部分原因是新生业务导致的外部性，例如未来可产生税项支付或降低与失业者有关的财政成本。创业的外部性或发展创业人力资本的外部性，也可以证明"创业发展计划"的合理性。

如果美国有创业政策，则可以采取地理上定向的方式。创业者带来的作用总会受到当地市场状况的影响，因此，当公共部门或风投资本家考虑支持创业时，本地经济状况可能就会显得非常重要。而生物医学研究团队的基本贡献与当地劳动力市场状况的关联性要小得多。

对创业政策地区差异的一种合理解释是，不同地区各有其信贷市场的不完善问题。从历史上看，小型企业一般离贷款方物理距离较近，而大型金融中心的贷款方数量则远远超过需要。然而，在过去30年中，借方与贷方之间的平均距离一直在拉大（Peterson and Rajan，2002），这显然是由信息技术的改善（DeYoung et al.，2011）所致。随着信贷市场扩展到全国，向放贷机构较少的地区提供贷款支持就变得越来越不合理。借贷关系扩展到全国还表明，从更普遍的情况看，信贷市场不完善正变得不再那么重要。

以信贷市场为由的区位导向型创业支持显得越来越底气不足，但捍卫这种定向支持的其他主张却越来越有力。在充分就业的情况下，新企业的成立可能不会产生任何正外部性。客户获得收益的同时也要付出成本。新工作只会取代旧工作。所以几乎没有理由提供补助。

而当无业率很高时，情况看起来就会大不相同。无业导致的财政外部性意味着从无业转为就业的每个人都会为所有其他纳税人带来好处。无业的人会获得政府的福利，包括失业和伤残保险以及学生帮扶计划，而工作的人则要纳税。每位就业工人带来的财政收益可能超过10 000美元，做出雇佣决定的创业者或其他雇主没有将这一收益据为己有。如果与西雅图相比，西弗吉尼亚州的创业者更有可能将人们从无业状态转为就业状态,那么西弗吉尼亚州就有必要对创业提供更强有力的支持。

创业补贴的最佳规模取决于对以下两点的可靠估计:一是补贴对无业的影响,二是与减少无业有关的财政外部性。补贴可以面向将要雇用更多无业人员的公司,补贴量也可以视此类雇用的多少而定。我们还没有这些估计值,但是考虑到不同地方的就业效果有可能存在差异,实行区位导向型创业政策比较合理。

假设有一个新的想法,该想法需要 20 位杰出的科学家开展创造活动,并需要 2 000 名普通工人开展大规模生产。在想法产生阶段改变发明创造者的地理位置对美国的整体就业基本上没有影响,因为这些科学家无论居住在何处都会被雇用。但是,这 2 000 个普通工作岗位可能会使西弗吉尼亚州的无业工人数量减少 1 000 人,而在西雅图则使无业工人数量仅减少 100 人。与创新阶段相比,在生产阶段进行地理位置上的调整似乎更有可能减少无业人员的数量。

7. 结论

过去 20 年创新在产生新的技术乐趣(例如在线共享图片或传递短消息)方面取得的成就远远超过在创造新的就业机会方面取得的成就。未来的创新如果面向服务行业,则非常有可能创造新的就业机会。业已获得联邦政策大力支持的医疗保健创新很有可能在贫困地区创造大量就业机会,但这些就业机会似乎不太可能激发长期的动态效益。能够创造更多就业机会的专业服务和商业服务创新看上去最有可能使已经获得成功的地区受益。在一些地方,休闲和招待领域的创新可提供更多的动态就业机会,但是我们怀疑能从这些创新中受益的地方数量会很少。

美国各地经济各有差异也比较棘手，因为有些地区似乎陷入了永久缺乏就业的状态。这些地区的创新水平也很低。但这并不是说，降低无业就要将创新者吸引到无业率高的地区。还有一种办法是着重确保在创新区产生的想法能在创新程度较低的地方创造机会。

一些研究可以更好地令贫困地区受益，例如降低领取残障保险的工人数量。补贴发明的政策，包括为美国国家科学基金会和美国国立卫生研究院提供资金，可以针对此类研究。而教育改革可以重点促进贫困地区的就业，例如向大学提供更多商业导向的联邦补助，以及由企业家提供职业技能培训。创业障碍也需要消除，特别是在贫困地区。政策工具可以用来降低美国贫困地区的无业率，但是我们迫切需要进一步开展研究，以更好地理解这些政策的全部影响。

注释

第一章

①在 2017 年 8 月的调查中，42%的受访者表示美国接纳了太多的"低技能工人"，而 12%的受访者则表示美国接纳的"低技能工人"太少。相比之下，36%的受访者认为美国接纳的"高技能工人"太少，15%的受访者认为美国接纳的"高技能工人"太多。同时就两种技能水平而言，约有半数受访者认为接纳程度大体合适，或者表示没意见。Politico & Morning Consult，"National Tracking Poll ＃170803 February 03 - 06, 2017：Cross Tabulation Results," August 2017. https：//www. politico. com/f/？id = 0000015d － c4ae － d494－a77f-e6be72bd0000（Kerr 2019）。

②即便在诺贝尔奖之外，外来移民也在顶级科学奖项或极具影响力的衡量指标中举足轻重，参见 Stephan and Levin（2001）。

③诺贝尔奖资料来源于 AggData，参见：https：//www. aggdata. com/awards/nobel_prize_winners，此外还参考了诺贝尔奖网站 2011—2015 年的数据。

④另请参见 Miguelez and Fink（2013）以及 Beine、Docquier and Rapoport（2007）。

⑤相关著作包括：Carlino and Kerr（2015）、Kerr et al.（2017）以及 Kahn and MacGarvie（2016）。

⑥相关文献参见 Borjas and Doran（2012, 2015a, 2015b）。

⑦外国学生人数增加主要是因为新兴国家培养的学生总数不断增加，中国在这方面正迎头赶上（Bound、Turner and Walsh，2009）。印度则于 1996 年调整了公民出境可携带 500 美元的外汇限额政策，此前该政策一度对学生

出境和旅游构成制约。

⑧所有统计数据均根据从 Ruggles et al.（2019）下载的美国消费者调查（ACS）数据计算得出。高技能外来移民的定义为至少接受过一年的高等教育，并且在美国以外的国家出生。

⑨OECD 报告称，2010 年美国高技能女性中未按专长就业的比例为 37%（Kerr et al.，2016）。

⑩根据美国消费者调查职业常变量（对每种职业均给予 Nakao-Treas 声望得分）计算得出，参见 https：//usa.ipums.org/usa-action/variables/PRENT # description_section。

⑪国际学生通常会全额支付学费以帮助大学应付开支。相关文献参见 Bound et al.（2016）和 Shih（2017）。

⑫相关著作包括 Kato and Sparber（2013）。

⑬例如，微软的比尔·盖茨 2007 年在国会发表证词时力主扩大 H-1B 签证计划。马克·扎克伯格和马克·库班（Marc Cuban）也曾在这一问题上发声。

⑭在有的市场这成了一个严重的问题，特别是涉及企业高管时。参见 Terviö（2009）的讨论。

⑮在 YouTube 上，有律师的视频展示了这一制度下的工作情况，https：//www.youtube.com/watch? v=vuY9Krvmv8I。

⑯参见 Depew、Norlander and Sorensen（2017）。

⑰律师对世界贸易组织协定及其影响存在争议。印度已经就 H-1B 签证费用变化向 WTO 提起诉讼，该费用变化对印度公司影响较大（Kerr，2019）。

⑱具体案例可参见 Swaminathan（2017）。

⑲比尔·盖茨于 2007 年在美国参议院卫生、教育、劳工与养老金委员会（Senate Committee on Health，Education，Labor and Pensions）发表证词时表示，微软录用了四名员工来帮助每一位 H-1B 签证员工。

⑳参见 Bound、Khanna and Morales（2017）以及 Peri、Shih and Sparber（2015）。

㉑参见 Ghosh and Mayda（2017）以及 Mayda et al.（2017）。

㉒收入并非高技能个人在选择职业时的唯一考虑因素，严格按照薪资论无法做出全面的解释。具体可参见 Stern（2004）。

第二章

①更详细的讨论可参见戈登的著作中文版《美国增长的起落》，中信出版集团，2018 年。——编者注

②事实上，Bloom et al.（2017）展示了多个行业的证据，表明美国的科研生产率自 20 世纪 70 年代开始持续下滑。譬如，要在 2014 年使半导体的性能继续保持指数增长，所需的研究人员数量就要比使 1971 年半导体的性能维持指数增长所需的人数多出约 17 倍（这又被称作"摩尔定律"）。尽管玉米、大豆、棉花和小麦每英亩产出的增长率平均为 1.5% 左右，但农业领域的研究人员数量增长了 3 倍（小麦研究）至 25 倍（大豆研究）。科研生产率每年下降 4%~6%。在生命科学领域，研究人员数量每年增长 6%，而研究生产率每年下降 3.5%（研究生产率用每位研究人员发现的新分子数量衡量）。

③这方面的典型案例是 IBM。1980 年 11 月 6 日，IBM 与当时规模还很小的微软公司签订了开发操作系统的合同。微软也以另外一个小公司——西雅图电脑产品公司（Seattle Computer Products）的操作系统为基础开发出了自己的系统。

④Ralph Gomory（IBM 前研究主管兼科技高级副总裁）的个人通信表明，为了避免股价下滑，IBM 甚至没有浓墨重彩地向投资者介绍他们发现扫描隧道显微镜的成果（IBM 苏黎世研究实验室的 Gerd Binnig 和 Heinrich Rohrer 因为这项发现而获得了 1986 年的诺贝尔物理学奖）。

⑤https://cen.acs.org/articles/94/i1/DuPont-Shutting-Central-Research.html.

⑥Arora et al.（2017）表明，如果公司可以利用科研在内部开展发明创造，并有能力限制它们溢出到产品市场上的竞争对手那里，它就仍然会积极开展研究。

⑦从绝对值来说，这一时期转让专利的总量增加了一倍以上，不过授予专利的数量增长更快。

⑧企业管理层同样对科学世界保持着浓厚的兴趣。美国电话电报公司贝尔实验室的主任 Frank Jewett 帮助说服普林斯顿物理学家 Karl Compton 接受麻省理工学院的校长职位，随后还在 1939 年至 1947 年担任美国国家科学院的院长。

⑨麻省理工学院的产业研究在 1920 年至 1921 年获得的赞助超过 10 万美元，到了 1930 年超过 27 万美元（Geiger，1986，第 179 页）。

⑩https：//www. thecrimson. com/article/1981/7/3/biotechnology-and-the-faustian-dilemma-pscientists/.

⑪笔者依据美国专利商标局专利转让数据库的数据进行计算（Graham et al.，2018），并且采用了 Serrano（2010）的方法识别出符合市场交易标准的专利转让。

⑫笔者将 Compustat 公司的论文作者数据与科睿维安科学网和欧洲专利局全球专利统计数据库的数据进行匹配，并开展相关计算。详情请参见 Arora et al.（2017）。

⑬我们衷心感谢 Dror Shvadron、Lia Sheer 和 Honggi Lee 为构建这个数据库提供的大力协助。

⑭本文衡量"溢出"时主要采用了企业的专利申请材料引用竞争对手发表的论文的次数。

⑮这部分引用来源于写给《华尔街日报》的信件，可在 http：//www. dtc. umn. edu/odlyzko/misc/wsj-bell-labs-20120326 查到。笔者查询的日期为 2019 年 2 月 18 日。

⑯Hinton 是神经网络研究的先驱者，而且监督指导了 Alexnet 的实施过程（Hinton 与脸书的 Yann LeCunn 和麦吉尔大学的 Yoshua Bengio 共同分享了 2018 年的图灵奖）。Alexnet 是 2012 年第一个使 Imagenet 大赛中的错误率下降到 25% 以下的算法。

⑰这五个会议为 Knowledge Discovery and Data Mining（KDD）、Association for the Advancement of Artificial Intelligence（AAAI）、International Conference on Machine Learning（ICML）、International Joint Conferences on Artificial Intelligence（IJCAI）和 Conference on Neural Information Processing Systems（NIPS）。这里所说的"大企业"指微软、谷歌、IBM、雅虎、丰田、百度、NEC 公司、脸书、Adobe 公司和领英。Hartmann and Henkel（2019）称它们是人工智能领域里发表论文最多的公司。

⑱TPU 是专门为深度神经网络设计的专用集成电路（Application Specific Integrated Circuit，ASIC）。第一代 TPU 于 2015 年用于谷歌数据中心，其运行速度是当时 GPU（图像处理器）运行速度的 26 倍。https：//cloud. google. com/blog/products/gcp/an-in-depth-look-at-googles-first-tensor-processing-unit-tpu.

⑲Moser and Voena（2012）也发现强制许可大幅刺激了创新。他们检验

了一战后在《对敌贸易法案》（Trading with the Enemy Act）下推行强制许可的情况，以探究强制许可对美国发明创造产生的影响。他们分析了近 13 万件化工业发明，表明强制许可使国内发明增加了 20%。

⑳https：//www. economist. com/technology-quarterly/2002/12/12/innovations-golden-goose.

㉑https：//www. darpa. mil/about-us/mission.

㉒Azoulay et al.（2018）发现，美国国立卫生研究院的资助刺激了私营部门的专利申请活动：国立卫生研究院投入的资金每增加 1 000 万美元，私营部门持有的专利会增加 2.7 个。与支持初始研究的资金不同的是，国立卫生研究院资助的研究中有一半创造出可用于治疗疾病的专利。他们估算了文献中记载的专利的市值，发现美国国立卫生研究院的资金每增加 1 000 万美元，企业的市值会增加 3 020 万美元。他们还研究了新药累计订单金额的平均贴现值，发现国立卫生研究院的资金每增加 1 000 万美元，新药的销量会增加 2 340 万美元至 1.874 亿美元。

第三章

①《纽约时报》（New York Times），2017 年 3 月 10 日。

②"特朗普提议通过让其他国家付出成本来降低药品价格"（Trump Proposes to Lower Drug Prices by Basing Them on Other Countries' Costs），《纽约时报》，2018 年 10 月 25 日。

③ 然而，最近围绕生物技术专利和基因组学专利的争议表明，随着时间的推移，这些问题的重要性可能会上升。

④ 在欧盟，如果有新的用途被发现，那么（专利）发明人可以请求额外增加一年的独占期。

⑤ 印度是一个例外，该国要求证明次要药物专利的附加治疗价值。

⑥ 美国国立卫生研究院，2009."Biennial Report of the Director, Fiscal Years 2008-09."https：//report. nih. gov/biennialreport0809/。

⑦ 参见美国食品药品监督管理局 2017 年向国会提交的关于《鼓励开发抗生素法案》（GAIN Act）的报告，见 FDA 的网站。

⑧ 2013 年不动杆菌属物种对氟喹诺酮类、氨基糖苷类和碳青霉烯类药物具有联合耐药性的侵入性分离株的百分比。资料来源：欧洲疾病控制中心（2018）。

第四章

①竞争政策与促进创新的其他基本公共政策共同发挥作用，包括知识产权政策、政府对基础研究的资助、培养技能劳动力的政策以及维持健全金融体系的政策。我们的反垄断分析采用了这些政策。

②我们广泛地使用"颠覆"一词来表示挑战现状的大量活动。Gans（2016）提出了一个更具体的颠覆概念。这个概念是从当前市场领导者的角度出发的："当成功的企业由于持续做出使它们成功的决定而失败之时。"

③Schumpeter（1942）.

④最大的企业往往是最成功的创新者，恰恰是因为创新使它们在市场上获得了强大的地位，所以企业规模和创新之间可能存在反向因果关系。

⑤这在组织行为学和经济学中是一个古老而有力的观点。例如参见Christensen（1997）和 Bresnahan et al.（2012）。

⑥Shapiro（2012，第 364 页）用"可竞争性"原则抓住了这一核心思想："通过为客户提供更大的价值获得或保护有利可图的销售前景会刺激创新。"

⑦下面，我们将讨论并驳斥"更多的竞争可能导致更少的创新"这一相反的命题。这一概念以竞争与创新之间所谓的"倒 U 形"关系为名，在一些地方扎下了根，并在反垄断中遭到了滥用。

⑧关于近期的评论，可参见 Baker（2019，第 8 章）。

⑨关于作为动态较量（rivalry）过程的竞争原理的历史基础，以及这些历史基础对合并控制的影响，参见 Federico（2017）及其中的参考文献。

⑩在合并控制政策的背景下，我们可以认为，阿罗模型刻画了同质品市场中企业合并形成的垄断对创新的影响。这种合并将创新前的利润提高到了垄断水平，从而减少了创新的净收益。然而，阿罗模型并不适合研究实际并购，因为它做出了两个在现实中通常不成立的假设：（1）可能的创新者只有一个，（2）产品市场的竞争耗散了创新前的所有租金。

⑪比如参见 Reinganum（1989）。

⑫参见 Tirole（1988）。偷生意效应在内生增长的文献中也得到了明确的认可。比如参见 Aghion and Howitt（1992）通过纵向产品差异化建立的"创造性破坏"模型。

⑬比如参见 d'Aspremont and Jacquemin（1988）以及 López and Vives（2019）。

⑭参见 O'Brien and Salop（2001），Farrell and Shapiro（2010）。

⑮参见 Werden（1996），Farrell and Shapiro（2010）。

⑯参见 Hovenkamp and Shapiro（2018）。经济分析表明，单边价格效应主要取决于价格/成本利润和被合并企业所售产品之间的交叉需求弹性，但判例法考查市场集中度的做法已经发展了很长一段时间。这在很大程度上反映了对协同价格效应而不是单边价格效应的历史关注。

⑰联邦贸易委员会长期关注制药企业的合并正是出于这个原因，并在此基础上起诉了几起合并。Shapiro（2012）强调 Genzyme 和 Novazyme 的合并是一个鲜明的例子，表明联邦贸易委员会无法起诉被预测会损害创新的合并。2011 年，联邦贸易委员会起诉一桩合并涉嫌垄断，但最终未能在法庭上胜诉。FTC 诉 Lundbeck，650 F. 3d 1236（Eight Circuit，2011）。

⑱参见 Farrell and Shapiro（2010）。

⑲美国《横向合并指南》第 10 节"效率"规定，"拟合并企业必须证明其效率主张，以便司法当局可以通过合理的手段来查证每一种效率实现的可能性和大小、如何以及何时实现（以及实现的成本）、每一种效率将如何提高合并后的企业的能力和竞争激励，以及为何每一种效率都是合并专有的"。

⑳López and Vives 发现，在差异化产品之间的序贯价格竞争（sequential price competition）中（这是他们考虑的与政策最相关的情形），对于低溢出效应，对称合作减少了研发支出，提高了价格；对于适度的溢出效应，对称合作提高了研发支出和价格；对于高溢出效应，对称合作会增加研发支出并降低价格。他们在固定弹性的伯特兰德模型中，使用数值例子说明了这些结果。

㉑如果由于这个原因，即使垄断会明显危害消费者也优于竞争，那就需要证明免于反垄断是合理的。在美国运通公司的诉讼中也出现了类似的问题；参见 Katz and Sallet（2018）以及他们两人在全国专业工程师协会（1978）对美国最高法院制定的法律原则的讨论；以及参见 Carlton and Winter（2018）关于价格与非价格竞争的讨论。附录 A 引用正式经济学模型讨论了单边价格效应和创新激励的关系。

㉒Motta and Tarantino（2018）建立了一个合资研发企业（RJV）的模型，该模型使两家企业无须完全合并就能在研发投资上获得规模经济。他们的研究表明，在同时进行定价和投资的博弈中，合资研发企业在研发投资和消费者福利方面都优于合并。

㉓有关合并和创新的最新正式模型考虑了研发协同效应对创新激励和消费者福利的影响。Motta and Tarantino（2018）对合并形成的垄断企业会降低研发成本建模。他们的研究结果与上文中讨论的López and Vives（2019）的研究结果实质上是相似的。Federico et al.（2018）在包含了随机产品创新伴随着价格竞争的序贯模型中发现了相似的结果。他们模拟了如下情形：相互竞争的创新者之间的合并提高了它们的创新效率［这可被视为一个代理变量，刻画合并产生的自愿知识溢出效应的赋能影响（impact of enablement）］。在他们的模拟中，创新效率的提高存在一个中间水平，在这个水平上，每个拟合并企业的创新努力都保持在合并前的水平（刚好抵消了创新扩散的负面影响）。合并后的创新效率提高，抵消了合并对整体消费者福利的负面影响（因此也减轻了合并对现有产品和创新产品价格竞争的不利影响）。

㉔研发增量成本（incremental R&D cost）是指随着研发工作水平而在边际上变化的成本。研发增量成本的减少意味着，对于任何给定的研发工作水平，研发总成本减少（即研发成本曲线向下平移和/或变平）。

㉕美国《横向合并指南》明确指出了这一担忧："研发成本的节省可能是巨大的，但并不是可认知的效率，因为它们难以核实或者产生于反竞争的创新活动减少。"欧盟委员会《横向合并指南》（第80段）也含蓄地指出了这一点。

㉖Sah and Stiglitz（1987）、Bresnahan et al.（2012）也发现了与组织多样化的价值相关的类似观点。Rubinfeld and Hoven（2001）讨论了对研发多样化展开竞争的好处，并将它们具体应用于美国国防产业的合并执法。关于竞争和研发多样化的正式模型，参见 Letina（2016）和 Gilbert（2019a）。

㉗尤其是参见 Aghion et al.（2005）以及 Aghion and Griffith（2005）。

㉘例如，在欧洲移动电话行业整合的背景下，行业协会使用了这一观点，参见 BCG/ETNO，"Reforming Europe's Telecoms Regulation to Enable the Digital Single Market"（2013）；Frontier Economics/GSMA，"European Mobile Network Operators Mergers"（2014）。

㉙这些文献的模型通常考虑产品市场竞争强度的变化，但没有考虑（合并带来的）研发活动协同的影响。这种方法最多只能部分反映合并对研发激励的影响。这些文献还利用一些代理变量来模拟产品市场竞争的变化，但这些变量没有明确刻画两家对手企业合并的影响的代理参数。例如，这些文献经常关注市场参数的变化，如产品差异化程度、来自竞争边缘的约束强度或行业需求的价格弹性。产品市场竞争强度的这些外生变化并不是刻画合并影响的好的代理变量。这些文献中的一些模型也考察了企业数量和相应产品的外生变化对创新的影响；参见 Vives（2008），以及最近的 Gilbert et al.（2018）、Marshall and Parra（2019）。这种方法也没有说明合并的影响，因为合并允许两家公司在研发努力和价格方面进行决策协同，而并不意味着其中一家企业的资产和产品会消失。这些文献通常也没有考虑（假设的）某企业/产品消失导致的产品种类减少对消费者福利的影响。寡头环境中的合并和创新正式模型，可参见 Igami and Uetake（2019），Motta and Tarantino（2018），而 Federico et al.（2018）并不支持倒 U 形的理论预测。

㉚相关讨论参见 Kwoka（2018，第二章）。

㉛ Cunningham et al.（2019）发现，有证据表明，如果合并后的企业可做的选择更少（意味着拟合并企业的产品是密切的竞争对手），而且如果合并后的企业现有产品的剩余专利期限更长，就有更高的概率中断规划中的药品研发。

㉜在 Federico et al.（2018）包含了随机产品创新的横向合并模型中，相较于合并对手不创新（即现有产品和规划产品重叠）的情况，在合并对手成功创新（即规划产品之间重叠）的情况下，两家拟合并企业的创新激励会下降更多。也就是说，当拟合并企业中的一家"追赶上"另一家提供的（新）创新产品时，相对于它"避免"了与另一家企业的旧产品或现有产品相互竞争的情况，合并会导致每家合并企业的创新激励减弱。值得注意的是，合并在这两种情况下都会减弱创新激励，所以竞争和创新之间不存在倒 U 形关系；参见第 2.4 节的讨论。

㉝这是英国财政部委托撰写的报告（"Unlocking Digital Competition, Report of the Digital Competition Expert Panel"，2019 年 3 月）中提出的路径，该路径符合"损害平衡"法（第 3.88—3.100 段）。报告特别指出："仅仅质疑合并目标有可能成为竞争对手的那些合并，将是过分谨慎之举。"（第 13

页）类似的讨论可以参见 Bourreau and de Streele（2019）的研究。

㉞此外，正如我们下面讨论的，现有的研发项目往往代表了企业的能力，因而可能只是未来许多可能的竞争性产品中最突出的例子。

㉟在专利有效性不确定的情况下，类似的讨论也适用于专利权人和挑战者之间的专利和解。美国和欧洲的法院都发现，如果合并协议消除了专利权人和挑战者之间的竞争风险，就有可能是反竞争的（例如 FTC 诉 Actavis Inc.，133 S. Ct. 2223，2013 年；European General Court，Lundbeck 诉 Commission 案的判决，T-472/13 号案件，2016 年 9 月；European General Court，Servier 诉 Commission 案的判决，T-691/14 号案件，2018 年 12 月）。在此类协议没有可能的反事实情景下（由于专利有效性的不确定），这些法律判决与适用预期消费者福利标准是一致的。关于预期消费者福利标准适用于专利协议的正式讨论，参见 Shapiro（2003）。

㊱Katz and Shelanski（2005）提倡在这种情况下使用错误成本框架。有关数字市场背景下的讨论，参见 Crémer et al.（2019）。

㊲参见 Gilbert and Sunshine（1995），以及 Katz and Shelanski（2005）。

㊳"研发市场"这个术语取代了之前的"创新市场"。《知识产权许可指南》对研发市场的定义如下："一个研发市场的资产包括由研发构成的资产，其中的研发与商业化的产品有关或者是以特定的新产品或被改进产品或过程为目的，以及包括研发的近似替代品。当研发以特定的新产品或被改进产品或过程为目的时，近似替代品可能包括研发工作、技术和产品。比如，通过限制一个虚构垄断者的能力和动机来降低研发速度，这些研发工作、技术和产品显著约束市场势力在研发中的作用。只有从事相关研发的能力会与特定公司的专门资产或特征相联系时，当局才需要划定研发市场。"（第 10—11 页）

㊴参见 2011 年 1 月的欧盟委员会 Guidelines on the Applicability of Article 101 of the Treaty on the Functioning of the European Union to Horizontal Cooperation Agreements，第 119—120 段。

㊵在具有网络效应这样的显著先发优势特征的市场中，以及在创新竞争具有专利竞争特征的市场中，对在位企业创新激励的间接影响很可能非常显著。

㊶关于本案件的更多讨论，参见 Baker（2019，第 160—163 页）。

㊷然而，至少有的脸书内部人士将 Instagram 视为威胁，参见 https：//nypost. com/2019/02/26/facebook-boasted-of-buying-instagram-to-kill-the-competition-sources。

㊸关于该方法的阐述，参见 Mallinckrodt（2017）在附录 B 以及 CDK/Auto-Mate（2018）对联邦贸易委员会干预的介绍。

㊹参见美国《横向合并指南》第 11 章 "Failure and Exiting Assets"。

㊺关于对这一点的具体建议，参见英国财政部委托撰写的 *Furman Report*（Unlocking Digital Competition：Report of the Digital Competition Expert Panel，2019 年 3 月），第 96—97 页。如果拟议合并是在激烈竞争之后才实现了对目标企业的收购，那么其他收购者可能更容易被识别。关于合并中其他反事实（包括可识别其他收购者的具体案例）的讨论，参见 Amelio et al.（2018）。

㊻关于这一点的讨论，参见 Cunningham et al.（2019）。这篇文章还提供了证据，以证明在制药行业中，合并不会导致目标企业人力资本的有效重新配置，并且在收购前的投资者中，只有 22% 会在合并后继续投资收购方。

㊼最近的正式工作包含"并购式投资"效应，不支持对横向合并施行宽松政策。Mermelstein et al.（即将发表）构建了一个动态的同质品双寡头古诺竞争模型，该模型囊括了对市场进入者进行并购式投资的激励。他们发现，从消费者福利的角度看，最优的合并控制政策相当于不允许合并的严格静态政策。实际上，这一政策的好处之一在于阻止了低效率的并购式投资。Igami and Uetake（2019）考虑了一个合并和创新的动态寡头模型，将之调整并应用到硬盘驱动行业。在他们的模型中，合并控制导致了（a）企业的事前进入和生存，（b）事后减少创新和竞争之间的权衡。他们的模拟表明，相对严格的合并政策是可取的：在这些模拟中，尽管大多数好处来自阻止使竞争者数量少于 3 家的合并，但是，使公司数量少于 6 家的合并就会减少消费者福利。更一般地说，在许多标准经济学模型中，合并降低了创新激励，但对拟合并企业来说是有利可图的（见附录 A）。因此，合并允许潜在竞争者与支配型企业合并从而锁定更高的租金（与相反的情形相比），这个事实并不促进创新。相反，在位企业和挑战者可能就是利用这种手段分享市场势力带来的租金。

㊽Lorain Journal 诉 United States，342 U. S. 143（1951）。

㊾然而，即使这种行为会产生将竞争对手逐出市场的效果，我们使用的

"排他行为" 一词也不包含基于优胜的竞争，例如，当支配型企业提供改进型产品和服务时。

○50 Federal Trade Commission 诉 Qualcomm，Case No. 17-CV-02200-LHK，美国加州北部地区法院。本文作者之一夏皮罗在本案中为联邦贸易委员会提供了证词。

○51高通已经承诺以合理的条件许可其基本标准专利。

○52相比之下，如果一家私人企业正在寻求反垄断损害赔偿，一些额外的因果关系证据将是重要的。

○53 Findings of Fact，United States v. Microsoft Corporation，Civil Actions Nos. 98-1232 and 98-1233（United States District Court，District of Columbia，November 5，1999），第33—34页。

○54同上，第8页。

○55同上，比如第66—68页和第409页。

○56 U. S. Department of Justice，"LG，Sharp，Chunghwa Agree to Plead Guilty，Pay Total of ＄585 Million in Fines for Participating in LCD Price-Fixing Conspiracies，" November 12，2008，available at https：//www. justice. gov/archive/opa/pr/2008/November/08 - at - 1002. html；Plea Agreement，United States v. Hitachi Displays Ltd. ，Case No. CR 09-0247 SI（United States District Court，Northern District of California，May 26，2009），available at https：//www. justice. gov/atr/case - document/plea - agreement - 163；Morgan Bettex，"Japan Fines Sharp ＄3M in LCD Price-Fixing Scheme，" Law 360，December 18，2008，available at https：//www. law360. com/articles/80800/；European Commission，"Antitrust：Commission fines six LCD panel producers € 648 million for price-fixing cartel，" IP/10/1685，December 8，2010，available at http：//europa. eu/rapid/press-release_IP-10-1685_en. htm.

Non Confidential Version of the Commission Decision of 19，May 2010 relating to a proceeding under Article 101 of the Treaty on the Functioning of the European Union and Article 53 of the EEA Agreement，DRAMs，Case No. COMP/38511（European Commission，May 19，2010），available at http：//ec. europa. eu/competition/antitrust/cases/dec_docs/38511/38511_1813_5. pdf；U. S. Department of Justice，"Samsung Agrees to Plead Guilty and to Pay ＄300 Million Criminal Fine for

Role in Price Fixing Conspiracy," October 13, 2005, available at https://www.justice.gov/archive/atr/public/press_releases/2005/212002.htm.

(57)有关美国劳工统计局和美国经济分析局如何调整个人电脑价格以反映质量的变化，请参见 Bureau of Labor Statistics, "How BLS Measures Price Change for Personal Computers and Peripheral Equipment in the Consumer Price Index," February 23, 2018, available at https://www.bls.gov/cpi/factsheets/personal-computers.htm。

(58)附录 B 提供了两个旨在保护市场势力的排他性策略的例子：最惠国待遇和忠诚度回扣。还有一个支配型平台利用最惠国待遇阻碍商业模式创新的例子，即欧盟委员会对亚马逊在电子书市场上的价格和非价格最惠国待遇的调查。参见欧盟委员会 2017 年 5 月 4 日的决定第 9 条，以及 Buehler et al.（2017）对该案件的讨论。

(59)参见 Bresnahan et al.（2012）从组织的角度回顾了微软案中提出的一些问题。Shapiro（2009）讨论了微软案中救济措施的失败。

(60)参见 United States v. Microsoft Corp., 253 F.3d 34, 79 (D.C. Cir. 2001) (en banc) (per curiam) ("[I]t would be inimical to the purpose of the Sherman Act to allow monopolists free reign to squash nascent, albeit unproven, competitors at will.")。关于对微软案中“新生竞争”处理的更深入讨论，参见 Baker（2019，第 8 段和第 10 段）。

(61)关于累积性创新的更多讨论，参见 Scotchmer（2004），第 5 段。

(62)可参见 Choi and Stefanadis（2001），以及 Fumagalli and Motta（2018）。

(63)对于相关讨论，参见欧盟委员会（Guidance on the Commission's enforcement priorities in applying Article 82 of the EC Treaty to abusive exclusionary conduct by dominant undertakings, 2009 年 2 月，第 75—90 段）。

(64)参见欧盟委员会微软案 COMP/C-3/37.79，2004 年 3 月 24 日的决定。欧盟委员会的决定在 2007 年得到欧洲初审法院的支持（初审法院的判决，2007 年 9 月 17 日，案件 T-201/04）。法院支持欧盟适用拒绝交易的法理。Vickers（2010）讨论了法院对微软的判决可能产生的经济影响。

(65)Kühn and van Reenen（2009）认为，与美国的情况相比，关于防御性杠杆的考虑与微软工作组服务器的情况更为相关，因为竞争对手的服务器操作系统可以向应用程序的开发人员公开大量的应用程序编程接口。

(66)欧盟委员会在2008年2月发现，微软没有履行这一义务，仍对访问接口文档收取不合理的专利费。这一决定于2012年6月得到卢森堡综合法院的支持（综合法院的判决，2012年6月27日，案件T-167/08）。关于在这种情况下的救济措施的讨论，参见Kühn and van Reenen（2009）。

(67)上诉法院将此案发回地方法院审理后，美国司法部对微软提起的诉讼被撤销。

(68)美国的最终判决要求微软披露Windows使用的通信协议。这种补救措施与恢复个人计算机操作系统市场的竞争有关，并不反映微软的独立违规行为。

(69) 关于这一点更详细的讨论可参见芝加哥大学布斯商学院斯蒂格勒法规中心（Stigler Center on Regulation）（2019）。

(70)讨论增强竞争的可能法规，可参见芝加哥大学布斯商学院斯蒂格勒法规中心（2019）。

(71)伊丽莎白·沃伦（Elizabeth Warren），“我们如何分拆科技巨头”（Here's How We Can Break Up Big Tech），Medium平台，2019年3月8日。

(72)以政策为重的讨论可参见Federico（2017）。合并后创新和价格外部效应会内部化，关于两种外部性之间相互作用的简单讨论也可参见Whinston（2012）。

(73)Denicolò and Polo（2018）近期的研究表明，创新转移效应内部化可导致合并后研发结果不对称（合并后投资只会向着合并企业中的一家倾斜），实际上会导致总体创新增加。这一结果出现在如下双头垄断模型中，该模型包含完美的同质产品（意味着竞争对手的创新不会真正提高产品的多样性），并且产品市场存在完美共谋（perfect collusion）（因此缺乏单边价格效应）。对于存在差异化产品且产品市场存在不完全价格竞争的更多实际的寡头垄断模型，这一结果是否适用不得而知，因此根据这一结果来制定合并控制政策还不太成熟。相比之下，创新转移效应内部化或削弱创新动力的理论和经验预期看上去更加可靠，关于这一点还可以参考附录中的其他文献。

(74)对于合并前属于对称寡头垄断的情形，同样会出现上述结果，但如果是不对称的情况（例如成本和产品质量存在不对称），则上述结果通常会比较强。

(75)Chen and Schwarz（2013）考察了企业开发新产品与现有产品竞争的动

力。上述研究人员将独占垄断（新旧产品均为同一企业所有）与竞争情况（只有一家没有旧产品的企业能够推出新产品）进行了对比。这种设定使我们可以评估合并导致独占垄断的情形，我们可以研究从竞争到独占垄断的创新动力变化。

(76)López and Vives（2019）并未就合并直接开展模型研究，而是关注共同所有权（common ownership）大小在市场中的变化（在百分之百共同所有权的极端情况下就是合并导致独占垄断）。上述研究人员发现，如果知识溢出效应较低（即如果没有创新协同效应的平衡作用），则共同所有权会导致企业之间的合作加强，进而降低研发投资和消费者福利。

(77)Loertscher and Marx 的研究（即将发表）分别在有买家力量和无买家力量的情形下，考虑了生产成本随机情况下的创新动力。然而，就目前来说，二人并未考虑企业之间的创新转移效应，因此其对合并总体效应的定性是不完整的。

(78)关于过程创新，道理则非常直接：通过减少合并双方的产出，合并还会导致降低成本（与产出同比例）所增加的盈利缩小。Motta and Tarantino（2018）的研究表明，对于降低成本和促进质量型投资等效的标准模型系列（例如考虑纵向产品差异的 CES 和 logit 需求函数），相同的机制对产品创新也适用。

(79)Bourreau et al.（2018）也在同时双头垄断模型中得出了类似结论，在该模型中企业投资于质量，考虑标准需求函数［例如 CES 函数，或是存在纵向产品差异的特征价格（hedonic prices）模型］。研究人员还考虑了另一种存在横向产品差异的霍特林模型（Hotelling model），在该模型中一家企业会为了避免自家产品与对手产品撞车而开展投资。在这种情况下，合并自然会增加企业参与产品重新定位的动力，因为合并会导致偷生意效应内部化。相关讨论还可以参见 Jullien and Lefouili（2018）的研究。上述结果并不适用于创新主要由产品改进组成、从而以纵向创新为主的典型案例。

(80)在 Chen and Schwartz（2013）的模型中，如果一种新产品推出，则从旧产品转向新产品的消费者获得的福利（总福利）不变，但仍旧购买旧产品的消费者则会受到不利影响（因为合并导致价格上涨）。因此在其模型中，合并所带来的更多创新（反而）对消费者不利，因为合并使得合并后企业能够更有效地压榨消费者。合并不仅会抑制新旧产品之间的未来竞争，而且就算创新增加也无法提高消费者福利，因为产品创新所带来的好处全然被合并后的企业所占有。在独占垄断的情况下，有创新比缺少创新（对消费者）更加不利，而缺少创新的独占垄断情形则比有创新的竞争情形（对消费者）更加不利。

(81)同样地，Bourreau and Jullien（2018）考虑了涉及空间差异和投资覆盖范围的另一种双头垄断模型。在该模型中，如果不合并，则投资覆盖分布是不对称的，亦即两家企业中一家占有的市场比起竞争对手要多。在该模型中，合并会提高总的覆盖范围，但在多种产品领域则会降低覆盖率，此外合并还会推高价格。根据作者的模拟情况，就多数参数值而言，合并对消费者福利的净效应为负。

(82)参见美国联邦贸易委员会诉状，Thoratec 与 Heartware 合并案，No. 9339，2009 年 7 月 28 日。关于该案详情可参见 Shelanski（2013）。

(83)参见美国联邦贸易委员会的诉状，Mallinckrodt，民事诉讼 No. 1：17-cv-00120，2017 年 1 月，参见 https：//www. ftc. gov/system/files/documents/cases/170118mallinckrodt_complaint_public. pdf。

(84)为了平息美国联邦贸易委员会的指控，Mallinckrodt 同意支付 1 亿美元，并向第三方提供开发 Synacthen 的授权（连同必要的资产）。

(85)关于“垄断者先下手为强”效应的另一个近期例子是 CDK 与 Auto/Mate 的拟议合并案。参见美国联邦贸易委员会的诉状，CDK 与 Auto/Mate 合并案 No. 9382，2018 年 3 月 19 日，https：//www. ftc. gov/system/files/documents/cases/docket_no_9382_cdk_automate_part_3_complaint_redacted_public_version_0. pdf。

(86)关于部分案例的评估，可参见 Carles Esteva Mosso 2018 年 4 月 12 日在 ABA 春季会议上的发言，“欧盟合并控制中的创新”（Innovation in EU Merger Control）。

(87)欧盟委员会，案件 M. 7326，美敦力与柯惠医疗合并案，2014 年 11 月 28 日；欧盟委员会，案件 M. 7559，辉瑞与赫升瑞合并案，2015 年 8 月 4 日。

(88)欧盟委员会，案件 M. 7275，诺华与葛兰素史克的肿瘤学业务（GSK Oncology Business）合并案，2015 年 1 月 28 日。

(89)欧盟委员会，案件 M. 8401，强生与 Actelion 合并案，2017 年 6 月 9 日。

⑨⓪欧盟委员会，案件 M. 7278，通用电气与阿尔斯通合并案，2015 年 9 月 8 日。

⑨①此处部分合并案的更详细讨论以及更多的案例研究可参见 Gilbert（即将发表）的文章，"为了创新的合并执法：补救的案例"（Merger Enforcement for Innovation: Examples for Remedies）。

⑨②参见美国联邦贸易委员会关于尼尔森与 Arbitron 合并事宜的声明，文件 No. 131-0058，2013 年 9 月 20 日；以及美国联邦贸易委员会的新闻稿，"美国联邦贸易委员会就尼尔森拟以 12.6 亿美元收购 Abritron 提出条件"，2013 年 9 月 20 日。

⑨③参见美国司法部 2015 年 4 月 27 日新闻稿，http：//www. justice. gov/opa/pr/applied-materials-inc-and-tokyoelectron-ltd-abandon-merger-plans-after-justice-department。

⑨④参见美国司法部诉状，美国审查拜耳和孟山都合并案，2018 年 5 月 29 日。

⑨⑤美国司法部诉状第 61 段。

⑨⑥美国司法部特别担心在性状和除草剂领域失去创新竞争，司法部认识到这两个领域互补的重要性（"拜耳有动力开展性状研究，部分原因在于一种性状成功商业化将会通过相关除草剂的销售带来额外回报，反之亦然"，美国司法部竞争影响声明，第 22 段）。另外还可以参见美国司法部诉状第 36 段〔"展望未来，拜耳和孟山都之间开发下一代杂草管理系统的竞争可能会加剧。根据拜耳的策略文件，该公司首要的'必须打赢的战争'是要'使 Liberty Link 成为阔叶（行栽）作物的基本性状，并使 Liberty 除草剂成为卓越的杂草管理工具'。Liberty 是拜耳除草剂的商业名称，Liberty Link 则是其转基因种子的名称〕。

⑨⑦在表达这些担忧时，美国司法部特别强调了在不合并情况下可竞争性的作用，以及合并后推陈出新会产生更大的挤占效应（cannibalization）："如果不合并，拜耳和孟山都各自都会有动力推动这些相互竞争的在研项目〔在下一代杂草管理系统领域〕，因为任何新开发的创新都有助于帮助企业从其他企业手中赢得市场份额。相比之下，如果合并，合并后的公司动力则会有所不同，因为合并后的公司会更加担心新的创新只会挤占自身的销售"（美国司法部竞争影响声明，第 10 段）。

⑨⑧美国司法部的竞争影响声明，第 19 段。

⑨⑨欧盟委员会，案件 M.8084，拜耳和孟山都合并案，2018 年 3 月 21 日。该案详情可参见 A. Bertuzzi et al.，"拜耳/孟山都——保护种子、性状和杀虫剂领域的创新和产品竞争"（Bayer/Monsanto—Protecting Innovation and Product Competition in Seeds，Traits and Pesticides），竞争合并简报（Competition Merger Brief），2018 年。

⑩⑩参见美国司法部诉状，2016 年 4 月，参见 https：//www. justice. gov/atr/file/838661/download。

⑩①参见 Chugh et al.（2016）。

⑩②参见美国司法部诉状，第 69—73 段；以及 Chugh et al.（2016）。

⑩③当时的助理总检察长（Assistant Attorney General）Bill Baer 在宣布就该案提起诉讼时表示：哈利伯顿提出的出售和授权方案无法保持当前的竞争动态。这桩合并将三家大公司变成了两家大公司，这不仅影响本地而且影响全世界。哈利伯顿非常有可能保留较为成功的产品线，而将不太成功的产品线资产出售给某些第三方。但是除此之外，哈利伯顿会为自身保留那些能够支撑上述产品线的公司资产和人事，因为这些共同的资产会与哈利伯顿的其他部门或贝克休斯共享。它们会保留原先对合并公司取得成功至关重要的基础设施，只将那些不重要的资产抛售出去。这就类似于出售了大楼的一部分，同时又将供暖系统、电力线路和一些基础的东西挪走（助理总检察长 Bill Baer 2016 年 4 月 6 日在媒体电话会议上宣布司法部将阻止哈利伯顿和贝克休斯的合并，当时发表了上述言论）。

⑩④欧盟委员会，案件 Case M.6203，西部数据爱尔兰公司与 Viviti Technologies 合并案，2011 年 11 月 23 日。

⑩⑤关于该案创新问题的讨论参见 Kühn et al.（2012）。

⑩⑥欧盟委员会，案件 M. 6166，德意志交易所和纽约泛欧交易所合并案，欧盟委员会 2012 年 2 月 1 日裁决，关于该案的讨论参见 Kühn et al.（2012）。

⑩⑦欧盟委员会裁决，第 527 段。

⑩⑧欧盟委员会裁决，第 601—603 段。

⑩⑨欧盟委员会裁决，第 640 段。

⑪⑩参见欧盟综合法院（General Court）的裁决，2015 年 3 月 9 日，案件 T 175/12。

⑪①参见欧盟综合法院的裁决，案件 T 175/12，第 157—179 段。

⑫参见欧盟委员会，案件 M. 7932，陶氏化学和杜邦合并案，2017 年 3 月 27 日 的 裁 决， 参 见 http：//ec. europa. eu/competition/mergers/cases/decisions/m793213668_3. pdf。关于该案详情，还可以参见 A. Bertuzzi et al.，"陶氏化学/杜邦——保护产品及创新竞争"（Dow/DuPont—Protecting Product and Innovation Competition），竞争合并简报，欧盟委员会，2017；和 B. Buehler et al.（2017）。

⑬欧盟委员会从农作物保护的各个细分领域（杀虫剂、选择性除草剂和杀菌剂）分析了 2000—2015 年的专利数据，具体参见欧盟委员会裁决的附录 1。该分析侧重于经过质量调整的专利数量，从而控制各专利价值中存在的巨大差异。欧盟委员会根据专利相关经济学文献，将专利引用作为衡量质量的标准。其分析表明，陶氏化学和杜邦在高质量专利中占有很大比例，特别是在选择性除草剂和杀虫剂方面。数据还表明，杜邦经过质量调整的专利比例远高于其专利样本数量所体现的比例。

2015 年陶氏化学和杜邦宣布合并时，二者历数多种成本协同效应，包括消除化学发现方面的"重复研发项目" [参见陶氏化学和杜邦的发言，"杜邦和陶氏化学平等合并将在农业、材料科学和特种产品方面打造高度聚焦的领先企业"（DuPont and Dow to Combine in Merger of Equals Will Create Highly Focused Leading Businesses in Agriculture，Material Science and Specialty Products），2015 年 12 月 11 日]。

⑭参见欧盟委员会的裁决附录 4。

⑮参见欧盟委员会的裁决，第 4023—4044 段。

⑯这种不对称的入行效应在 Boik and Corts（2016）的模型中得到了明确体现。

⑰英国竞争管理机构调查了 Remicade 英国生产方使用忠诚度回扣合同的情况，但最终并未采取执法行动。参阅 https：//assets. publishing. service. gov. uk/media/5c8a353bed915d5c071e1588/Remicade_No_Grounds_For_Action_decision_PDF_A. pdf。

⑱诉状，辉瑞起诉强生案，No. 2：17-cv-04180-JCJ（E. D. Pa. Sept. 20，2017），ECF No. 1，参见 https：//www. courtlistener. com/recap/gov. uscourts. paed. 534730. 1. 0. pdf。

⑲诉状第 2 页。

⑫Aaron（Ronny）Gal "欧盟和美国采用生物仿制药情况更新——2018年12月数据：赫赛汀（Herceptin）和利妥昔单抗（Rituxan）动向"（Biosimilars：Adoption Update in EU & US—Dec'18 Data：Herceptin & Rituxan Moving；Remicade US Will Not Adopt in 2019），2019年2月26日。

第五章

①所有政策评估参见：www. whatworksgrowth. org/policy-reviews。

②此处"可靠的"是指效果评估要达到马里兰科学方法量表（Scientific Maryland Scale）的等级3，要求所使用的评估方法具有可靠的反事实假设。注意，随机分配不是等级3的要求；如果不进行干预，未接受干预的公司为何会与受益于干预的公司表现类似，就足以有一个明确的解释（换句话说，评估具有内部有效性）。等级3及其以上的方法包括：双重差分法（difference-in-difference）（L3）、面板数据（panel data）（L3）、倾向性评分匹配（propensity score matching）（L3）、工具变量（instrumental variables）（L4）、断点回归（regression discontinuity design）（L4）和随机对照实验（L5），不包括截面回归（cross-sectional regression）和前后对照等方法。

③例如，英国国家科学、技术和艺术基金会开展了一项随机咖啡聚会活动，在茶歇中将员工随机配对，让员工了解彼此的工作（参见www. nesta. org. uk/blog/institutionalising - serendipity - via - productive - coffee - breaks）。

④关于随机实验局限性的重要讨论参见 Deaton and Cartwright（2018）以及 Dalziel（2018）。

⑤参见 www. innovationgrowthlab. org/igl-database。

⑥例如，可以使用随机实验来探讨如下问题：有关技术质量或技术潜力的公开信息［在本例中可根据小企业创新研究奖（SBIR award）所提供的信息］是否可以降低筛选成本并为创新型企业释放更多的资金。这种认证的效果或与早前的发现相吻合，早前的发现表明，获得小企业创新研究奖比实际获得的奖励金额能够更好地预测其未来的表现（Lerner，1999）。

⑦有些时候，在随机实验中追踪长期影响效果不太现实。例如一项向儿童传授创新技能的政策，该政策要取得成功可能要依靠其在广大人群中实现小的改进，而这可能需要一些时间才能实现，并且这些改进比较分散以致很

难察觉。采用随机实验可以检验你是否可以向孩子们传授创新技能，却不能检验这是否可以使他们在以后的生活中成为创新者。

⑧如果所考虑的干预措施影响了结果、干预强度不是很大并且影响程度相对较小，则尤其如此。

⑨"内部有效性"是指研究结果可在多大程度上是由干预措施所致，而不是由研究设计中的缺陷所致。换言之，你有多大把握可以说，除了你正在研究的变量（即干预措施）以外，没有其他变量会导致这种结果。相反，"外部有效性"是指研究结果在多大程度上适用于该研究之外的范围。换言之，即研究结果在多大程度上可以推广到或适用于其他情况。

⑩干预措施越标准化、对实验所处环境的控制越多，就越容易获得可靠的结果。对于提供定制咨询的（政策）项目也可以进行测试，但是结果只能证明该项目是否实现了目标，不能说明什么样的具体咨询内容更加有效。尽管在相对受控的环境中开展实验比较容易，但重要的是要营造一个与实施干预相类似的环境。否则实验的外部有效性可能会受到不利影响，因为实验有可能未反映在更现实的环境中可能发生的某些影响（例如互动的影响）。

⑪一种例外情况是随机激励设计，这是一种实验，在该实验中每个人都可以自由加入某一计划或采纳某一方案，但只有随机样本的潜在参与者才会被鼓励参与（这种类型的随机实验要求的样本规模要大得多，因为这种实验会产生额外噪声）。

⑫除非随机实验针对的国家足够大，并且在城镇、地区或地方层面进行随机处理具有政治可行性。例如在一些发展实验中就已经这样做，虽然在OECD背景下比较难以想象采取此类实验（除非有限的资源导致新的干预政策之后在各地区铺开，实验对政策铺开的顺序开展随机处理）。

⑬政策效果未必能直接衡量，但可以根据变化理论中的假设推出。

⑭一个有些相关的例外情况是加州的首部电影税收抵免计划（First Film Tax Credit Program），该计划采用抽签的方式随机分配电影税收抵免优惠，只不过这样做是因为人们对该计划存在超额需求，而不是出于评估目的。

⑮例如，对于哪些做法是允许的、哪些做法不在当前规定之下、如果进一步予以澄清是否有助于创新？Bertrand and Crépon（2019）的研究说明了如何在不同背景下针对该问题开展测试。在南非开展的随机实验中他们发现，仅向中小企业提供关于劳动法规的信息就可以使接受干预的企业的平均就业

水平在六个月后提高12%~15%。另一个更加雄心勃勃的介于不同分类之间的例子是测试监管沙盒的影响，自英国金融行为监管局（Financial Conduct Authority）2016年首创监管沙盒制度以来，监管沙盒已在全球各地遍地开花。这样的测试不仅会提供关于这一新政策工具影响的证据，而且还会就这一监管制度可能给创新者带来的成本做出某些估计。

⑯"影子实验"是在"真实世界"的设定下进行的，但不会影响实际的决定。例如，我们可以在不真正影响经费分配的情况下，运用"影子实验"探讨如下问题，即如果在竞争性的经费申请中采用另一种不同的评审过程，则资助哪些项目的决定将会如何变化。

⑰完整数据库可访问：www. innovationgrowthlab. org/igl-database。

⑱想要全面了解英国商业、能源和产业战略部开展优化实验的情况，可参见如下博客：www. innovationgrowthlab. org/blog/taking-first-steps-business-policy-experimentation。

⑲实际上该实验最初并没有被设计为随机实验。然而对该政策首轮计划的超额需求导致政府采取了抽签方式来分配创新券，在之后的几轮计划中也采用了相同的分配方式。

⑳例如欧洲国家的政府每年要在公共项目上花费大约1 700亿美元，以支持创新者以及企业的创新和增长（Firpo and Beevers，2016）。

㉑包括自发性行为、创新、识别和发掘新机会、目标设置、计划和反馈循环，以及克服障碍。

㉒该研究原先是想设计成机制实验，以测试创新投入对于创新有多重要。在采用代金券干预之后，代金券成为测试这一假说的工具，（不过由此导致的评估结果使得）这一代金券项目在其他地方也得到了推广。

㉓第三类障碍则包括对使用随机实验的诸多批评，这些批评同样适用于很多其他评估方法，不过这些批评只有在有人提出开展随机实验时才会引发。

㉔调查结果参见：www. innovationgrowthlab. org/blog/barriers-experimentation-survey-results。

㉕创新增长实验室的活动之一是让寻求支持的政策制定者和有意合作开展随机实验的研究人员携手。

㉖例如，一项考察美国某一创业支持方案的实验发现，其培训质量是如

此之差，不仅不能帮助企业，反而对企业的业务表现起了相反的作用（如果有影响的话），尽管结果在统计上不显著（Fairlie et al. 2015）。

㉗具体通过创新增长实验室的拨款项目进行，感谢英国国家科学、技术和艺术基金会，考夫曼基金会和 Argidius 基金会的慷慨出资。

㉘创新增长实验室的合作伙伴包括以下创新机构和政府部门：加泰罗尼亚商业竞争机构——ACCIÓ，澳大利亚工业、创新与科学部（Department of Industry, Innovation and Science），丹麦商业管理局（Danish Business Authority），新加坡设计理事会（Design Singapore），奥地利科研促进署（FFG），挪威创新署（Innovation Norway），荷兰经济事务部（Ministry of Economic Affairs of the Netherlands），苏格兰企业局（Scottish Enterprise），瑞典增长分析机构（Agency for Growth Analysis），芬兰国家技术创新局（TEKES），英国商业、能源和产业战略部。

㉙关于商业基础计划的更多信息可参见如下博客：https://www.innovationgrowthlab.org/blog/why-should-know-about-business-basics-programme。

㉚例如英国商业、能源和产业战略部已经设立了一个评估框架，该部资助的商业支持计划的评估中将随机实验作为优先选项（只要是在合适的情况下）。

㉛指南和工具包可参见：www.innovationgrowthlab.org，此外还可以参见世界银行发展影响博客系列（Development Impact Blog Series）（blogs.worldbank.org/impactevaluations），其中有大量博客解决了诸多关于与企业开展随机实验的问题。

第六章

①结果平平很有可能是因为对一个地区的支出相对不多，这个地区被定义为较大地区主要是出于政治考虑。

②我们既不反对圣路易斯的低收入住房税收抵免（Low Income Housing Tax Credit）措施，也不支持旧金山的税收抵免措施，但是根据经济学预测，在供给有限的地方，供给补贴更有可能催生更多估值高于建筑成本的房屋。

③此图中排除了四个例外的州：佛罗里达州、密苏里州、犹他州和内华达州。

④"奥尼尔推论"源于前任众议院议长托马斯·奥尼尔(Thomas "Tip" P. O'Neill),他的名言是"所有政治都是地方性的"。

⑤对主要位于美国国内的印度棉纺工作来说,要解释印度棉纺工作的减少则更加困难,因为还要考虑英国工业棉花出口的影响。

⑥福特的巨大生产力优势也使其能够实现著名的"5美元日薪工资制"。1914年1月福特公司宣布,将把工人的日薪提高一倍,至5美元,此举被视为与员工共享利润。

⑦我们指的是,相对于资本回报而言劳动力比较便宜,而不是美国的劳动力比其他国家便宜。

⑧https://www.bls.gov/emp/tables/employment - by - major - industry - sector.htm.

⑨如果同行评议过程不够可靠,则采取空间定向政策的理由会更强,但我们依然不知道更好的定向到底意味着对成功地区拿出更多开支,还是对贫困地区这样做。

⑩如果就业在这两个地方产生了不同的外部性,那么这一点也需要包含在该公式中。

⑪https://www.sba.gov/about-sba/organization.

⑫即之前的激励竞争性研究的试点计划(Experimental Program to Stimulate Competitive Research)。

⑬https://www.nap.edu/read/18384/chapter/2.

⑭Kantor and Whalley(2014)的研究显示,受大学捐赠影响,当地工资会出现上涨。如果是研究型大学和在全国雇用更多大学毕业生并引用更多大学专利的行业,则上述工资增长幅度更大。

⑮Ganong and Shoag(2017)的研究表明,技能分化的另一原因或许是技能更高地区存在的建房限制。

⑯https://www.bls.gov/opub/mlr/2007/05/art4full.pdf.

⑰https://www.michigan.gov/formergovernors/0,4584,7-212-90815_57657-293976%E2%80%94,00.html.

⑱https://www.wsj.com/articles/SB123725421857750565.

⑲https://news.gallup.com/poll/244925/immigration - sharply - important - problem.aspx.

㉑http：//icic. org/wp-content/uploads/2016/04/ICIC_EB5Impact_Report. pdf.

㉑通常，失去签署合同的能力很少代表所有行为人都能实现帕累托改进。如果工人在公司之间的流动能点燃新的创意从而产生外部收益，那么不落实竞业禁止协议至少是有可能带来帕累托改进的。

参考文献

第一章

Akcigit, Ufuk, Salome Baslandze, and Stefanie Stantcheva. 2016. "Taxation and the International Migration of Inventors." *American Econmic Review* 106 (10): 2930–81.

Artuç, Erhan, and Çaglar Özden. 2016. "Transit Migration: All Roads Lead to America. "Working Paper no. 7880, World Bank Group, Washington, DC.

Beine, Michel, Frédéric Docquier, and Hillel Rapoport. 2007. "Measuring International Skilled Migration: A New Database Controlling for Age of Entry." *World Bank Economic Review* 21 (2): 249–54.

Boeri, Tito, Herbert Bruecker, Frederic Docquier, and Hillel Rapoport. 2012. *Brain Drain and Brain Gain: The Global Competition to Attract High–Skilled Migrants*. Oxford: Oxford University Press.

Borjas, George, and Kirk Doran. 2012. "The Collapse of the Soviet Union and the Productivity of American Mathematicians." *Quarterly Journal of Economics* 127 (3): 1143–203.

——. 2015a. "Cognitive Mobility: Native Responses to Supply Shocks in the Share of Ideas." *Journal of Labor Economics* 33 (1): S109–S145.

——. 2015b. How High–Skill Immigration Affects Science: *Evidence from the Collapse of the USSR*, vol. 15. In *Innovation Policy and the Economy*, 1–25. Chicago: University of Chicago Press.

Bound, John, Breno Braga, Guarev Khanna, and Sarah Turner. 2016. "A Passage to America: University Funding and International Students. "Working Paper no. 22981, NBER, Cambridge, MA.

Bound, John, Murat Demirci, Gaurav Khanna, and Sarah Turner. 2015. Finishing *Degrees and Finiding Jobs: U. S. Higher Education and the Flow of Foreign IT Workers*, vol. 15. In *Innovation Policy and the Economy*, 27 – 72. Chicago: University of Chicago Press.

Bound, John, Guarav Khanna, and Nicolas Morales. 2017. "Understanding the Economic Impact of the H – 1B Program on the U. S. "Working Paper no. 23153, NBER, Cambridge, MA.

Bound, John, Sarah Turner, and Patrick Walsh. 2009. "Internationalization of U. S. Doctorate Education. " In *Science and Engineering Careers in the United States: An Analysis of Markets and Employment*, ed. Richard Freeman and Daniel Goroff, 59-97. Chicago: University of Chicago Press.

Carlino, Gerald, and William Kerr. 2015. *Agglomeration and Innovation*, vol. 5. In *Handbook of Regional and Urban Economics*, ed. Gilles Druanton, J. V. Henderson, and William Strange, 349-404. Oxford: North-Holland.

Clemens, Michael. 2013. "Why Do Programmers Earn More in Houston Than Hydrebad? Evidence from Randomized Processing of U. S. Visas. " *American Economic Review Papers and Proceedings* 103 (2): 198-202.

Depew, Briggs, Peter Norlander, and Todd Sorensen. 2017. "Inter-Firm Mobility and Return Migration Patterns of Skilled Guest Workers. " *Journal of Population Economics* 30(2): 681-721.

Docquier, Frédléric, and Abdeslam Marfouk. 2006. "International Migration by Educational Attainment (1990 – 2000) . " In *International Migration, Remittances, and the Brain Drain*, ed. Caglar Ozden and Maurice Schiff, 151 – 99. New York: Palgrave Macmillan.

Doran, Kirk, Alex Gelber, and Adam Isen. 2017. "The Effects of High-Skilled Immigration Policy on Firms: Evidence from Visa Lotteries. " Working Paper, NBER, Cambridge, MA.

Dustmann, Christian, Francesco Fasani, Tommaso Frattini, Luigi Minale, and Uta Schoenberg. 2017. "On the Economics and Politics of Refugee Migration. " *Economic Policy* 31 (91): 497-550.

Fairlie, Robert, and Magnus Lofstrom. 2014. " Immigration and Entrepreneurship. " In *Handbook on the Economics of International Migration*, ed. Barry Chiswick and Paul Miller, 877-911. Oxford: North-Holland.

Freeman, Richard B. 2013. *One Ring to Rule Them All? Globalization of Knowledge and Knowledge Creation*, vol. 1. In *Nordic Economic Policy Review*, ed. Torben M.

Andersen, Earling Barth, and Kalle O. Moene, 11 – 33. Copenhagen: Nordic Council of Ministers.

Ghosh, Anirban, and Anna Maria Mayda. 2017. "The Impact of Skilled Migration on Firm – Level Productivity: An Investigation of Publicly Traded U. S. Firms. " Working Paper, Georgetown University, Washington, DC.

Hanson, Gordon, and Chen Liu. 2018. "High-Skilled Immigrantion and the Comparative Advantage of Foreign Born Workers across U. S. Occupation. " In *High-Skilled Migration to the United States and Its Economic Consequences*, ed. Gordon H. Hanson, William R. Kerr, and Sarah Turner. Chicago: University of Chicago Press.

Harnett, Sam. 2017. "Using H-1B Visas to Help Outsource IT Workers Draws Criticism, Scrutiny. " *All Tech Considered, NPR.* February 13. http://www. npr. org/ sections/alltechconsidered/2017/02/13/514990545/using-h-1b-visas-to-help-outsource-it-work-draws-criticism-scrutiny.

Hira, Ron. 2010. "The H-1B and L-1 Visa Programs: Out of Control. " EPI Briefing Paper. Washington, DC: Economic Policy Institute.

Hunt, Jennifer. 2011. "Which Immigrants Are Most Innovative and Entrepreneurial? Distinctions by Entry Visa. " *Journal of Labor Economics* 29 (3): 417-57.

———. 2017. "How Restricted Is the Job Mobility of Skilled Temporary Work Visa Holders?" Working Paper no. 23529. NBER, Cambridge, MA.

Hunt, Jennifer, and Marjolaine Gauthier-Loiselle. 2010. "How Much Does Immigration Boost Innovation?" *American Economic Journal: Macroeconomics* 2 (2): 31-56.

ICF International. 2010. "EB5 2010 Report. " https://www. uscis. gov/sites/ default/files/USCIS/Resources/Reports%20and%20Studies/EB-5/EB5-Report-2010. pdf.

Institute of International Education, Inc. 2018. "International Students by Academic Level, 2016/17-2017/18. " https://www. iie. org/opendoors.

Jones, Chad. 2002. "Sources of U. S. Economic Growth in a World of Ideas. " *American Economic Review* 92 (1): 220-39.

Kahn, Shulamit, and Megan MacGarvie. 2016. "How Important Is U. S. Location for Research Science?" *Review of Economics and Statistics* 98 (2): 397-414.

Kato, Takao, and Chad Sparber. 2013. "Quotas and Quality: The Effect of H-1B Restrictions on the Pool of Prospective Undergraduate Students from Abroad. " *Review of Economics and Statistics* 95 (1): 109-26.

Kerr, Sari, William Kerr, and William Lincoln. 2015a. "Firms and the Economics of Skilled Migration. " *Innovation Policy and the Economy* 15 (1): 115-52.

———. 2015b. "Skilled Immigration and the Employment Structure of U. S. Firms. " *Journal of Labor Economics no.* S1: S109-S145

Kerr, Sari, William Kerr, Çaglar Özden, and Christopher Parsons. 2016. "Global Talent Flows. " *Journal of Economic Perspectives* 30 (4): 83-106.

———. 2017. "High-Skilled Migration and Agglomeration. " *Annual Review of Economics* 9: 201–34.

Kerr, Sari Pekkala, and William R. Kerr. 2017. "Immigrant Entrepreneurship. " In *Measuring Entrepreneurial Businesses: Current Knowledge and Challenges*, ed. John Haltiwanger, Erik Hurst, Javier Miranda, and Antoinette Schoar, 187–249. Chicago: University of Chicago Press.

Kerr, William R. 2007. "The Ethnic Composition of U. S. Inventors. " HBS Working Paper 08–006.

———. 2016. "U. S. High-Skilled Immigration, Innovation, and Entrepreneurship: Empirical Approaches and Evidence. " *In The International Mobility of Talent and Innovation: New Evidence and Policy Implications*, ed. Carsten Fink and Ernest Miguelez. Cambridge: Cambridge University Press.

———. 2019. *The Gift of Global Talent: How Migration Shapes Business, Economy & Society*. Stanford, CA: Stanford University Press.

Kerr, William, and William Lincoln. 2010. "The Supply Side of Innovation: H–1B Visa Reforms and U. S. Ethnic Invention. " *Journal of Labor Economics* 28(3): 473–508.

Matloff, Norman. 2003. "On the Need for Reform of the H–1B Non-Immigrant Work Visa in Computer-Related Occupations. " *University of Michigan Journal of Law Reform* 36(4): 815–914.

Mayda, Anna Maria, Francesco Ortega, Giovanni Peri, Kevin Shih, and Chad Sparber. 2017. "The Effect of the H–1B Quota on Employment and Selection of Foreign-Born Labor. " Working Paper no. 23902, NBER, Cambridge, MA.

Miguelez, Ernest, and Carsten Fink. 2013. "Measuring the International Mobility of Inventors: A New Database. " WIPO Economic Research Working Paper 8, World Intellectual Property Organization, Geneva, Switzerland.

Moser, Petra, Alessandra Voena, and Fabian Waldinger. 2014. "German Jewish Émigrés and U. S. Invention. " *American Economic Review* 104 (10): 3222–55.

Nejad, Maryam Naghsh, and Andrew T. Young. 2014. "Female Brain Drains and Women's Rights Gaps: A Gravity Model Analysis of Bilateral Migration Flows. " IZA Discussion Paper 8067.

OECD (Organization for Economic Co-operation and Development). 2018. *International Migration Outlook* 2018. Paris: OECD Publishing. https://doi. org/ 10. 1787/migr_outlook–2018–en.

Park, Haeyoun. 2015. "How Outsourcing Companies Are Gaming the Visa System, " *New York Times*, November 6. https://www. nytimes. com/interactive/ 2015/11/06/us/outsourcing–companies–dominate–h1b–visas. html?_r = 0.

Partnership for a New American Economy. 2011. "The 'New American' Fortune 500. " (June). https://www. newamericaneconomy. org/sites/all/themes/pnae/img/new-american-fortune-500-june-2011. pdf.

Peri, Giovanni, and Chad Sparber. 2011. "Highly-Educated Immigrants and Native Occupational Choice. " Industrial Relations 50 (3): 385-411.

Peri, Giovanni, Kevin Shih, and Chad Sparber. 2015. "STEM Workers, H-1B Visas and Productivity in U. S. Cities. " *Journal of Labor Economics* 33 (S1): S225-S255.

Rogoway, Mike. 2016. "Intel Layoffs Skew Older, Spotlighting the Plight of Aging Workers. " June 6. http://www. oregonlive. com/silicon - forest/index. ssf/2016/06/intel_layoffs_skew_older_spotl. html.

Ruggles, Steven, Sarah Flood, Ronald Goeken, Josiah Grover, Erin Meyer, Jose Pacas, and Matthew Sobek. 2019. "IPUMS USA: Version 9. 0 [dataset]. " Minneapolis. https://doi. org/10. 18128/D010. V9. 0.

Ruiz, Neil, and Abby Budiman. 2018. "Number of Foreign College Students Staying and Working in U. S. After Graduation Surges. " May 10. http://www. pewglobal. org/2018/05/10/number- of - foreign - college - students - staying - and -working-in-u-s-after-graduation-surges.

Ruiz, Neil, and Jens Manuel Krogstad. 2017. "Salaries Have Risen for High-Skilled Foreign Workers. " August 16. http://www. pewresearch. org/fact - tank/2017/08/16/salaries-have-risen-for-high-skilled-foreign-workers-in-u-s-on-h-1b-visas.

Shih, Kevin. 2017. "Do International Students Crowd-Out or Cross-Subsidize Americans in Higher Education?" *Journal of Public Economics* 156: 170-80.

Silicon Valley Leadership Group and Silicon Valley Community Foundation. 2015. "Silicon Valley Competitiveness and Innovation Project - 2015: A Dashboard and Policy Scorecard for a Shared Agenda of Prosperity and Opportunity. " http://graphics8. nytimes. com/packages/pdf/technology/SVCIP_2015_PDFfinal. pdf.

Stephan, Paula, and Sharon Levin. 2001. "Exceptional Contributions to U. S. Science by the Foreign-Born and Foreign-Educated. " *Population Research and Policy Review* 20 (1-2): 59-79.

Stern, Scott. 2004. "Do Scientists Pay to Be Scientists?" *Management Science* 50 (6): 835-53.

Swaminathan, Nikhil. 2017. "Inside the Growing Guest Worker Program Trapping Indian Students in Virtual Servitude. " (September/October). https://www. motherjones. com/politics/2017/09/inside - the - growing - guest - worker - program-trapping-indian-students-in-virtual-servitude.

Terviö, Marko. 2009. "Superstars and Mediocrities: Market Failure in the Discovery of Talent. " *Review of Economic Studies* 76 (2): 829–50.

United Nations. 2016. "244 Million International Migrants Living Abroad Worldwde, New UN Statistics Reveal. " January 12. http://www. un. org/sustaina bledevelopment/blog/2016/01/244−million−international−migrants −living−abroad− worldwide−new−un−statistics−reveal.

USCIS. 2018a. "Characteristics of H − 1B Specialty Occupation Workers. " https://www. uscis. gov/sites/default/files/files/nativedocuments/Characteristics _ of _ H−1B_Specialty_Occupation_Workers_FY17. pdf.

——. 2018b. "Number and Characteristics of F−1 Beneficiaries Who Changed Status to H − 1B: Fiscal Years 2012 − 2018 (to date). " https://www. uscis. gov/ sites/default/files/USCIS/Resources/Reports% 20and% 20Studies/Immigration % 20Forms%20Data/BAHA/number−and−characteristics−of−f−1−beneficiaries−who− changed−status−to−h−1b−fiscal−years−2012−2018. pdf.

US Department of State. 2019. "Visa Statistics. " https://travel. state. gov/ content/travel/en/legal/visa−law0/visa−statistics. html.

Wadhwa, Vivek, Guillermina Jasso, Ben Rissing, Gary Gereffi, and Richard Freeman. 2007. "Intellectual Property, the Immigration Backlog, and a Reverse Brain − Drain: America's New Immigrant Entrepreneurs, Part III. " Kauffman Foundation. http://www. kauffman. org/what−we−do/research/immigrantion−and− the−american−economy/intellecutal−property−the−immigration−backlog −and−a− reverse−braindrain.

Wadhwa, Vivek, AnnaLee Saxenian, Ben Rissing, and Gary Gereffi. 2007. "America's New Immigrant Entrepreneurs. " Kauffman Foundation. http:// www. kauffman. org/what − we − do/research/immigration − and − the − american − economy/americas−new−immigrant−entrepreneurs.

WIPO (World Intellectual Property Organization). 2019. " Data for Researchers. " https://www. wipo. int/econ_stat/en/economics/research.

World Bank Open Data. 2017. "Exports of Goods and Services (% of GDP). " Accessed September 29, 2017. http://data. worldbank. org/indicator/NE. EXP. GNFS. ZS.

——. 2019a. "International Migrant Stock (% of population). " Accessed March 18, 2019. https://data. worldbank. org/indicator/SM. POP. TOTL. ZS? locations = US&year_high_desc = false.

——. 2019b. "International Migrant Stock, Total. " Accessed March 18, 2019. https://data. worldbank. org/indicator/SM. POP. TOTL?locations = US&year_ high_desc = true.

Yeaple, Stephen. 2018. "The Innovation Activities of Multinational Enterprises and the Demand for Skilled Worker, Non – Immigrant Visas. " In *High – Skilled Migration to the United States and Its Economic Consequences*, ed. Gordon H. Hanson, William R. Kerr, and Sarah Turner. Chicago: University of Chicago Press.

第二章

Agrawal, A. , Cockburn, I. , Galasso, A. , and Oettl, A. (2014). Why are some regions more innovative than others? The role of small firms in the presence of large labs. *Journal of Urban Economics*, 81: 149–165.

Arora, A. , Belenzon, S. , and Patacconi, A. (2018). The decline of science in corporate R&D. *Strategic Management Journal*, 39(1): 3–32.

Arora, A. , Belenzon, S. , and Sheer, L. (2017). Back to Basics: Why do Firms Invest in Research?

Arora, A. , Cohen, W. M. , and Walsh, J. P. (2016). The acquisition and commercialization of invention in American manufacturing: Incidence and impact. *Research Policy*, 45(6): 1113–1128.

Arora, A. , Fosfuri, A. , and Gambardella, A. (2004). *Markets for technology: The economics of innovation and corporate strategy*. MIT press.

Arora, A. and Gambardella, A. (1994). The changing technology of technological change: general and abstract knowledge and the division of innovative labour. *Research Policy*, 23(5): 523–532.

Atkinson, R. C. and Blanpied, W. A. (2008). Research Universities: Core of the US science and technology system. *Technology in Society*, 30(1): 30–48.

Azoulay, P. (2002). Do pharmaceutical sales respond to scientific evidence? *Journal of Economics & Management Strategy*, 11(4): 551–594.

Azoulay, P. , Fuchs, E. , Goldstein, A. P. , and Kearney, M. (2019). Funding breakthrough research: promises and challenges of the ARPA Model. Innovation Policy and the Economy, 19(1): 69–96.

Azoulay, P. , J. S. G. Zivin, J. S. , Li, D. , and Sampat, B. N. (2018). Public R&D investments and private-sector patenting: evidence from NIH funding rules. The Review of Economic Studies, 86(1): 117–152.

Bhaskarabhatla, A. and Hegde, D. (2014). An organizational perspective on patenting and open innovation. *Organization Science*, 25(6): 1744–1763.

Bikard, M. (2015). Peer-Based Knowledge Validation: A Hurdle to the Flow of Academic Science to Inventors. Available at SSRN, 2333413.

Birr, K. (1979). Industrial research laboratories. The Sciences in the American Context (Washington, DC, 1979).

Block, F. and Keller, M. R. (2009). Where do innovations come from? Transformations in the US economy, 1970–2006. *Socio-Economic Review*, 7 (3): 459–483.

Bloom, N. , Jones, C. I. , Van Reenen, J. , and Webb, M. (2017). Are ideas getting harder to find? Working Paper, National Bureau of Economic Research.

Boroush, M. (2017). National Patterns of R&D Resources: 2014–15 Data Update. Technical Report NSF 17-311, National Science Foundation, Arlington, VA.

Bromberg, J. L. (1991). *The laser in America*, 1950–1970. Cambridge, Mass. : MIT Press, c1991.

Bruce, R. V. (1987). *The launching of modern American science, 1846-1876*. New York: Knopf: Distributed by Random House, 1987.

Bush, V. (1945). Science: The endless frontier. Transactions of the Kansas Academy of Science (1903–), 48 (3): 231–264.

Chesbrough, H. (2002). Graceful exits and missed opportunities: Xerox's management of its technology spin-off organizations. *Business History Review*, 76 (4): 803–837.

Chesbrough, H. (2003). The governance and performance of Xeroxs technology spin-off companies. *Research Policy*, 32 (3): 403–421.

Cohen, W. M. , Nelson, R. R. , and Walsh, J. P. (2002). Links and impacts: the influence of public research on industrial R&D. *Management Science*, 48 (1): 1–23.

Council, N. R. (1980). Industrial research laboratories of the United States, including consulting research laboratories. Washington, D. C. : National Research Council of the National Academy of Sciences.

Council, N. R. (1998). Industrial research laboratories of the United States, including consulting research laboratories. Washington, D. C. : National Research Council of the National Academy of Sciences.

Flamm, K. (1988). Creating the computer: government, industry, and high technology. Brookings Institution Press.

Furman, J. L. and MacGarvie, M. (2009). Academic collaboration and organizational innovation: the development of research capabilities in the US pharmaceutical industry, 1927–1946. *Industrial and Corporate Change*, 18 (5): 929–961.

Gambardella, A. (1995). *Science and innovation: The US pharmaceutical industry during the 1980s*. Cambridge University Press.

Geiger, R. L. (1986). *To advance knowledge: the growth of American research universities, 1900-1940*. New York: Oxford University Press, 1986.

Geiger, R. L. (1993). *Research and relevant knowledge: American research universities since World War II*. New York: Oxford University Press, 1993.

Geiger, R. L. (2004). *Knowledge and money: research universities and the paradox of the marketplace*. Stanford, Calif. : Stanford University Press, 2004.

Gertner, J. (2013). *The idea factory: Bell Labs and the great age of American innovation*. New York: Penguin Books, 2013.

Gomory, R. E. (1985). Research in industry. Proceedings of the American Philosophical Society, 129(1): 26-29.

Gordon, R. J. (2016). *The rise and fall of American growth: the U. S. standard of living since the Civil War*. Princeton Economic History of the Western World. Princeton, [New Jersey]; Oxford, [England]: Princeton University Press, 2016.

Graham, S. J. , Marco, A. C. , and Myers, A. F. (2018). Patent transactions in the marketplace: Lessons from the uspto patent assignment dataset. *Journal of Economics & Management Strategy*, 27(3): 343-371.

Grindley, P. C. and Teece, D. J. (1997). Managing intellectual capital: licensing and cross-licensing in semiconductors and electronics. *California management review*, 39(2): 8-41.

Guellec, D. and de La Potterie, B. V. P. (2007). *The economics of the European patent system: IP policy for innovation and competition*. Oxford University Press on Demand.

Guenther, A. , Kressel, H. , and Krupke, W. (1991). Epiloge: The Laser Now and in the Future. In *The Laser in America*, 1950-1970, pages 228-248. MIT Press, Cambridge, Mass.

Hartmann, P. and Henkel, J. (2019). The Rise of Corporate Science in AI.

Hecht, J. (1992). Laser Pioneers. Academic Press Inc. , San Diego, revised edition.

Henderson, R. , Jaffe, A. B. , and Trajtenberg, M. (1998). Universitiesas a source of commercial technology: a detailed analysis of university patenting, 1965-1988. *Review of Economics and statistics*, 80(1): 119-127.

Hicks, D. (1995). Published papers, tacit competencies and corporate management of the public/private character of knowledge. *Industrial and Corporate Change*, 4(2): 401-424.

Hiltzik, M. A. and others (1999). *Dealers of lightning: Xerox PARC and the dawn of the computerage*. Harper Collins Publishers.

Holbrook, D. , Cohen, W. M. , Hounshell, D. A. , and Klepper, S. (2000). The nature, sources, and consequences of firm differences in the early history of the semiconductor industry. *Strategic Management Journal*, 21(1011): 1017-1041.

Hounshell, D. and Smith, J. K. J. (1988). *Science and corporate strategy: Du Pont R&D, 1902-1980*. Cambridge [Cambridgeshire]; New York: Cambridge

University Press, 1988. 48.

Hounshell, D. A. (1988). The Making of the Synthetic Fiber Industry in the United States.

Hvide, H. K. and Jones, B. F. (2018). University Innovation and the Professor's Privilege. *American Economic Review*, 108(7): 1860–98.

Jaffe, A. B. and Lerner, J. (2006). Innovation and its discontents. *Innovation Policy and the Economy*, 6: 27–65.

Kandel, E. , Kosenko, K. , Morck, R. , and Yafeh, Y. (2018). The great pyramids of America: Arevised history of US business groups, corporate ownership, and regulation, 1926–1950. *Strategic Management Journal.*

Kapoor, R. (2013). Persistence of integration in the face of specialization: How firms navigated the winds of disintegration and shaped the architecture of the semiconductor industry. *Organization Science*, 24(4): 1195–1213.

Kevles(1979). Physics, Mathematics, and Chemistry Communities. In Oleson, A. and Voss, J. , editors, *The Organization of knowledge in modern America, 1860-1920*, pages 139–172. Johns Hopkins University Press, Baltimore.

Kevles, D. (1979). The physics, mathematics, and chemistry communities: A comparative analysis. In Oleson, A. and Voss, J. , editors, *The Organization of Knowledge in Modern America, 1860-1920*, pages 139-172. Johns Hopkins University Press, Baltimore.

Klepper, S. (2015). *Experimental capitalism: the nanoeconomics of American high-tech industries*. Princeton University Press.

Kline, R. R. (1992). *Steinmetz*. Johns Hopkins University Press.

Kuznets, S. (1971). Nobel Prize Lecture: Modern Economic Growth: Findings and Reflections. Nobelprize. org.

Lamoreaux, N. R. and Sokoloff, K. L. (1999). Inventors, firms, and the market for technology in the late nineteenth and early twentieth centuries. In Learning by doing in markets, firms, and countries, pages 19-60. University of Chicago Press.

Le, Q. V. , Ranzato, M. , Monga, R. , Devin, M. , Chen, K. , Corrado, G. S. , Dean, J. , and Ng, A. Y. (2011). Building high-level features using large scale unsupervised learning. arXiv: 1112. 6209[cs]. arXiv: 1112. 6209.

Lecuona Torras, R. (2017). Adjust the mirror: The pioneering role of firms that develop products and general purpose technologies in introducing architectural innovations.

Lee, J. (2003). Innovation and strategic divergence: An empirical study of the US pharmaceutica lindustry from 1920 to 1960. *Management Science*, 49 (2): 143–159.

Lerner, J. (2000). Assessing the contribution of venture capital. the *RAND Journal of Economics*, 31(4): 674–692.

Maclaurin, W. R. (1953). The sequence from invention to innovation and its relation to economic growth. *The Quarterly Journal of Economics*, pp. 97-111.

Mahoney, T. (1959). *The merchants of life: an account of the American pharmaceutical industry.* Harper.

Malerba, F. (1985). *The semiconductor business: The economics of rapid growth and decline.* University of Wisconsin Press.

Markel, H. (2013). Patents, Profits, and the American People—The Bayh-Dole Act of 1980. *New England Journal of Medicine*, 369(9): 792–794.

Marx, M. (2019). Patent Citations to Science. type: dataset.

Mazzucato, M. (2015). The entrepreneurial state: debunking public vs. private sector myths. NewYork, NY: Public Affairs[2015].

Mazzucato, M. (2018). Mission-oriented innovation policies: challenges and opportunities. *Industrial and Corporate Change*, 27(5): 803–815.

Merrill, S. A. (2018). Righting the Research Imbalance. Technical report, The Center for Innovation Policy at Duke Law.

Moser, P. and Voena, A. (2012). Compulsory licensing: Evidence from the trading with the enemyact. *American Economic Review*, 102(1): 396–427.

Mowery, D. (1997). The Bush report after 50 years: blueprint or relic? Science for the 21stcentury. Washington, DC: American Enterprise Institute.

Mowery, D. and Rosenberg, N. (1998). *Paths of innovation: technological change in 20th-century America.* Cambridge; New York: Cambridge University Press, 1998.

Mowery, D. C. (2009). Plus ca change: Industrial R&D in the third industrial revolution. *Industrial and corporate change*, 18(1): 1–50.

Mowery, D. C. and Rosenberg, N. (1991). *Technology and the pursuit of economic growth.* Cambridge University Press.

Mowery, D. C. and Rosenberg, N. (1993). The US national innovation system. In *National innovation systems: A comparative analysis*, pages 29–75. Oxford University Press.

Mowery, D. C. and Rosenberg, N. (1999). *Paths of innovation: Technological change in 20th-century America.* Cambridge University Press.

Mowery, D. C. and Sampat, B. N. (2004). The Bayh-Dole Act of 1980 and university industry technology transfer: a model for other OECD governments? *The Journal of Technology Transfer*, 30(1–2): 115–127.

Nelson, R. R. (1959). The simple economics of basic scientific research. *Journal of Political Economy*, 67(3): 297–306.

Odlyzko, A. (1995). The decline of unfettered research. Unpublished, University of Minnesota, http://www.dtc.umn.edu/~odlyzko/doc/decline.txt.

Ouellette, L. and Tutt, A. (2019). How Do Patent Incentives Affect University Researchers?

Pisano, G. P. (2006). *Science business: The promise, the reality, and the future of biotech.* Harvard Business Press.

Pisano, G. P. (2010). The evolution of science-based business: innovating how we innovate. *Industrial and corporate change*, 19(2): 465–482.

Rao, A. and Scaruffi, P. (2013). A History of Silicon Valley: The Greatest Creation of Wealth in the History of the Planet, 1900–2013. Omniware group.

Reich, L. S. (1985). The making of American industrial research: science and business at GE and Bell, 1876 – 1926. Cambridge University Press, Cambridge Cambridgeshire; New York.

Robbins, C. A. (2009). Measuring payments for the supply and use of intellectual property. In International trade in services and intangibles in the era of globalization, pages 139–171. University of Chicago Press.

Rosenberg, N. (1994). Exploring the black box: Technology, economics, and history. Cambridge University Press.

Rowland, H. A. (1883). A plea for pure science. *Science*, 2(29): 242–250.

Sampat, B. N. (2012). Mission-oriented biomedical research at the NIH. *Research Policy*, 41(10): 1729–1741.

Schawlow, A. L. and Townes, C. H. (1958). Infrared and optical masers. *Physical Review*, 112(6): 1940.

Serrano, C. J. (2010). The dynamics of the transfer and renewal of patents. *The RAND Journal of Economics*, 41(4): 686–708.

Shils, E. (1979). The order of learning in the US: The Ascendancy of the University. In Oleson, A. and Voss, J., editors, The Organization of knowledge in modern America, 1860 – 1920, pages 19 – 50. Johns Hopkins University Press, Baltimore.

Snyder, T. D. (1993). 120 years of American education: A statistical portrait. DIANE Publishing.

Stokes, D. E. (2011). Pasteur's quadrant: Basic science and technological innovation. Brookings Institution Press.

Sun, C., A. Shrivastava, S. Singh, and A. Gupta. 2017. "Revisiting Unreasonable Effectiveness of Data in Deep Learning Era." In *Proceedings of the IEEE International Conference on Computer Vision*, 843–52. https://doi.org/10.1109/ICCV.2017.97.

Tether, B. S. 1998. "Small and Large Firms: Sources of Unequal Innovations?"

Research Policy 27 (7): 725–45.

Tilton, J. E. 1971. *International Diffusion of Technology: The Case of Semiconductors*, vol. 4. Washington, DC: Brookings Institution Press.

Usselman, S. 1999. "Patents, Engineering Professionals, and the Pipelines of Innovation: The Internalization of Technical Discovery by Nineteenth – Century American Railroads. " In *Learning by Doing in Markets, Firms, and Countries*, 61–102. Chicago: University of Chicago Press.

Vagelos, P. R. , and L. Galambos. 2004. *Medicine, Science and Merck*. New York: Cambridge University Press.

Watzinger, M. , T. A. Fackler, M. Nagler, and M. Schnitzer. 2017. " How Antitrust Enforcement Can Spur Innovation: Bell Labs and the 1956 Consent Decree. " CEPR Discussion Paper no. DP11793 (January) . https: // ssrn. com/ abstract = 2904315.

Weart, S. R. 1979. "The Physics Business inAmerica, 1919 – 1940: A Statistical Reconnaissance. " In *The Sciences in the American Context: New Perspectives*, ed. Nathan Reingold, 295–358. Washington, DC: Smithsonian Institution Press.

Wessner, C. W. 2001. *Capitalizing on NewNeeds andNew Opportunities: Government –Industry Partnerships in Biotechnology and Information Technologies*. Washington, DC: National Academy Press.

Wise, G. 1985. *Willis R. Whitney, General Electric, and the Origins of US Industrial Research*. New York: Columbia University Press.

Wu, Y. , M. Schuster, Z. Chen, Q. V. Le, M. Norouzi, W. Macherey, M. Krikun, Y. Cao, Q. Gao, K. Macherey, et al. 2016. "Google' s NeuralMachine Translation System: Bridging the Gap between Human and Machine Translation. " arXiv preprint arXiv: 1609. 08144.

第三章

Abrams, D. , and B. Sampat. 2019. " Drug Patent Citations and Value. " Working Paper no. 19 – 34, University of Pennsylvania Institute for Law and Economics.

Acemoglu, D. , and J. Linn. 2004. "Market Size in Innovation: Theory and Evidence from the Pharmaceutical Industry. " *Quarterly Journal of Economics* 119 (3): 1049–90.

Alesina, A. , S. Ardagna, G. Nicoletti, and F. Schiantarelli. 2005. "Regulation and Investment. " *Journal of the European Economic Association* 3: 791–825.

Allain, M. –L. , E. Henry, and M. Kyle. 2015. "Competition and the Efficiency of Markets for Technology. " *Management Science* 62 (4): 1000.

Angell, M. 2004. *The Truth about Drug Companies: How They Deceive Us and What to Do about It.* New York: Random House.

Azoulay, P. 2002. "Do Pharmaceutical Sales Respond to Scientific Evidence?" *Journal of Economics and Management Strategy* 11 (4): 551-94.

Azoulay, P., E. Fuchs, A. P. Goldstein, and M. Kearney. 2019a. "Funding Break-through Research: Promises and Challenges of the 'ARPA Model.'" *Innovation Policy and the Economy* 19: 69-96. https://doi. org/10. 1086/699933.

Azoulay, P., J. G. Zivin, D. Li, and B. Sampat. 2019b. "Public R&D investments and private sector patenting: Evidence from NIH funding rules." *Review of Economic Studies* 86 (1): 117-52.

Azoulay, P., J. S. G. Zivin, and G. Manso. 2011. "Incentives and Creativity: Evidence from the Academic Life Sciences." *The RAND Journal of Economics* 42 (3): 527-54. http://www. jstor. org/stable/23046811.

———. 2013. "National Institutes of Health Peer Review: Challenges and Avenues for Reform." *Innovation Policy and the Economy* 13 (1): 1-22. http://www. jstor. org/stable/10. 1086/668237.

Bagley, N., B. Berger, A. Chandra, C. Garthwaite, and A. D. Stern. 2019. "The Orphan Drug Act at 35: Observations and an Outlook for the Twenty-First Century. *Innovation Policy and the Economy* 19: 97-137. https://doi. org/10. 1086/699934.

Blume-Kohout, M. E. 2012. "Does Targeted, Disease-Specific Public Research Funding Influence Pharmaceutical Innovation?" *Journal of Policy Analysis and Management* 31 (6): 641-60.

Blume-Kohout, M. E., and N. Sood. 2013. "The Impact of Medicare Part D on Pharmaceutical R&D." *Journal of Public Economics* 97: 327-36.

Budish, E., B. N. Roin, and H. Williams. 2015. "Do Fixed Patent Terms Distort Innovation? Evidence from Cancer Clinical Trials." *American Economic Review* 105 (7): 2044-85.

Centers for Disease Control and Prevention. 2015. *National Vital Statistics Reports.* Tech. rep., Washington, DC: Centers for Disease Control and Prevention.

Chaudhuri, S., P. K. Goldberg, and P. Jia. 2006. "Estimating the Effects of Global Patent Protection in Pharmaceuticals: A Case Study of Quinolones in India." *American Economic Review* 96 (5): 1477-1514.

Cockburn, I. M. 2006. "Is the Pharmaceutical Industry in a Productivity Crisis?" Working Paper, NBER, Cambridge, MA.

Cockburn, I. M., and R. M. Henderson. 2000. "Publicly Funded Science and the Productivity of the Pharmaceutical Industry." *Innovation Policy and the Economy*

1: 1–34. http://www. jstor. org/stable/25056140.

——. 2001. "Scale and Scope in Drug Development: Unpacking the Advantages of Size in Pharmaceutical Research. " *Journal of Health Economics* 20 (6): 1033–57.

Cunningham, C. , F. Ederer, and S. Ma. 2019. "Killer Acquisitions. "Working Paper no. 3241707(March). https://doi. org/10. 2139/ssrn. 3241707.

Cutler, D. M. , M. Chernow, K. Ghosh, and M. B. Landrum. 2017. *Understanding the Improvement in Disability Free Life Expectancy in the U. S. Elderly Population.* Chicago: University of Chicago Press.

Cutler, D. M. , G. Long, E. R. Berndt, J. Royer, A. –A. Fournier, A. Sasser, and P. Cremieux. 2007. "The Value of Antihypertensive Drugs: A Perspective on Medical Innovation. "*Health Affairs* 26 (1): 97 – 100. http://content. healthaffairs. org/cgi/content/abstract/26/1/97.

Danzon, P. M. , S. Nicholson, and N. S. Pereira. 2005. "Productivity in Pharmaceutical – Biotechnology R&D: The Role of Experience and Alliances. " *Journal of Health Economics* 24 (2): 317–39.

David, P. A. , B. H. Hall, and A. A. Toole. 2000. "Is Public R&D a Complement or Substitute for Private R&D? A Review of the Econometric Evidence. "*Research Policy* 29: 497–529.

deMouzon, O. , P. Dubois, F. S. Morton, and P. Seabright. 2015. "Market Size and Pharmaceutical Innovation. " *RAND Journal of Economics* 46 (4): 844 – 71. DiMasi, J. A. , H. G. Grabowski, and R. W. Hansen. 2016. "Innovation in the Pharmaceutical Industry: New Estimates of R&D Costs. " *Journal of Health Economics* 47: 20–33. http://www. sciencedirect. com/science/article/pii/S0167629616000291.

DiMasi, J. A. , R. W. Hansen, and H. G. Grabowski. 2003. "The Price of Innovation: New Estimates of Drug Development Costs. " *Journal of Health Economics* 22(2): 151–85.

Dranove, D. , C. Garthwaite, and M. Hermosilla. 2014. "Pharmaceutical Profits and the Social Value of Innovation. " Working Paper no. 20212 (June). http:// www. nber. org/papers/w20212.

Duggan, M. 2005. "Do New Prescription Drugs Pay for Themselves?: The Case of Second – Generation Antipsychotics. " Journal of Health Economics 24(1): 1 – 31. http://www. sciencedirect. com/science/article/pii/S016762960400102X.

Duggan, M. , and W. Evans. 2008. "Estimating the Impact of Medical Innovation: A Case Study of HIV Antiretroviral Treatments. "*Forum for Health Economics and Policy* 11 (2): 1–37.

Duggan, M. , C. Garthwaite, and A. Goyal. 2016. "The Market Impacts of

Pharmaceutical Product Patents in Developing Countries: Evidence from India. "
American Economic Review, 106 (1): 99 – 135. http: // www. aeaweb. org/ articles ?
id = 10. 1257/ aer. 20141301.

Epstein, A. J. , and J. D. Ketcham. 2014. "Information Technology and Agency
in Physicians' Prescribing Decisions. " *RAND Journal of Economics* 45 (2): 422–48.

European Center for Disease Control. 2018. "Surveillance of antimicrobial
resistance in Europe 2017. " https: // ecdc. europa. eu/ sites/ portal/ files/ documents/
EARS–Net–report–2017–update–jan–2019. pdf.

European Commission Competition DG. 2009. "Pharmaceutical Sector Inquiry
Final Report. " European Commission. https: // ec. europa. eu/ competition/ sectors/
pharmaceuticals/ inquiry/ staff_working_paper_part1. pdf.

Fernandez, F. , and D. Zejcirovic. 2018. "The Role of Pharmaceutical Promotion
to Physicians in the Opioid Epidemic. " doi: 10. 13140/ RG. 2. 2. 13344. 43527.

Finkelstein, A. 2004. "Static and Dynamic Effects of Health Policy: Evidence
from the Vaccine Industry. " *Quarterly Journal of Economics* (May): 527–64.

Fraja, G. D. 2016. "Optimal Public Funding for Research: a Theoretical
Analysis. "*The RAND Journal of Economics* 47 (3): 498–528. http: // www. jstor. org/
stable/ 43895655.

Furman, J. L. , F. Murray, and S. Stern. 2012. "Growing Stem Cells: The
Impact of Federal Funding Policy on the U. S. Scientific Frontier. "*Journal of Policy
Analysis and Management* 31 (3): 661–705.

Gaessler, F. , and S. Wagner. 2019. "Patents, Data Exclusivity, and the
Development of New Drugs. " Working Paper no. 3401226 (June), SSRN. https: //
doi. org/ 10. 2139/ ssrn. 3401226.

Garber, S. 2013. *Economic Effects of Product Liability and Other Litigation
Involving the Safety and Effectiveness of Pharmaceuticals*. Tech. rep. , RAND
Corporation.

Garthwaite, C. , and M. Duggan. 2012. "Empirical Evidence on the Value of
Pharmaceuticals. " In *Empirical Evidence on the Value of Pharmaceuticals*,
ed. P. M. Danzon and S. Nicholson. Oxford: Oxford University Press.

Garthwaite, C. L. 2012. "The Economic Benefits of Pharmaceutical Innovations: the
Case of Cox–2 Inhibitors. " *American Economic Journal: Applied Economics* 4 (3):
116–37.

Grabowski, H. G. , and M. K. Kyle. 2012. "Mergers, Acquisitions and
Alliances. " In *The Oxford Handbook of the Economics of the Biopharmaceutical
Industry*, ed. P. M. Danzon and S. Nicholson, 552 – 77. Oxford: Oxford University
Press.

Guedj, I. , and D. Scharfstein. 2004. "Organizational Scope and Investment: Evidence from the Drug Development Strategies and Performance of Biopharmaceutical Firms."Working Paper 10933, NBER, Cambridge, MA.

Haucap, J. , A. Rasch, and J. Stiebale. 2019. " How Mergers Affect Innovation: Theory and Evidence from the Pharmaceutical Industry. " *International Journal of Industrial Organization* 63: 283–325.

Heffernan, A. , G. S. Cooke, S. Nayagam, M. Thursz, and T. B. Hallett. 2019. "Scaling Up Prevention and Treatment Towards the Elimination of Hepatitis C: A Global Mathematical Model. " *Lancet* 393 (10178): 1319–29.

Hegde, D. 2009. "Political Influence behind the Veil of Peer Review: An Analysis of Public Biomedical Research Funding in the United States. " *Journal of Law and Economics* 52 (4): 665–90.

Hellerstein, J. K. 1998. " Public Funds, Private Funds, and Medical Innovation: How Managed Care Affects Public Funds for Clinical Research. " *American Economic Review* 88(2): 112–6. http://www. jstor. org/stable/116903.

Hemphill, C. S. , and B. N. Sampat. 2012. "Evergreening, Patent Challenges, and Effective Market Life in Pharmaceuticals. " *Journal of Health Economics* 31 (2): 327–39.

Howard, D. H. , M. E. Chernew, T. Abdelgawad, G. L. Smith, J. Sollano, and D. C. Grabowski. 2016. "New Anticancer Drugs Associated with Large Increases in Costs and Life Expectancy. " *Health Affairs* 35 (9): 1581–7.

Iizuka, T. 2007. "Experts' Agency Problems: Evidence from the Prescription Drug Market in Japan. " *RAND Journal of Economics* 38 (3): 844–62.

——. 2012. "Physician Agency and Adoption of Generic Pharmaceuticals. " *American Economic Review* 102 (6): 2826 – 58. http://www. aeaweb. org/articles? id = 10. 1257/aer. 102. 6. 2826.

Jacobson, M. , C. C. Earle, M. Price, and J. P. Newhouse. 2010. " How Medicare's Payment Cuts for Cancer Chemotherapy Drugs Changed Patterns of Treatment. "*Health Affairs* 29 (7), 1391–99.

Janakiraman, R. , S. Dutta, C. Sismeiro, and P. Stern. 2008. " Physicians' Persistence and Its Implications for Their Response to Promotion of Prescription Drugs. "*Management Science* 54 (6): 1080–93.

Jayachandran, S. , A. Lleras – Muney, and K. V. Smith. 2010. " Modern Medicine and the Twentieth Century Decline in Mortality: Evidence on the Impact of Sulfa Drugs. " *American Economic Journal: Applied Economics* 2: 118–46.

Jones, B. F. 2011. "As Science Evolves, How Can Science Policy?" *Innovation Policy and the Economy*, 11(1): 103–31. http://www. jstor. org/stable/10. 1086/655820.

Kaplan, S. N. 2018. "Are US Companies Too Short – Term Oriented? Some Thoughts. " *Innovation Policy and the Economy* 18: 107 – 24. https://doi.org/10.1086/694409.

Kremer, M. , and R. Glennerster. 2004. *Strong Medicine: Creating Incentives for Pharmaceutical Research on Neglected Diseases.* Princeton: Princeton University Press.

Kremer, M. , and C. M. Snyder. 2003. "Why Are Drugs More Profitable Than Vaccines?" Working Paper, NBER, Cambridge, MA.

Krieger, J. L. , D. Li, and D. Papanikilaou. 2018. *Missing Novelty in Drug Development.* Tech. rep. , Working Paper 24595, NBER, Cambridge, MA.

Kyle, M. 2018. " Are Important Innovations Rewarded? Evidence from Pharmaceutical Markets. "*Review of Industrial Organization* 53 (1): 211–34.

Kyle, M. , and Y. Qian. 2014. "Intellectual Property Rights and Access to Innovation: Evidence from TRIPS. " Working Paper 20779, NBER, Cambridge, MA.

Kyle, M. , D. Ridley, and S. Zhang. 2017. "Strategic Interaction among Governments in the Provision of a Global Public Good. " *Journal of Public Economics* 156: 185–99.

Kyle, M. K. , and A. M. McGahan. 2012. " Investments in Pharmaceuticals Before and After TRIPS. " *Review of Economics and Statistics* 94(4): 1157–72.

Li, D. 2017. "Expertise versus Bias in Evaluation: Evidence from the NIH. " *American Economic Journal: Applied Economics* 9(2): 60–92.

Li, D. , and L. Agha. 2015. "Big Names or Big Ideas: Do Peer Review Panels Select the Best Science Proposals?" *Science* 348 (6233): 434–8.

Lichtenberg, F. , and J. Waldfogel. 2009. " Does Misery Love Company? Evidence from Pharmaceutical Markets before and after the Orphan Drug Act. " *Michigan Telecommunications and Technology Law Review* 15 (2): 335–57.

Lichtenberg, F. R. 2001. "The Allocation of Publicly Funded Biomedical Research. " In *Medical Care Output and Productivity*, ed. D. M. Cutler and E. R. Berndt, 565–90. University of Chicago Press. http://www.nber.org/chapters/c7642.

Light, D. W. , and J. R. Lexchin. 2012. " Pharmaceutical Research and Development: What Do We Get for All That Money?" *BMJ* 345. https://www.bmj.com/content/345/bmj.e4348.

Love, J. 2011. " De – linking R&D Costs from Product Prices. " http://www.who.int/phi/news/phi_cewg_1stmeet_10_KEI_submission_en.pdf.

Manning, R. L. 1994. "Changing Rules in Tort Law and the Market for Childhood Vaccines. " *Journal of Law and Economics* 37 (1): 247 – 75. http://www.jstor.org/stable/725611.

Murphy, K. M. , and R. H. Topel. 2007. "Social Value and the Speed of

Innovation. " *American Economic Review* 97 (2): 433 – 7. http://www. jstor. org/ stable/30034490.

Organization for Economic Cooperation and Development. 2019. "OECD Health Statistics. "stats. oecd. org.

Reniers, G. , E. Slaymaker, J. Nakiyingi – Miiro, C. Nyamukapa, A. C. Crampin, K. Herbst, M. Urassa, et al. 2014. "Mortality Trends in the Era of Antiretroviral Therapy: Evidence from the Network for Analysing Longitudinal Population Based HIV/AIDS Data on Africa (ALPHA). " AIDS 28: S533–42.

Scott Morton, F. , and C. Shapiro. 2016. "Patent Assertions: Are We Any Closer to Aligning Reward to Contribution?" *Innovation Policy and the Economy* 16: 89–133. https://doi. org/10. 1086/684987.

Stern, A. D. 2017. "Innovation Under Regulatory Uncertainty: Evidence from Medical Technology. "*Journal of Public Economics* 145: 181–200.

Toole, A. 2012. "The Impact of Public Basic Research on Industrial Innovation: Evidence from the Pharmaceutical Industry. " *Research Policy* 41: 1–12.

——. 2007. "Does Public Scientific Research Complement Private Investment in Research and Development in the Pharmaceutical Industry?" *Journal of Law and Economics* 50 (1): 81–104.

US Government Accountability Office. 2014. *Research Priority Setting, and Funding Allocations across Selected Diseases and Conditions*. Tech. rep. http:// www. gao. gov/products/GAO–14–246.

Viscusi, W. K. , and M. J. Moore. 1993. "Product Liability, Research and Development, and Innovation. " *Journal of Political Economy* 101 (1): 161–84.

Ward, M. R. , and D. Dranove. 1995. "The Vertical Chain of Research and Development in the Pharmaceutical Industry. "*Economic Inquiry* 33(1): 70–87.

Whitney, C. G. , F. Zhou, J. Singleton, and A. Schuchat. 2014. "Benefits from Immunization During the Vaccines for Children Program Era—United States, 1994–2013. "*Mortality and Morbidity Weekly Report* 63(16): 352–5.

Williams, H. L. 2016. "Intellectual Property Rights and Innovation: Evidence from Health Care Markets. " *Innovation Policy and the Economy* 16: 53–87. https:// doi. org/10. 1086/684986.

World Health Organization. 2009. *Towards Universal Access: Scaling Up Priority HIV/AIDS Interventions in the Health Sector*. Tech. rep. , World Health Organization, Geneva, Switzerland.

World Health Organization. 2018. World Health Statistics. Tech. rep. , World Health Organization, Geneva, Switzerland.

Yin, W. 2008. "Market Incentives and Pharmaceutical Innovation. " *Journal of*

Health Economics 27(4): 1060−77.

第四章

Aghion, Philippe, and Peter Howitt (1992), "A Model of Growth through Creative Destruction," *Econometrica*, 60, 323−351.

Aghion, Philippe, and Rachel Griffith (2005), *Competition and Growth: Reconciling Theory and Evidence*, Cambridge, MA: MIT Press.

Aghion, Philippe, Cristopher Harris, Peter Howitt and John Vickers (2001), "Competition, Imitation and Growth with Step − by − Step Innovation", *Review of Economic Studies*, 68, 467−492.

Aghion, Philippe, Nick Bloom, Richard Blundell, Rachel Griffith and Peter Howitt (2005), "Competition and Innovation: An Inverted−U Relationship", *Quarterly Journal of Economics*, 120(2), 701−728.

Amelio, Andrea, Thomas Buettner, Cyril Hariton, Gábor Koltay, Penelope Papandropoulos, Geza Sapi, Tommaso Valletti and Hans Zenger (2018), "Recent Developments at DG Competition: 2017/2018", *Review of Industrial Organization*, 53 (4), 653−679.

Arrow, Kenneth (1962), "Economic Welfare and the Allocation of Resources to Invention." In *The Rate and Direction of Inventive Activity: Economic and Social Factors*, 467−92, Princeton University Press.

Baker, Jonathan (2019), *The Antitrust Paradigm*, Harvard University Press.

Baker, Jonathan (2007), "Beyond Schumpeter vs. Arrow: How Antitrust Fosters Innovation", *Antitrust Law Journal*, 74.

Boik, Andre and Kenneth Corts (2016), "The Effects of Platform MFNs on Competition and Entry", *Journal of Law and Economics*, 59 (1), 105−134.

Bourreau, Marc and Bruno Jullien (2018), "Mergers, Investments and Demand Expansion", *Economics Letters*, 167, 136−141.

Bourreau, Marc, Bruno Jullien and Yassine Lefouili (2018), "Mergers, and Demand−enhancing Innovation", TSE Working Paper, 18−907.

Bourreau, Marc and Alexandre de Streele (2019), "Digital Conglomerates and EU Competition Policy", Report for CERRE, March.

Bresnahan, Timothy, Shane Greenstein, and Rebecca Henderson (2012), "Schumpeterian Competition and Diseconomies of Scope: Illustrations from the Histories of Microsoft and IBM," in *The Rate and Direction of Inventive Activity Revisited*, Josh Lerner and Scott Stern, eds., NBER.

Crémer, Jacques, Yves−Alexandre de Montjoye and Heike Schweitzer (2019), "Competition Policy for the Digitial Era", Report for the European Commission.

Carlton, Dennis and Michael Waldman (2002), "The Strategic Use of Tying to Preserve and Create Market Power in Evolving Industries", *RAND Journal of Economics*, 33(2), 194–220.

Chen, Yongmin and Marius Schwartz (2013), "Product Innovation Incentives: Monopoly vs. Competition", *Journal of Economics & Management Strategy*, 22(3), 513–528.

Choi Jay Pil and Christodoulos Stefanadis (2001), "Tying, Investment and Dynamic Leveraging Theory", *RAND Journal of Economics*, 32(1), 194–220.

Christensen, Clayton (1997), *The Innovator's Dilemma.*

Chugh, Randy, Nathan Goldstein, Eric Lewis, Jeffrey Lien, Deborah Minehart and Nancy Rose (2016), "Economics at the Antitrust Division 2015 – 2016: Household Appliances, Oil Field Services, and Airport Slots", *Review of Industrial Organization*, 46, 535–556.

Carlton, Dennis and Ralph Winter (2018), "Vertical Most – favored – nation Restraints and Credit Card No – surcharge Rules", *The Journal of Law and Economics*, 61(2), 215–251.

Cunningham, Colleen, Florian Ederer, and Song Ma (2019), "Killer Acquisitions," mimeo, available at http://faculty.som.yale.edu/songma/files/cem_killeracquisitions.pdf.

d'Aspremont, Claude and Alexis Jacquemin (1988), "Cooperative and Non – cooperative R&D in Duopoly with Spillovers", *American Economic Review*, 78(5), 1133–1137.

Denicolò, Vincenzo and Michele Polo (2018), "Duplicative Research, Mergers and Innovation", *Economics Letters*, 166, 56–59.

Farrell, Joseph and Carl Shapiro (2010), "Antitrust Evaluation of Horizontal Mergers: An Economic Alternative to Market Definition," *Berkeley Economic Journal of Theoretical Economics: Policies and Perspectives*, 10.

Federico, Giulio (2017), "Horizontal Mergers, Innovation and the Competitive Process", *Journal of European Competition Law & Practice*, 8(10), 668–677.

Federico, Giulio, Gregor Langus and Tommaso Valletti (2017), "A Simple Model of Mergers and Innovation", *Economics Letters*, 157, 136–140.

Federico, Giulio, Gregor Langus and Tommaso Valletti (2018), "Horizontal Mergers and Product Innovation", *International Journal of Industrial Organization*, 59, 1–23.

Fumagalli, Chiara and Massimo Motta (2018), "Dynamic Vertical Foreclosure", mimeo.

Gans, Joshua (2011), "When is Static Analysis a Sufficient Proxy for Dynamic

Considerations? Reconsidering Antitrust and Innovation", in Josh Lerner and Scott Stern (eds), *Innovation Policy and the Economy, Volume* 11, NBER, University of Chicago Press.

Gans, Joshua (2016), *The Disruption Dilemma*, MIT Press.

Gilbert, Richard (2019a), "Merger Enforcement for Innovation: Examples and Lessons for Remedies, " mimeo.

Gilbert, Richard (2019b), "Competition, Mergers and R&D Diversity", *Review of Industrial Organization*, 54(3), 465–484.

Gilbert, Richard, Christian Riis and Erlend Riis (2018), "Stepwise innovation by an oligopoly", *International Journal of Industrial Organization*, 61, 413–438.

Gilbert, Richard and Hillary Greene (2015), "Merging Innovation into Antitrust Agency Enforcement of the Clayton Act", *The George Washington Law Review*, 83 (6), 1919–1947.

Gilbert, Richard (2006), "Looking for Mr. Schumpeter: Where Are We in the Competition Innovation Debate?", Chapter 6 in Adam Jaffe, Josh Lerner and Scott Stern (eds.), *Innovation Policy and the Economy*, Volume 6, 159–215.

Gilbert, Richard and Steven Sunshine (1995), "Incorporating Dynamic Efficiency Concerns in Merger Analysis: The Use of Innovation Markets", *Antitrust Law Journal*, 63, 569–601.

Gilbert, Richard and David Newbery (1982), "Preemptive Patenting and the Persistence of Monopoly", *American Economic Review*, 72(3), 514–526.

Greenstein, Shane andGarey Ramey (1998), "Market Structure, Innovation and Vertical Product Differentiation", *International Journal of Industrial Organization*, 16, 285–311.

Haucap, Justus, Alexander Rasch and Joel Stiebale (2019), "How Mergers Affect Innovation: Theory and Evidence", *International Journal of Industrial Organization*, 63, 283–325.

Hill, Nicholas, Nancy Rose, and Tor Winston (2015), "Economics at the Antitrust Division 2014–2015: Comcast/Time Warner Cable and Applied Materials/Tokyo Electron", *Review of Industrial Organization*, 47, 425–435.

Hovenkamp, Herbert and Carl Shapiro (2018), "Horizontal Mergers, Market Structure, and Burdens of Proof", *The Yale Law Journal*, 127(7), 1996–2025.

Igami, Mitsuru and Kosuke Uetake (2019), "Mergers, Innovation, and Entry–Exit Dynamics: Consolidation of the Hard Disk Drive Industry, 1996–2016", mimeo.

Jullien, Bruno and Yassine Lefouili (2018), "Horizontal Mergers and Innovation", *Journal of Competition Law and Economics*, 14 (3), 364–392.

Katz, Michael (2018), "Exclusionary Conduct in Multi–sided Markets", in

OECD, Rethinking Antitrust Tools for Multi-Sided Platforms.

Katz, Michael and Jonathan Sallet (2018), "Multisided Platforms and Antitrust Enforcement", *The Yale Law Journal*, 127(7), 2142-2175.

Katz, Michael, and Howard Shelanski (2005), "Mergers Policy and Innovation: Must Enforcement Change to Account for Technological Change?", in *Innovation Policy and the Economy*, vol. 5, edited by Adam Jaffe, Josh Lerner, and Scott Stern, 109-65. Chicago: University of Chicago Press.

Kühn, Kai-Uwe, Szabolcs Lorincz, Vincent Verouden and Annemiek Wilpshaar (2012), "Economics at DG Competition, 2011-2012", *Review of Industrial Organization*, 41, 251-270.

Kühn, Kai-Uwe and John van Reenen (2009), "Interoperability and Market Foreclosure in the European Microsoft Case", in Bruce Lyons (ed.), *Cases in European Competition Policy. The Economic Analysis*, 50-71. Cambridge University Press.

Kwoka, John (2018), "Reviving Merger Control: A Comprehensive Plan for Reforming Policy and Practice," American Antitrust Institute, available at https://www.antitrustinstitute.org/wpcontent/uploads/2018/10/Kwoka-Reviving-Merger-Control-October-2018.pdf.

Letina, Igor (2016), "The Road Not Taken: Competition and the R&D Portfolio", *RAND Journal of Economics*, 47(2), 433-460.

Loertscher, Simon and Leslie Marx (forthcoming), "Merger Review for Markets with Buyer Power," *Journal of Political Economy*.

Lopez, Angel and Xavier Vives (forthcoming), "Overlapping Ownership, R&D Spillovers, and Antitrust Policy", *Journal of Political Economy*.

Marshall, Guillermo and Alvaro Parra (2018), "Innovation and Competition: The Role of the Product Market", mimeo.

Mermelstein, Ben, Volker Nocke, Mark A. Satterthwaite, and Michael D. Whinston (forthcoming), "Internal versus External Growth in Industries with Scale Economies: A Computational Model of Optimal Merger Policy", *Journal of Political Economy*.

Motta, Massimo and Emanuele Tarantino (2018), "The Effect of Horizontal Mergers, When Firms Compete in Prices and Investments", mimeo.

O'Brien, Daniel and Steven Salop (2000), "Competitive Effects of Partial Ownership: Financial Interest and Corporate Control", *Antitrust Law Journal*, 67, 559-614.

Reinganum, Jennifer F. (1989), "The Timing of Innovation: Research, Development, and Diffusion", Chapter 14 in Richard Schmalensee and Robert D. Willig (eds.), *Handbook of Industrial Organization*, Volume 1, 849-908.

Romer, Paul (1990), "Endogenous Technical Change", *Journal of Political Economy*, 94, 1002–1037.

Rubinfeld, Daniel and John Hoven (2001), " Innovation and Antitrust Enforcement", in Jerry Ellig (ed.), *Dynamic Competition and Public Policy: Technology, Innovation and Antitrust Issues*, Cambridge University Press.

Sah, Raaj Kumar and Joseph Stiglitz (1987), "The Invariance of Market Innovation to the Number of Firms", *The RAND Journal of Economics*, 18 (1), 98–108.

Salop, Steven (2017), " An Enquiry Meet for the Case: Decision Theory, Presumptions, and Evidentiary Burdens in Formulating Antitrust Legal Standards", mimeo.

Schumpeter, Joseph (1942), *Capitalism, Socialism and Democracy*, Harper.

Segal, Ilya and Michael Whinston (2007), "Antitrust in Innovative Industries", *American Economic Review*, 97(5), 1703–1730.

Shapiro, Carl (2003), "Antitrust Limits to Patent Settlements", *RAND Journal of Economics*, 34(2), 391–411.

Shapiro, Carl (2010), " Merger Guidelines: Hedgehog to Fox", *Antitrust Law Journal*, 77, 701–759.

Shapiro, Carl (2012), "Competition and Innovation. Did Arrow Hit the Bull's Eye?", chapter 7 of Josh Lerner and Scott Stern (eds.), *The Rate and Direction of Inventive Activity Revisited*, 361–404.

Shelanski, Howard (2013), "Information, Innovation, and Competition Policy for the Internet", *University of Pennsylvania Law Review*, 161, 1663–1705.

Stigler Center on Regulation, University of Chicago Booth School of Business, Committee for the Study of Digital Platforms, Market Structure and Antitrust Subcommittee Report, 15 May 2019, available at https://research. chicagobooth. edu/–/media/research/ stigler/pdfs/marketstructure—report–as–of–15–may–2019. pdf? la = en&hash = B2F11FB118904F2AD701B78FA24F08CFF1 C0F58F.

Tirole, Jean (1998), *The Theory of Industrial Organization*, Cambridge, MA: MIT Press.

Vickers, John (2010), "Competition Policy and Property Rights", *The Economic Journal*, 120, 375–392.

Vives, Xavier (2008), " Innovation and Competitive Pressure", *Journal of Industrial Economics*, 56(3), 419–469.

Werden, Gregory (1996), "A Robust Test for Consumer Welfare Enhancing Mergers Among Sellers of Differentiated Products, " *Journal of Industrial Economics*, 44, 409–413.

Whinston, Michael (2012), "Comment" on Chapter 7 of Josh Lerner and Scott Stern (eds.), *The Rate and Direction of Inventive Activity Revisited*, 404–410.

第五章

Al – Ubaydli, O. , J. List, and D. Suskind. 2019. "The Science of Using Science: Towards an Understanding of the Threats to Scaling Experiments. "Working Paper no. 25848, NBER, Cambridge, MA.

Andrews, D. , C. Criscuolo, and P. Gal. 2016. "The Best versus the Rest: The Global Productivity Slowdown, Divergence across Firms and the Role of Public Policy. "OECD Productivity Working Papers no. 5, OECD Publishing, Paris.

Ansell, C. K. , and M. Bartenberger. 2016. "Varieties of Experimentalism. " *Ecological Economics* 130: 64–73.

Azoulay, P. 2012. "Turn the Scientific Method on Ourselves. " *Nature* 484: 31–2.

Bakhshi, H. , J. Edwards, S. Roper, J. Scully, D. Shaw, L. Morley, and N. Rathbone. 2013. *Creative Credits: A Randomized Controlled Industrial Policy Experiment*. Nesta Report, London.

Bakhshi, H. , A. Freeman, and J. Potts. 2011. *State of Uncertainty: Innovation Policy through Experimentation*. Nesta Provocation, no. 14, London.

Bechtold, L. A. , and L. Rosendahl Huber. 2018. "Yes I Can! —A Field Experiment on Female Role Model Effects on Entrepreneurship. " *Academy of Management Proceedings* 2018 (1).

Bell, A. , R. Chetty, X. Jaravel, N. Petkova, and J. Van Reenen. 2019. "Who Becomes an Inventor in America? The Importance of Exposure to Innovation. " *Quarterly Journal of Economics* 134 (2): 647–713.

Bertrand, M. , and B. Crépon. 2019. "Teaching Labor Laws: Evidence from a Randomized Control Trial in South Africa. " Mimeo. https: // www. povertyactionlab. org/ sites/default/files/publications/TeachingLaborLaws_Bertrand–Crepon_January 2019. pdf.

Bloom, N. , B. Eifert, A. Mahajan, D. McKenzie, and J. Roberts. 2013. "Does Management Matter? Evidence from India. " *Quarterly Journal of Economics* 128 (1): 1–51.

Bloom, N. , A. Mahajan, D. McKenzie, J. Roberts. 2018. "Do Management Interventions Last? Evidence from India. " Working Paper no. 24249, NBER, Cambridge, MA.

Boudreau, K. , T. Brady, I. Ganguli, P. Gaule, E. Guinan, A. Hollenberg, and K. R. Lakhani. 2017. "A Field Experiment on Search Costs and the Formation of Scientific Collaborations. " *Review of Economics and Statistics* 99 (4): 565–76.

Boudreau, K. J. , E. Guinan, K. R. Lakhani, and C. Riedl. 2016. "Looking

Across and Looking Beyond the Knowledge Frontier: Intellectual Distance, Novelty, and Resource Allocation in Science. " *Management Science* 62 (10).

Boudreau, K. J. , and K. R. Lakhani. 2016. "Innovation Experiments: Researching Technical Advance, Knowledge Production and the Design of Supporting Institutions. " In *Innovation Policy and the Economy*, vol. 16, ed. W. R. Kerr, J. Lerner, and S. Stern. Chicago: University of Chicago Press.

Breckon, J. 2015. *Better Public Services Through Experimental Government*, Nesta Report. London.

Bruhn, M. , D. Karlan, and A. Schoar. 2018. "The Impact of Consulting Services on Small and Medium Enterprises: Evidence from a Randomized Trial in Mexico. " *Journal of Political Economy* 126 (2): 635–87.

Cai, J. , and A. Szeidl. 2018. "Interfirm Relationships and Business Performance. " *Quarterly Journal of Economics* 133 (3): 1229–82.

Campos, F. M. L. , M. Frese, M. Goldstein, L. Iacovone, H. C. Johnson, D. J. McKenzie, and M. Mensmann. 2017. "Teaching Personal Initiative Beats Traditional Training in Boosting Small Business in West Africa. " *Science* 357 (6357): 1287–90.

Camuffo, A. , A. Cordova, and A. Gambardella. 2019. "A Scientific Approach to Entrepreneurial Decision–Making: Evidence from a Randomized Control Trial. " Forthcoming in *Management Science*. https://pubsonline. informs. org/doi/abs/ 10. 1287/mnsc. 2018. 3249.

Cockburn, I. , R. Henderson, and S. Stern. 2018. "The Impact of Artificial Intelligence on Innovation: An Exploratory Analysis. " In *The Economics of Artificial Intelligence: An Agenda*, ed. A. K. Agrawal, J. Gans, and A. Goldfarb. Chicago: University of Chicago Press.

Cornet, M. , B. Vroomen, and M. van der Steeg. 2006. " Do Innovation Vouchers Help SMEs to Cross the Bridge Towards Science?" CPB Discussion Paper no. 58, Netherlands Bureau for Economic Policy Analysis.

Criscuolo, C. , R. Martin, H. G. Overman, and J. Van Reenen. 2019. "Some Causal Effects of an Industrial Policy. " *American Economic Review* 109 (1): 48–85.

Dalziel, M. 2018. "Why Are There (Almost) No Randomised Controlled Trialbased Evaluations of Business Support Programmes?" *Palgrave Communications* 4(12).

Deaton, A. , and N. Cartwright. 2018. "Understanding and Misunderstanding Randomized Controlled Trials. "*Social Science and Medicine* 210: 2–21.

Edler, J. , P. Shapira, P. Cunningham, and A. Gok. 2016. " Conclusions: Evidence on the Effectiveness of Innovation Policy Intervention. " *In Handbook of Innovation Policy Impact*, ed. J. Edler, P. Cunningham, A. Gök, and P. Shapira,

543 – 64. EU – SPRI Forum on Science, Technology and Innovation Policy series. Cheltenham: Edward Elgar.

Edovald, T. , and T. Firpo. 2016. *Running Randomised Controlled Trials in Innovation, Entrepreneurship and Growth: An Introductory Guide*. Innovation Growth Lab, Nesta, London.

Fairlie, R. W. , D. Karlan, and J. Zinman. 2015. "Behind the GATE Experiment: Evidence on Effects of and Rationales for Subsidized Entrepreneurship Training. " *American Economic Journal: Economic Policy* 7 (2): 125–61.

Firpo, T. , and T. Beevers. 2016. "As Much as € 152 Billion Is Spent Across Europe Supporting Businesses: But Does It Work?" https://www. innovationgrowth lab. org/blog/much-%E2%82%AC152-billion-spent-across-europe-supporting-businesses-does-it-work.

Gabriel, M. , J. Ollard, and N. Wilkinson. 2018. *Opportunity Lost: How Inventive Potential Is Squandered and What to Do about It*. Nesta Report, London

Graff Zevin, J. , and E. Lyons. 2018. "Can Innovators Be Created? Experimental Evidence from an Innovation Contest. " Working Paper no. 24339, NBER, Cambridge, MA.

Graves, N. 2011. " Funding Grant Proposals for Scientific Research: Retrospective Analysis of Scores by Members of Grant Review Panel. " *BMJ* 343: d4797. IGL. 2017. The IGL Experimentation Toolkit. London: Innovation Growth Lab, Nesta, London. http://toolkit. innovationgrowthlab. org/home.

Jones, B. F. 2009. " The Burden of Knowledge and the " Death of the Renaissance Man: " Is Innovation Gettinng Harder?" *Review of Economic Studies* 76 (1): 283–317.

Lafortune, J. , and J. Tessada. 2015. *Improving Financial Literacy and Participation of Female Entrepreneurship in Chile*. Final Report to Global Development Network CAF/GDN Project, New Delhi.

LAO. 2016. *California's First Film Tax Credit Program*. California Legislative Analyst's Office Report.

Leatherbee. 2019. "Better Flee from Freedom? Testing the Effects of Structured Accountability on New Venture Performance. " Mimeo.

Lerner, J. 1999. "The Government as Venture Capitalist: The Long – Run Impact of the SBIR Program. " *Journal of Business* 72 (3): 285–318.

McKenzie, D. 2017. "Identifying and Spurring High–Growth Entrepreneurship: Experimental Evidence from a Business Plan Competition. " *American Economic Review* 107 (8): 2278–307.

Meyer, M. N. , P. R. Heck, G. S. Holtzman, S. M. Anderson, W. Cai, D. J. Watts, and C. F. Chabris. 2019. "Objecting to Experiments that Compare Two Unobjectionable Policies or Treatments." *Proceedings of the National Academy of Sciences*, May 28, Washington, DC.

Moberg, S., and C. Jørgensen. 2017. "Entrepreneurial Role Models and Online-Based Entrepreneurship Education: Results from an Ongoing RCT." Danish Entrepreneurship Foundation. Mimeo.

Svensson, P., and R. K. Hartmann. 2017. "Policies to Promote User Innovation: The Case of Makerspaces and Clinician Innovation." MIT Sloan Research Paper no. 5151-15, Cambridge, MA.

Teplitskiy, M., H. Ranu, G. Gray, M. Menietti, E. Guinan, and K. R. Lakhani. 2019. "Do Experts Listen to Other Experts? Field Experimental Evidence from Scientific Peer Review." *Harvard Business School*. Working Paper no. 19 – 107 (April).

Ubfal, D., I. Arraiz, D. Beuermann, M. Frese, A. Maffioli, and D. Verch. 2019. "The Impact of Soft-Skills Training for Entrepreneurs in Jamaica." Working Paper no. 645, IGIER, Milan.

Wagner, R. 2017. "How Does Feedback Impact New Ventures? Fundraising in a Randomized Field Experiment." https://papers.ssrn.com/sol3/papers.cfm?abstract_id=2766566.

Weitzel, U., C. Rigtering, and A. Fenneman. 2019. "Increasing Quantity without Compromising Quality: How Managerial Framing Affects Intrapreneurship." *Journal of Business Venturing* 34 (2): 224-41.

Wuchty, S., B. F. Jones, and U. Brian. 2007. "The Increasing Dominance of Teams in Production of Knowledge." *Science* 316 (5827): 1036-9.

第六章

Abraham, Katharine G., and Melissa S. Kearney. 2018. "Explaining the Decline in the US Employment-to-Population Ratio: A Review of the Evidence." Working Paper no. 24333, NBER, Cambridge, MA.

Acemoglu, Daron. 1996. "A Microfoundation for Social Increasing Returns in Human Capital Accumulation." *Quarterly Journal of Economics* 111 (3): 779-804.

——. 2002. "Directed Technical Change." *Review of Economic Studies* 69: 781-810.

Acs, Zoltan J., and Catherine Armington. 2004. "The Impact of Geographic Differences in Human Capital on Service Firm Formation Rates." *Journal of Urban Economics* 56: 244-78.

Agrawal, Ajay, Christian Catalini, and Avi Goldfarb. 2014. "Some Simple

Economics of Crowdfunding. " *Innovation Policy and the Economy* 14: 63-97.

Austin, Benjamin A. , Edward L. Glaeser, and Lawrence H. Summers. 2018. "Jobs for the Heartland: Place-Based Policies in 21st Century America. " Working Paper no. 24548, NBER, Cambridge, MA.

Autor, David H. , and David Dorn. 2013. "The Growth of Low-Skill Service Jobs and the Polarization of the US Labor Market. " *American Economic Review* 103 (5): 1553-97.

Autor, David H. , David Dorn, and Gordon H. Hanson. 2015. "Untangling Trade and Technology: Evidence from Local Labour Markets. " *Economic Journal* 125 (584): 621-46.

Autor, David H. , and Mark G. Duggan. 2007. "Distinguishing Income from Substitution Effects in Disability Insurance. " *American Economic Review* 97 (2): 119-24.

Barro, Robert J. , and Xavier Sala-I-Martin. 1992. "Convergence. " *Journal of Political Economy* 100 (2): 223-51.

Belenzon, Sharon, and Mark Schankerman. 2013. "Spreading the Word: Geography, Policy, and Knowledge Spillovers. " *Review of Economics and Statistics* 95(3): 884-903.

Berry, Christopher R. , and Edward L. Glaeser. 2005. "The Divergence of Human Capital Levels across Cities. " *Papers in Regional Science* 84 (3): 407-44.

Blanchard, Olivier Jean, and Lawrence F. Katz. 1992. "Regional Evolutions. " *Brookings Papers on Economic Activity* 1: 1-75.

Borjas, George J. 2003. "The Labor Demand Curve Is Downward Sloping: Reexamining the Impact of Immigration on the Labor Market. " *Quarterly Journal of Economics* 118 (4): 1335-74.

Busso, Matias, Jesse Gregory, and Patrick Kline. 2013. "Assessing the Incidence and Efficiency of a Prominent Place Based Policy. " *American Economic Review* 103(2): 897-947.

Cantoni, Davide, and Noam Yuchtman. 2014. "Medieval Universities, Legal Institutions, and the Commercial Revolution. " *Quarterly Journal of Economics* 129 (2): 823-87.

Card, David. 1990. "The Impact of the Mariel Boatlift on the Miami Labor Market. " *ILR Review* 43 (2): 245-57.

DeYoung, Robert, W. Scott Frame, Dennis Glennon, and Peter Nigro. 2011. "The Information Revolution and Small Business Lending: The Missing Evidence. " *Journal of Financial Services Research* 39(1-2): 19-33.

Diamond, Rebecca. 2016. "The Determinants and Welfare Implications of US

Workers' Diverging Location Choices by Skill: 1980-2000. " *American Eco-nomic Review* 106 (3): 479-524.

Doms, Mark, Ethan Lewis, and Alicia Robb. 2010. "Local Labor Force Education, New Business Characteristics, and Firm Performance. " *Journal of Urban Economics* 67 (1): 61-77.

Fallick, Bruce, Charles A. Fleischman, and James B. Rebitzer. 2006. "Job-Hopping in Silicon Valley: Some Evidence Concerning the Microfoundations of a High-Technology Cluster. " *Review of Economics and Statistics* 88(3):472-81.

Fehder, Daniel, Naomi Hausman, and Yael Hochberg. 2019. "Cities and University Commercialization. " Working Paper, Rice University, Houston, TX.

Forman, Chris, Avi Goldfarb, and Shane Greenstein. 2012. "The Internet and Local Wages: A Puzzle. " *American Economic Review* 102 (1): 556-75.

Ganong, Peter, and Daniel Shoag. 2017. "Why Has Regional Income Convergence in the US Declined?" *Journal of Urban Economics* 102: 76-90.

Glaeser, Edward L. , and Matthew E. Kahn. 2004. "Sprawl and Urban Growth. " *In Handbook of Regional and Urban Economics* 4: 2481-527.

Glaeser, Edward L. , and Giacomo A. M. Ponzetto. 2010. "Did the Death of Distance Hurt Detroit and Help New York?" In *Agglomeration Economics*, ed. Edward L. Glaeser, 303-37. Chicago: University of Chicago Press.

——. 2019. "All Jobs Are Local in the Long Run. " Working Paper.

Glaeser, Edward L. , and Albert Saiz. 2004. "The Rise of the Skilled City. " *Brookings- Wharton Papers on Urban Affairs* 5: 47-94.

Glaeser, Edward L. , and Raven E. Saks. 2006. "Corruption in America. " *Journal of Public Economics* 90 (6-7): 1053-72.

Glaeser, Edward L. , José A. Scheinkman, and Andrei Shleifer. 1995. "Economic Growth in a Cross-Section of Cities. " *Journal of Monetary Economics* 36 (1): 117-43.

Glaeser, Edward L. , and Jesse M. Shapiro. 2003. "Urban Growth in the 1990s: Is City Living Back?" *Journal of Regional Science* 43 (1): 139-65.

Glaeser, Edward L. , and Bryce A. Ward. 2009. "The Causes and Consequences of Land Use Regulation: Evidence from Greater Boston. " *Journal of Urban Economics* 65(3):265-78.

Goldin, Claudia, and Robert Margo. 1992. "The Great Compression: The Wage Structure in the United States at Mid-Century. " *Quarterly Journal of Economics* 107 (1): 1-34.

Goldin, Claudia D. , and Lawrence F. Katz. 2009. *The Race between Education and Technology*. Cambridge, MA: Harvard University Press.

Gordon, Robert J. 2017. *The Rise and Fall of American Growth: The US Standard of Living since the Civil War.* Vol. 70. Princeton: Princeton University Press.

Gruber, Jonathan, and Simon Johnson. 2019. "Jump–Starting America: How Breakthrough Science Can Revive Economic Growth and the American Dream." Hachette, UK: Hachette Book Group, Inc.

Hall, Bronwyn H., Adam B. Jaffe, and Manuel Trajtenberg. 2001. "The NBER Patent Citation Data File: Lessons, Insights and Methodological Tools." Working Paper no. 8498, NBER, Cambridge, MA.

Hausman, Naomi. 2018. "University Innovation and Local Economic Growth." Working Paper no. 0_1–63, Hebrew University, Jerusalem.

——. 2019. "Non–Compete Law, Labor Mobility, and Entrepreneurship." Working Paper, Hebrew University, Jerusalem.

Henderson, Rebecca, Adam B. Jaffe, and Manuel Trajtenberg. 1998. "Universities as a Source of Commercial Technology: A Detailed Analysis of University Patenting, 1965–1988." *Review of Economics and Statistics* 80 (1): 119–27.

Holmes, Thomas J. 1998. "The Effect of State Policies on the Location of Manufacturing: Evidence from State Borders." *Journal of Political Economy* 106 (4): 667–705.

Hsieh, Chang–Tai, and Enrico Moretti. 2019. "Housing Constraints and Spatial Misallocation." *American Economic Journal: Macroeconomics* 11(2): 1–39.

Jaffe, Adam B., Manuel Trajtenberg, and Rebecca Henderson. 1993. "Geo–graphic Localization of Knowledge Spillovers as Evidenced by Patent Citations." *Quarterly Journal of Economics* 108 (3): 577–98.

Jevons, William Stanley. 1866. *The Coal Question: An Inquiry Concerning the Progress of the Nation, and the Probable Exhaustion of Our Coal–Mines.* London: Macmillan.

Kantor, Shawn, and Alexander Whalley. 2014. "Knowledge Spillovers from Research Universities: Evidence from Endowment Value Shocks." *Review of Economics and Statistics* 96(1): 171–88.

Kerr, Sari Pekkala, and William R. Kerr. 2018. "Immigrant Entrepreneurship in America: Evidence from the Survey of Business Owners 2007 & 2012." Working Paper no. 24494, NBER, Cambridge, MA.

Kremer, Michael. 1998. "Patent Buyouts: A Mechanism for Encouraging Innovation." *Quarterly Journal of Economics* 113 (4): 1137–67.

Lach, Saul, and Mark Schankerman. 2008. "Incentives and Invention in Universities." *RAND Journal of Economics* 39 (2): 403–33.

Liu, Cheol, and John L. Mikesell. 2014. "The Impact of Public Officials'

Corruption on the Size and Allocation of US State Spending. " *Public Administration Review* 74 (3): 346–59.

Marx, Matt, Deborah Strumsky, and Lee Fleming. 2009. "Mobility, Skills, and the Michigan Non-compete Experiment. "*Management Science* 55 (6): 875–89.

Moretti, Enrico. 2004. "Estimating the Social Return to Higher Education: Evidence from Longitudinal and Repeated Cross – sectional Data. " *Journal of Econometrics* 121(1–2): 175–212.

Okun, Arthur M. 1962. "Potential GNP: Its Measurement and Significance. " Colorado Springs, CO: Cowles Foundation.

Petersen, Mitchell A. , and Raghuram G. Rajan. 2002. " The Information Revolution and Small Business Lending: Does Distance Still Matter?" *Journal of Finance* 57 (6): 2533–70.

Pigou, Arthur C. 1912. *Wealth and Welfare*. London: Macmillan.

Rauch, James E. 1993. "Productivity Gains from Geographic Concentration of Human Capital: Evidence from the Cities. " *Journal of Urban Economics* 34 (3): 380–400.

Robins, Philip K. 1985. "A Comparison of the Labor Supply Findings from the Four Negative Income Tax Experiments. " *Journal of Human Resources* 20 (4): 567–82.

Saiz, Albert. 2007. "Immigration and Housing Rents in American Cities. " *Journal of Urban Economics* 61 (2): 345–71.

Shane, Scott Andrew. 2004. *Academic Entrepreneurship: University Spinoffs and Wealth Creation*. Northampton, MA: Edward Elgar.

Shapiro, Jesse M. 2006. "Smart Cities: Quality of Life, Productivity, and the Growth Effects of Human Capital. "*Review of Economics and Statistics* 88(2): 324–35.

Sobel, Dava. 2005. *Longitude: The True Story of a Lone Genius Who Solved the Greatest Scientific Problem of His Time*. New York: Macmillan.

Stephens–Davidowitz, Seth. 2018. *Everybody Lies: Big Data, New Data, and What the Internet Can Tell Us About Who We Really Are*. New York: William Morrow & Co.

Tobocman, Steve. 2014. "Revitalizing Detroit: Is There a Role for Immigration?" Washington DC: Migration Policy Institute.

Trajtenberg, Manuel. 1990. "A Penny for Your Quotes: Patent Citations and the Value of Innovations. " *RAND Journal of Economics* 20: 172–87.

Zolas, Nikolas, Nathan Goldschlag, Ron Jarmin, Paula Stephan, Jason Owen – Smith, Rebecca F. Rosen, Barbara McFadden Allen, Bruce A. Weinberg, Julia I. Lane. 2015. "Wrapping It Up in a Person: Examining Employment and Earnings Outcomes for Ph. D. Recipients. " *Science* 350(6266): 1367–71.